만점왕
수학 플러스

교과서 기본과 응용 문제를 한 번에 잡는 **교과서 기본+응용**

KB219060

BOOK 1
본책

4-1

만점왕 수학 플러스

교과서 기본과 응용 문제를 한 번에 잡는 **교과서 기본 + 응용**

BOOK 1
본책

4-1

이 책의 구성과 특징

단원 도입

단원을 시작할 때 주어진 그림과 글을 읽으면,
공부할 내용에 대해 흥미를 갖게 됩니다.

교과서 개념 다지기

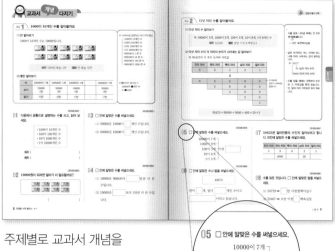

주제별로 교과서 개념을
공부하는 단계입니다.
다양한 예와 그림을 통해 핵심
개념을 쉽게 익힙니다.

주제별로 기본 수준의 쉬운
문제를 풀면서 개념을 확실히
이해합니다.

교과서 넘어 보기

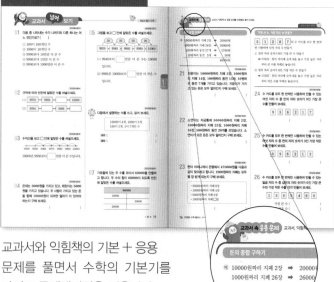

교과서와 익힘책의 기본 + 응용
문제를 풀면서 수학의 기본기를
다지고 문제해결력을 키웁니다.

★교과서 속 응용 문제
교과서와 익힘책 속 응용 수준의
문제를 유형별로 정리하여 풀어
봅니다.

응용력 높이기

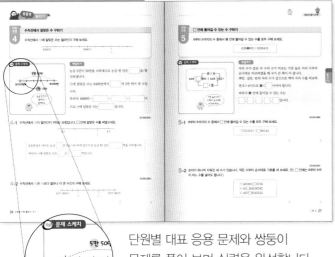

단원별 대표 응용 문제와 쌍둥이
문제를 풀어 보며 실력을 완성합니다.

★문제 스케치
문제를 이해하고 해결하기 위한
키포인트를 한눈에 확인할 수 있습니다.

단원 평가 LEVEL1, LEVEL2

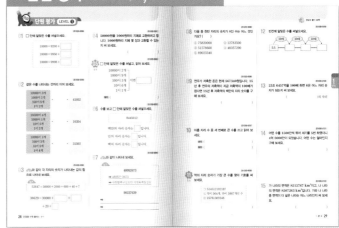

학교 단원 평가에 대비하여 단원에서 공부한 내용을 마무리하는
문제를 풀어 봅니다. 틀린 문제, 실수했던 문제는 반드시 개념을
다시 확인합니다.

BOOK
2 복습책

기본 문제 복습

기본 문제를 통해 학습한 내용을
복습하고, 자신의 학습 상태를
확인해 봅니다.

응용 문제 복습

응용 문제를 통해 다양한 유형을
연습함으로써 문제해결력을
기릅니다.

단원 평가

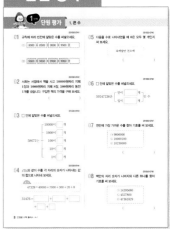

시험 직전에 단원 평가를 풀어
보면서 학교 시험에 철저히
대비합니다.

만점왕 수학 플러스로
기본과 응용을 모두 잡는 공부 비법

만점왕 수학 플러스를 효과적으로 공부하려면?

교재 200% 활용하기

각 단원이 시작될 때마다 나와 있는 **단원 진도 체크**를 참고하여 공부하면 보다 효과적으로 수학 실력을

쑥쑥 올릴 수 있어요!

응용력 높이기 에서 단원별 난이도 높은 5개 대표 응용 문제를 😎 **문제 스케치** 를 보면서 문제 해결의

포인트를 찾아보세요. 어려운 문제에 이미지를 활용하면 문제를 훨씬 쉽게 해결할 수 있을 거예요!

교재로 혼자 공부했는데, 잘 모르는 부분이 있나요?
만점왕 수학 플러스 강의가 있으니 걱정 마세요!

인터넷(TV) 강의로 공부하기

만점왕 수학 플러스 강의는 TV를 통해 시청하거나 EBS 초등사이트를 통해 언제 어디서든 이용할 수 있습니다.

• 방송 시간 : EBS 홈페이지 편성표 참조
• EBS 초등사이트 : primary.ebs.co.kr

인공지능 DANCHQQ
푸리봇 문|제|검|색

EBS 초등사이트와 **EBS 초등 APP** 하단의
AI 학습도우미 푸리봇을 통해 문항코드를
검색하면 푸리봇이 해당 문제의 해설 강의를
찾아 줍니다.

문제별 문항코드 확인 → 251030-0001

[251030-0001]

1. 아래 그래프를 이해한 내용으로 가장 적절한 것은?

문항코드 검색

BOOK **1**

차 례

1 큰 수

단원 학습 목표

1. 10000을 이해하고 쓰고 읽을 수 있습니다.
2. 다섯 자리 수를 이해하고 쓰고 읽을 수 있습니다.
3. 십만, 백만, 천만 단위의 수를 이해하고 쓰고 읽을 수 있습니다.
4. 억부터 천조 단위까지의 수를 이해하고 쓰고 읽을 수 있습니다.
5. 큰 수의 뛰어 세기를 할 수 있습니다.
6. 큰 수의 크기를 비교할 수 있습니다.

단원 진도 체크

학습일			학습 내용	진도 체크
1일째	월	일	개념 1 1000이 10개인 수를 알아볼까요 개념 2 다섯 자리 수를 알아볼까요 개념 3 십만, 백만, 천만을 알아볼까요	✓
2일째	월	일	교과서 넘어 보기 + 교과서 속 응용 문제	✓
3일째	월	일	개념 4 억을 알아볼까요 개념 5 조를 알아볼까요 개념 6 뛰어 세기를 해 볼까요 개념 7 수의 크기를 비교해 볼까요	✓
4일째	월	일	교과서 넘어 보기 + 교과서 속 응용 문제	✓
5일째	월	일	응용 1 나타내는 값이 몇 배인지 구하기 응용 2 수 카드를 사용하여 가까운 수 만들기 응용 3 설명에 알맞은 수 구하기	✓
6일째	월	일	응용 4 수직선에서 알맞은 수 구하기 응용 5 □ 안에 들어갈 수 있는 수 구하기	✓
7일째	월	일	단원 평가 LEVEL ❶	✓
8일째	월	일	단원 평가 LEVEL ❷	✓

이 단원을 진도 체크에 맞춰 8일 동안 학습해 보세요.
해당 부분을 공부하고 나서 ✓표를 하세요.

영국:
6913만 8192명

중국:
14억 1932만 1278명

미국:
3억 4542만 6571명

인도:
14억 5093만 5791명

대한민국:
5175만 1065명

세계 인구수
81억 1883만 5999명

현재 지구에는 80억 명이 넘는 사람들이 살고 있어요. 미국에는 3억 명이 넘는 사람들이 살고 있고, 우리나라에는 5000만 명이 넘는 사람들이 살고 있지요. 가장 많은 사람들이 살고 있는 나라는 어디일까요? 두 번째로 많은 사람들이 살고 있는 나라는 어디일까요? 이번 단원에서는 다섯 자리 이상의 큰 수를 쓰고 읽기, 자릿값의 원리를 이해하기, 큰 수의 뛰어 세기와 크기 비교하기를 배울 거예요.

출처 KOSIS(통계청, UN, 대만통계청)

개념 1 1000이 10개인 수를 알아볼까요

(1) 만 알아보기

1000이 10개인 수는 10000입니다.

쓰기 10000 또는 1만   **읽기** 만 또는 일만

(2) 몇만 알아보기

수	10000이 2개	10000이 3개	10000이 4개	…	10000이 9개
쓰기	20000 2만	30000 3만	40000 4만	…	90000 9만
읽기	이만	삼만	사만	…	구만

● **10000을 설명하는 여러 가지 방법**
- 1000이 10개인 수
- 100이 100개인 수
- 10이 1000개인 수
- 1이 10000개인 수
- 9999보다 1 큰 수
- 9990보다 10 큰 수
- 9900보다 100 큰 수
- 9000보다 1000 큰 수

● **■0000 알아보기**
10000이 ■개인 수
➡ ■0000

---

01 251030-0001

다음에서 공통으로 설명하는 수를 쓰고, 읽어 보세요.

- 1000이 10개인 수
- 100이 100개인 수
- 10이 1000개인 수
- 1이 10000개인 수

쓰기 (   )

읽기 (   )

02 251030-0002

10000원이 되려면 얼마가 더 필요할까요?

(   )

03 251030-0003

□ 안에 알맞은 수를 써넣으세요.

(1) 50000은 10000이 □ 개인 수입니다.

(2) 80000은 10000이 □ 개인 수입니다.

04 251030-0004

□ 안에 알맞은 수를 써넣으세요.

(1) 10000은 9000보다 □ 만큼 더 큰 수입니다.

(2) 10000은 □ 보다 1만큼 더 큰 수입니다.

개념 **2** 다섯 자리 수를 알아볼까요

(1) 다섯 자리 수 알아보기

예 10000이 3개, 1000이 2개, 100이 5개, 10이 8개, 1이 9개인 수

쓰기 32589   읽기 삼만 이천오백팔십구

(2) 다섯 자리 수의 각 자리의 숫자가 나타내는 값 알아보기

예 95423의 각 자리 숫자와 자릿값

만의 자리	천의 자리	백의 자리	십의 자리	일의 자리
9	5	4	2	3

⬇

9	0	0	0	0
	5	0	0	0
		4	0	0
			2	0
				3

→ 각 자리의 숫자가 나타내는 값입니다.

$$95423 = 90000 + 5000 + 400 + 20 + 3$$

• 수를 말로 나타낼 때에는 만 단위로 띄어 씁니다.

예 4̇6128
   만
→ 사만ˇ육천백이십팔

• 같은 숫자라도 어느 자리에 있느냐에 따라 나타내는 값이 달라집니다.

예 56257
        50 (십의 자리 숫자)
        50000 (만의 자리 숫자)

• 수를 읽을 때에는 왼쪽부터 숫자와 그 자릿값을 함께 읽습니다. 단, 일의 자리 자릿값은 읽지 않습니다.

1 단원

251030-0005

05 □ 안에 알맞은 수를 써넣으세요.

10000이 7개
1000이 9개
100이 3개 ⎱이면 [   ]
10이 8개
1이 2개

251030-0006

06 □ 안에 알맞은 수나 말을 써넣으세요.

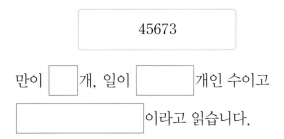

45673

만이 [ ]개, 일이 [   ]개인 수이고

[   ]이라고 읽습니다.

251030-0007

07 58623은 얼마만큼의 수인지 알아보려고 합니다. 빈칸에 알맞은 수를 써넣으세요.

만의 자리	천의 자리	백의 자리	십의 자리	일의 자리
5	8	6	2	3
	8000		20	

251030-0008

08 수를 읽은 것입니다. □ 안에 알맞은 말을 써넣으세요.

(1) 24729 ➡ [ ]만 사천칠백이십구

(2) 52467 ➡ 오만 이천 [ ]백육십칠

개념 **3** 십만, 백만, 천만을 알아볼까요

(1) 십만, 백만, 천만 알아보기

수	쓰기	읽기
10000이 10개인 수	100000 또는 10만	십만
10000이 100개인 수	1000000 또는 100만	백만
10000이 1000개인 수	10000000 또는 1000만	천만

(2) 십만, 백만, 천만의 자릿값 알아보기

3	5	9	7	0	0	0	0
천	백	십	일	천	백	십	일
			만				일

10000이 3597개이면 35970000 또는 3597만이라 쓰고, 삼천오백구십칠만이라고 읽습니다.

$$35970000 = 30000000 + 5000000 + 900000 + 70000$$

● 만, 십만, 백만, 천만 사이의 관계

● 큰 수 읽기
일의 자리에서부터 네 자리씩 끊어서 왼쪽부터 차례로 읽습니다.
예 3167⌄5002
→ 삼천백육십칠만⌄오천이

● **35970000**의 각 자리 숫자와 그 숫자가 나타내는 값

천만	백만	십만	만	천	백	십	일
3	5	9	7	0	0	0	0
3	0	0	0	0	0	0	0
	5	0	0	0	0	0	0
		9	0	0	0	0	0
			7	0	0	0	0

251030-0009

09 같은 수끼리 이어 보세요.

10000이 10개인 수 ·   · 100만

10000이 100개인 수 ·   · 100000

10000이 1000개인 수 ·   · 천만

251030-0010

10 백만이 23개, 십만이 5개, 만이 7개인 수를 쓰고 읽어 보세요.

쓰기 (   )

읽기 (   )

251030-0011

11 빈칸에 알맞은 수를 써넣어 표를 완성해 보세요.

(1) 65280000

천만	백만	십만	만	천	백	십	일

(2) 26030000

천만	백만	십만	만	천	백	십	일

251030-0012

12 34280000을 각 자리의 숫자가 나타내는 값의 합으로 나타내려고 합니다. □ 안에 알맞은 수를 써넣으세요.

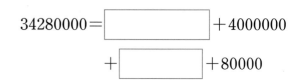

34280000 = [   ] + 4000000

+ [   ] + 80000

251030-0013

01 다음 중 나타내는 수가 나머지와 다른 하나는 어느 것인가요? (   )

① 100이 100개인 수
② 1000이 10개인 수
③ 9990보다 10만큼 더 큰 수
④ 9900보다 1만큼 더 큰 수
⑤ 9000보다 1000만큼 더 큰 수

251030-0014

02 규칙에 따라 빈칸에 알맞은 수를 써넣으세요.

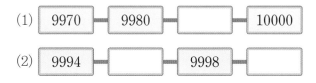

(1) | 9970 | 9980 | | 10000 |

(2) | 9994 | | 9998 | |

251030-0015

03 수직선을 보고 □ 안에 알맞은 수를 써넣으세요.

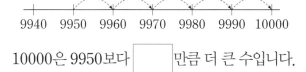

9940 9950 9960 9970 9980 9990 10000

10000은 9950보다 □ 만큼 더 큰 수입니다.

251030-0016

04 은재는 **3000**원을 가지고 있고, 태린이는 **5000**원을 가지고 있습니다. 두 사람이 가지고 있는 돈을 합해 **10000**원이 되려면 얼마가 더 있어야 하는지 구해 보세요.

(   )

251030-0017

05 그림을 보고 □ 안에 알맞은 수를 써넣으세요.

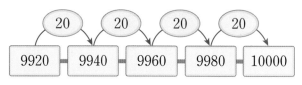

(1) 9940보다 □ 만큼 더 큰 수는 10000입니다.

(2) 9960은 10000보다 □ 만큼 더 작은 수입니다.

251030-0018

06 다음에서 설명하는 수를 쓰고, 읽어 보세요.

중요

> 10000이 4개, 1000이 5개,
> 100이 2개, 1이 7개인 수

쓰기 (   )

읽기 (   )

251030-0019

07 가로줄에 있는 두 수를 모아서 **60000**을 만들려고 합니다. 두 수의 합이 **60000**이 되도록 빈칸에 알맞은 수를 써넣으세요.

60000	
10000	
	30000
20000	

1

단원

08 251030-0020

98421의 크기를 알아보려고 합니다. 빈칸에 알맞은 수를 써넣으세요.

	만의 자리	천의 자리	백의 자리	십의 자리	일의 자리
각 자리의 숫자	9		4		1
나타내는 값	90000	8000		20	

09 251030-0021

빈칸에 알맞은 수나 말을 써넣으세요.

82362	팔만 이천삼백육십이
	칠만 사천육백구십삼
69105	
	이만 구천삼십오

10 251030-0022

□ 안에 알맞은 수나 말을 써넣으세요.

(1) 81500에서 8은 □의 자리 숫자이므로

□을 나타냅니다.

(2) 15390에서 9는 □의 자리 숫자이므로

□을 나타냅니다.

11 251030-0023

다음 중 숫자 3이 나타내는 값이 가장 큰 것은 어느 것일까요? ( )

① 65231 ② 61354 ③ 72413

④ 31465 ⑤ 63452

12 251030-0024

다음은 지호가 동생의 생일 선물을 사기 위해 모은 돈입니다. 돈은 모두 얼마인지 써 보세요.

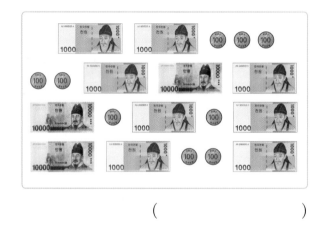

( )

13 251030-0025

수 카드를 모두 한 번씩만 사용하여 가장 작은 다섯 자리 수를 만들고 읽어 보세요.

2	4	0	7	3

쓰기 ( )

읽기 ( )

251030-0026

14 나타내는 수를 에서 찾아 기호를 써 보세요.

보기
ⓐ 십만 　 ⓑ 백만 　 ⓒ 천만

(1) 10만의 100배인 수 (　　　)
(2) 10000이 10개인 수 (　　　)
(3) 900000보다 100000만큼 더 큰 수 (　　　)

251030-0027

15 51340000을 표로 나타낸 것입니다. □ 안에 알맞은 수를 써넣으세요.

5		3		0	0	0	0
천	백	십	일	천	백	십	일
			만				일

$$51340000 = \boxed{} + 1000000$$
$$+ \boxed{} + 40000$$

251030-0028

 16 숫자 5가 나타내는 값을 써 보세요.
중요

92<u>5</u>67204 　 5<u>3</u>832617
ⓐ 　　　 ⓑ

	나타내는 값
ⓐ	
ⓑ	

251030-0029

17 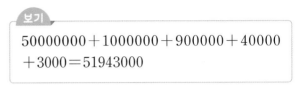와 같이 각 자리 숫자가 나타내는 값의 합을 구해 보세요.

보기
50000000＋1000000＋900000＋40000
＋3000＝51943000

30000000＋6000000＋100000＋20000
＋9000＝ [　　　　　]

251030-0030

18 다음 중 백만의 자리 숫자가 6인 수에 ○표 하세요.

2637901 　 46005298 　 61107234

(　　) 　　　 (　　) 　　　 (　　)

251030-0031

19 다음을 수로 나타낼 때 0의 개수가 4개인 것을 찾아 기호를 써 보세요.

ⓐ 육십만 이천오백 　 ⓑ 삼백만 칠천사십이
ⓒ 오천삼백만 　 ⓓ 사백이만 구천

(　　　　　　　　)

251030-0032

20 수 카드를 모두 한 번씩만 사용하여 가장 큰 수를 만들고 읽어 보세요.
도전

0 　1 　3 　4 　5 　6 　7 　9

쓰기 (　　　　　　　　　　)

읽기 (　　　　　　　　　　)

정답과 풀이 17쪽

돈의 총합 구하기

예) 10000원짜리 지폐 2장 ➡ 20000원
　　1000원짜리 지폐 26장 ➡ 26000원
　　100원짜리 동전 27개 ➡ 2700원
　　10원짜리 동전 5개 ➡ 50원
　　　　　　　　　　　　　　　48750원

251030-0033

21 지윤이는 10000원짜리 지폐 3장, 1000원짜리 지폐 14장, 100원짜리 동전 15개, 10원짜리 동전 7개를 가지고 있습니다. 지윤이가 가지고 있는 돈은 모두 얼마인지 구해 보세요.

(　　　　　　　　)

251030-0034

22 소연이는 저금통에 50000원짜리 지폐 2장, 10000원짜리 지폐 23장, 1000원짜리 지폐 16장, 500원짜리 동전 20개를 모았습니다. 소연이가 모은 돈은 모두 얼마인지 구해 보세요.

(　　　　　　　　)

251030-0035

23 현아 어머니께서 은행에서 478000원을 다음과 같이 찾으려고 합니다. 1000원짜리 지폐는 모두 몇 장 받게 되는지 구해 보세요.

> • 50000원짜리 지폐 8장
> • 10000원짜리 지폐 4장
> • 5000원짜리 지폐 6장
> • 1000원짜리 지폐 ☐장

(　　　　　　　　)

가장 큰 수, 가장 작은 수 만들기

5 , 1 , 2 , 8 , 7 의 수 카드를 모두 한 번씩만 사용하여 다섯 자리 수 만들기

① 천의 자리 숫자가 8인 가장 큰 수 만들기

➡ 78521: 천의 자리에 숫자 8을 놓고 가장 높은 자리부터 큰 수를 차례로 놓습니다.

② 천의 자리 숫자가 8인 가장 작은 수 만들기

➡ 18257: 천의 자리에 숫자 8을 놓고 가장 높은 자리부터 작은 수를 차례로 놓습니다.

251030-0036

24 수 카드를 모두 한 번씩만 사용하여 만들 수 있는 여섯 자리 수 중 만의 자리 숫자가 9인 가장 큰 수를 만들어 보세요.

9 5 6 2 1 7

(　　　　　　　　)

251030-0037

25 수 카드를 모두 한 번씩만 사용하여 만들 수 있는 여섯 자리 수 중 천의 자리 숫자가 3인 가장 작은 수를 만들어 보세요.

0 9 6 2 1 3

(　　　　　　　　)

251030-0038

26 수 카드를 모두 한 번씩만 사용하여 만들 수 있는 일곱 자리 수 중 십만의 자리 숫자가 6인 가장 큰 수와 가장 작은 수를 각각 만들어 보세요.

1 3 0 5 4 6 0

가장 큰 수 (　　　　　　　)
가장 작은 수 (　　　　　　　)

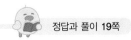
 개념 **4** 억을 알아볼까요

(1) 억 알아보기

1000만이 10개인 수

쓰기 100000000 또는 1억   읽기 억 또는 일억

| 1만 | →10배→ | 10만 | →10배→ | 100만 | →10배→ | 1000만 | →10배→ | 1억 |

(2) 몇억 알아보기

예 1억이 2537개인 수

쓰기 253700000000 또는 2537억   읽기 이천오백삼십칠억

• 253700000000의 각 자리의 숫자가 나타내는 값

2	5	3	7	0	0	0	0	0	0	0	0
천	백	십	일	천	백	십	일	천	백	십	일
		억				만					일

253700000000＝200000000000＋50000000000

＋3000000000＋700000000

● 십억, 백억, 천억

1억이 10개인 수	1000000000 10억(또는 십억)
1억이 100개인 수	10000000000 100억(또는 백억)
1억이 1000개인 수	100000000000 1000억(또는 천억)

● 억 단위의 수 읽기
일의 자리에서부터 네 자리씩 끊은
다음 왼쪽부터 차례로 읽습니다.
예 2912ͮ3524ͮ9972
　　　억　만　일
➡ 이천구백십이억ˇ삼천오백이십사
　만ˇ구천구백칠십이

● 253700000000의 각 자리 숫
자와 그 숫자가 나타내는 값

자리	숫자	나타내는 값
천억	2	200000000000
백억	5	50000000000
십억	3	3000000000
억	7	700000000

251030-0039

01 빈칸에 알맞은 수를 써넣으세요.

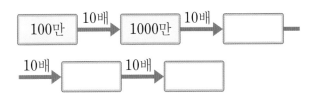

| 100만 | →10배→ | 1000만 | →10배→ | ☐ |
| →10배→ | ☐ | →10배→ | ☐ |

251030-0040

02 ☐ 안에 알맞은 수를 써넣으세요.

(1) 1억은 9000만보다 ☐ 만큼 더 큰
수입니다.

(2) 1억은 9900만보다 ☐ 만큼 더 큰
수입니다.

251030-0041

03 다음을 수로 써 보세요.

오천백삼십팔억 사천삼백칠십구만

(　　　　　　　　　)

251030-0042

04 보기 와 같이 나타내 보세요.

보기
549623158946 ➡ 5496억 2315만 8946

65434650000 ➡ (　　　　　　　)

1. 큰 수 **15**

개념 5 \ 조를 알아볼까요

(1) 조 알아보기

1000억이 10개인 수

쓰기 1000000000000 또는 1조   읽기 조 또는 일조

1억 —10배→ 10억 —10배→ 100억 —10배→ 1000억 —10배→ 1조

(2) 몇조 알아보기

예 1조가 8316개인 수

쓰기 8316000000000000 또는 8316조   읽기 팔천삼백십육조

8	3	1	6	0	0	0	0	0	0	0	0	0	0	0	0
천	백	십	일	천	백	십	일	천	백	십	일	천	백	십	일
			조				억				만				일

8316000000000000 = 8000000000000000 + 300000000000000

+ 10000000000000 + 6000000000000

● 십조, 백조, 천조

1조가 10개인 수	10000000000000 10조(또는 십조)
1조가 100개인 수	100000000000000 100조(또는 백조)
1조가 1000개인 수	1000000000000000 1000조(또는 천조)

● 조 단위의 수 읽기

일의 자리에서부터 네 자리씩 끊은 다음 왼쪽부터 차례로 읽습니다.

예 3568|9112|4563|2017
　　조　억　만　일

➡ 삼천오백육십팔조ˇ구천백십이억ˇ사천오백육십삼만ˇ이천십칠

● 8316000000000000의 각 자리 숫자와 그 숫자가 나타내는 값

자리	숫자	나타내는 값
천조	8	8000000000000000
백조	3	300000000000000
십조	1	10000000000000
조	6	6000000000000

251030-0043

05 □ 안에 알맞은 수를 써넣으세요.

1조가 10개이면 10조,

10조가 10개이면 [　　] 조,

100조가 10개이면 [　　] 조입니다.

251030-0044

06 다음 수를 써 보세요.

팔천칠백육십이조

(　　　　　　)

251030-0045

07 다음 수를 읽어 보세요.

957000000000000

(　　　　　　)

251030-0046

08 표의 빈칸에 알맞은 수를 써넣고 읽어 보세요.

9267453800000000

								0	0	0	0	0	0	0	0
천	백	십	일	천	백	십	일	천	백	십	일	천	백	십	일
			조				억				만				일

읽기 (　　　　　　)

개념 **6** \ **뛰어 세기를 해 볼까요**

(1) 뛰어 세기

• 10000씩 뛰어 세기

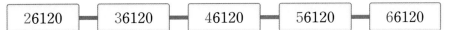

| 26120 | 36120 | 46120 | 56120 | 66120 |

• 10억씩 뛰어 세기

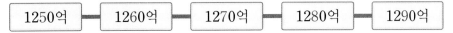

| 1250억 | 1260억 | 1270억 | 1280억 | 1290억 |

■씩 뛰어 세면 ■의 자리 수가 1씩 커집니다.

(2) 10배, 100배, 1000배, 10000배 알아보기

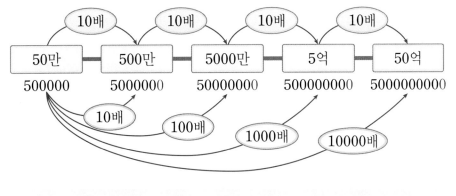

10배씩 뛰어 세면 수의 끝자리 뒤에 0이 1개씩 붙습니다.

• 뛰어 셀 때, 1씩 변하는 자리 숫자가 9이면 바로 윗자리 수까지 함께 생각하여 1 커지게 됩니다.
  예 100억씩 뛰어 셀 때
  700억−800억−900억−1000억

• 10배 하면 자릿수가 한 개, 100배 하면 자릿수가 두 개, 1000배 하면 자릿수가 세 개, 10000배 하면 자릿수가 네 개 더 늘어납니다.

---

09 251030-0047

100만씩 뛰어 세어 보세요.

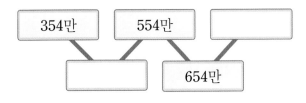

| 354만 | 554만 | |
| | 654만 | |

10 251030-0048

규칙에 따라 빈칸에 알맞은 수를 써넣으세요.

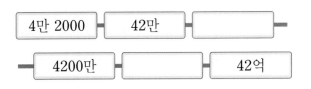

| 4만 2000 | 42만 | |
| 4200만 | | 42억 |

11 251030-0049

얼마만큼씩 뛰어 세었는지 알아보려고 합니다. □ 안에 알맞은 말이나 수를 써넣으세요.

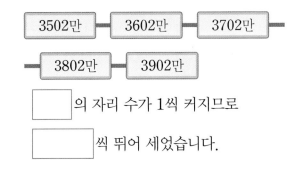

| 3502만 | 3602만 | 3702만 |
| 3802만 | 3902만 | |

□ 의 자리 수가 1씩 커지므로

□ 씩 뛰어 세었습니다.

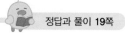
개념 **7** 수의 크기를 비교해 볼까요

(1) **자릿값으로 비교하기**

➡ 먼저 자릿수가 같은지 다른지 알아봅니다.

① 자릿수가 다를 때에는 자릿수가 많은 쪽이 더 큰 수입니다.

예

천만	백만	십만	만	천	백	십	일
1	5	2	0	3	4	5	6
	9	3	8	7	5	1	4

$$15203456 > 9387514$$
(8자리 수)　　(7자리 수)

② 자릿수가 같을 때에는 높은 자리부터 순서대로 비교하여 높은 자리의 수가 큰 쪽이 더 큰 수입니다.

예

천만	백만	십만	만	천	백	십	일
4	2	6	3	6	5	7	4
4	2	8	1	4	3	2	9

$$42636574 < 42814329$$
└─6<8─┘

(2) **수직선으로 비교하기**

수직선에서 오른쪽에 위치한 수가 왼쪽에 위치한 수보다 더 큽니다.
$$723000 < 726000$$

● 두 수의 자릿수가 다를 때 높은 자리 숫자와 상관없이 자릿수만을 비교합니다.

● 두 수의 자릿수가 같을 때 높은 자리부터 순서대로 비교하다 처음으로 다른 숫자가 나오면 그 자리의 숫자의 크기를 비교합니다. 그 아래 자리 숫자는 비교하지 않아도 됩니다.

· 자릿값에 따라 서로 다른 색으로 표현하여 비교합니다.
57300

50400
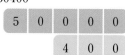
$$57300 > 50400$$

251030-0050

12 두 수의 크기를 비교하여 ○ 안에 >, =, <를 알맞게 써넣으세요.

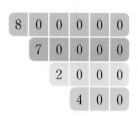 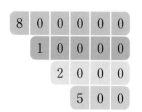

872400 ○ 812500

251030-0051

13 수직선을 보고 두 수의 크기를 비교하여 ○ 안에 >, =, <를 알맞게 써넣으세요.

5840만 ○ 5860만

251030-0052

01 같은 수끼리 이어 보세요.

10000이 10000개	•	•	억
1000만이 1000개	•	•	십억
100만이 1000개	•	•	백억

251030-0053

02 빈칸에 알맞은 수를 써넣으세요.

				350700000000							
				0	0	0	0	0	0	0	0
천	백	십	일	천	백	십	일	천	백	십	일
	억				만				일		

251030-0054

03 어느 회사의 연도별 운동화 생산량을 나타낸 표입니다. 빈칸에 알맞게 써넣으세요.

년도	운동화 생산량(켤레)		
2018	9억 8500만	985000000	구억 팔천오백만
2019	12억 7000만		십이억 칠천만
2020	20억 400만		

251030-0055

04 밑줄 친 숫자가 나타내는 값은 얼마인가요?

중요

63820415000

( )

251030-0056

05 보기와 같이 나타내 보세요.

보기

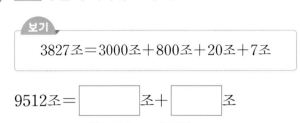
3827조＝3000조＋800조＋20조＋7조

9512조＝ ☐ 조＋ ☐ 조
＋ ☐ 조＋ ☐ 조

251030-0057

06 빈칸에 알맞은 수를 써넣으세요.

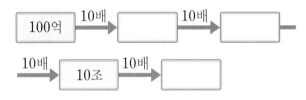

251030-0058

07 수로 나타내고 읽어 보세요.

조가 205개이고 억이 326개인 수

쓰기 ( )
읽기 ( )

251030-0059

08 □ 안에 알맞은 수나 말을 써넣으세요.

(1) 386000000000000에서

8은 ☐ 의 자리 숫자이므로

☐ 를 나타냅니다.

(2) 4931000000000000에서

9는 ☐ 의 자리 숫자이므로

☐ 를 나타냅니다.

251030-0060

09 조의 자리 숫자가 가장 작은 것을 찾아 기호를 써 보세요.

> ㉠ 5419000000000000
> ㉡ 248500000000000
> ㉢ 37120000000000

( )

251030-0061

10 수 카드를 모두 한 번씩만 사용하여 가장 작은 열 자리 수를 만들고 읽어 보세요.

| 0 | 1 | 2 | 3 | 4 |
| 5 | 6 | 7 | 8 | 9 |

쓰기 ( )

읽기 ( )

251030-0062

11 1000000씩 뛰어 세어 보세요.

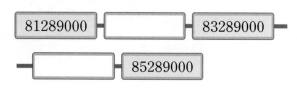

| 81289000 | | 83289000 |

| | 85289000 |

251030-0063

12 뛰어 세기를 하였습니다. 얼마씩 뛰어 세었는지 써 보세요.

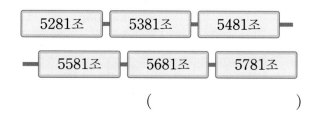

| 5281조 | 5381조 | 5481조 |

| 5581조 | 5681조 | 5781조 |

( )

251030-0064

13 규칙에 따라 빈칸에 알맞은 수를 써넣으세요.

		3억 3457만		3억 3657만
		4억 3457만		
5억 3257만	5억 3357만	5억 3457만		5억 3657만
6억 3257만			6억 3557만	

251030-0065

14 6720조에서 10조씩 6번 뛰어 세기 한 수에서 십조의 자리 숫자는 얼마인지 써 보세요.

(   )

251030-0066

15 (중요) ㉠과 ㉡이 나타내는 수를 수직선에 나타내고 크기를 비교해 보세요.

㉠

5	0	0	0	0
	6	0	0	0
		7	0	0
			6	0

㉡

5	0	0	0	0
	6	0	0	0
		7	0	0
			3	0

56710   56750   56800

☐ 은 ☐ 보다 더 (큽니다 , 작습니다).

251030-0067

16 두 수의 크기를 비교하여 ○ 안에 >, =, <를 알맞게 써넣으세요.

(1) 1498520 ○ 1490477

(2) 9541350 ○ 74602771

251030-0068

17 가장 큰 수에 ○표, 가장 작은 수에 △표 하세요.

52456628850	5조 4800억	451270135952

251030-0069

18 두 수의 크기를 잘못 비교한 사람의 이름을 써 보세요.

민주: 560조 > 500조
수빈: 1600억 > 천조
도윤: 5200억 < 칠천억

(   )

251030-0070

19 행성의 크기를 지름으로 알아본 것입니다. 큰 행성부터 순서대로 써 보세요.

행성	지름(km)
목성	142984
금성	12103
토성	120536

(   )

251030-0071

20 (도전) 인구가 적은 나라부터 순서대로 나라의 이름을 써 보세요.

이탈리아	독일	대한민국
오천구백이십구만 천 명	83567000명	5175만 명

(   )

수로 나타내기

• 이억 사천오십삼만 육천구백팔십오를 수로 나타내기

이억	사천오십삼만	육천구백팔십오
2억	4053만	6985

➡ 2억 4053만 6985 → 240536985

➡ 일의 자리에서부터 네 자리씩 끊고, 비어 있는 자리에는 0을 꼭 씁니다.

---

21 지구에서 태양까지의 거리는 <u>일억 사천구백오십구만 칠천팔백칠십</u> km입니다. 밑줄 친 거리를 수로 나타내 보세요.

251030-0072

(   ) km

---

22 2023년 대한민국의 국내총생산(GDP)은 <u>이천사백일조 천팔백구십사억</u> 원입니다. 밑줄 친 국내총생산을 수로 나타내 보세요.

251030-0073

(   )원

---

23 우리나라의 어느 해의 일반용 쓰레기 종량제 물품 판매 수량 및 판매 금액을 나타낸 표입니다. 판매 수량과 판매 금액을 각각 수로 나타내 보세요.

251030-0074

일반용 쓰레기 종량제 물품 판매 수량 및 판매 금액

판매 수량 (개)	칠억 오천삼백 사십삼만 사천	
판매 금액 (원)	오천오백삼십오억 오천칠백만	

세 수의 크기 비교하기

자릿수 비교하기
- 다르면 → 자릿수가 많은 수가 더 큽니다.
- 같으면 → 가장 높은 자리 수부터 차례로 비교하여 수가 큰 쪽이 더 큽니다.

---

24 가장 큰 수에 ○표, 가장 작은 수에 △표 하세요.

251030-0075

71701468010009	( )
71010989899009	( )
71701468100009	( )

---

25 큰 수부터 순서대로 기호를 써 보세요.

251030-0076

ㄱ 85527340
ㄴ 815329026
ㄷ 8억 3000만

(   )

---

26 어느 영화의 관객 수를 나타낸 표를 보고, 관객 수가 적은 영화부터 순서대로 기호를 써 보세요.

251030-0077

영화	관객 수(명)
ㄱ	이백오만 구천팔백
ㄴ	1752050
ㄷ	247만 4150

(   )

| 대표
응용
1 | **나타내는 값이 몇 배인지 구하기** |

ㄱ이 나타내는 값은 ㉡이 나타내는 값의 몇 배인지 구해 보세요.

$$\underset{\text{㉠ ㉡}}{8232\underline{5}16\underline{3}}$$

문제 스케치

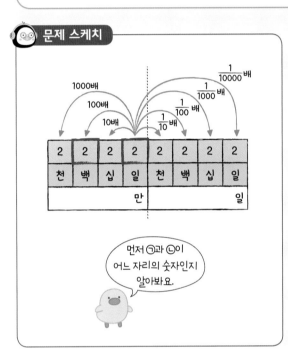

> 먼저 ㉠과 ㉡이 어느 자리의 숫자인지 알아봐요.

해결하기

8	2	3	2	5	1	6	3
천	백	십	일	천	백	십	일
			만				일

82325163에서
㉠ ㉡

㉠은 ☐ 의 자리 숫자이므로 ☐ 을 나타내고,

㉡은 ☐ 의 자리 숫자이므로 ☐ 을 나타냅니다.

따라서 ㉠이 나타내는 값은 ㉡이 나타내는 값의 ☐ 배
입니다.

251030-0078

1-1 ㉠과 ㉡이 나타내는 값을 각각 쓰고 ㉠이 나타내는 값은 ㉡이 나타내는 값의 몇 배인지 구해 보세요.

$$\underset{\text{㉠\quad㉡}}{85\underline{3}71598\underline{6}9}$$

㉠ (   ), ㉡ (   ) ➡ (   )배

251030-0079

1-2 다음 수에서 숫자 7이 나타내는 수가 700의 100000000배인 숫자를 찾아 기호를 써 보세요.

$$\underset{\text{㉠㉡㉢㉣}}{7777000000000000}$$

(   )

대표 응용 2 수 카드를 사용하여 가까운 수 만들기

수 카드를 모두 한 번씩만 사용하여 500000보다 작은 수를 만들려고 합니다. 만들 수 있는 수 중 500000에 가장 가까운 수를 구해 보세요.

| 9 | 8 | 4 | 5 | 6 | 2 |

문제 스케치

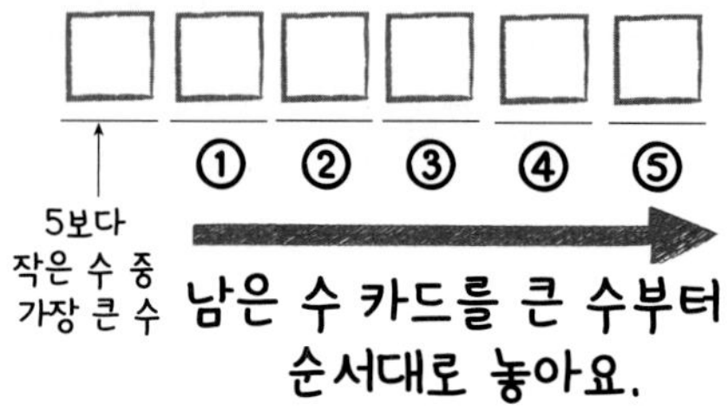

□ □ □ □ □ □

　 ① ② ③ ④ ⑤

↑
5보다
작은 수 중
가장 큰 수

남은 수 카드를 큰 수부터 순서대로 놓아요.

해결하기

500000보다 작은 수의 십만의 자리 숫자는 5보다 작아야 하므로 5보다 작은 수 중 가장 큰 수인 ☐ 을/를 십만의 자리에 놓습니다.

만의 자리부터 남은 수 카드 중 큰 수를 차례로 놓으면

☐ 입니다.

251030-0080

2-1 수 카드를 모두 한 번씩만 사용하여 700만보다 작은 수를 만들려고 합니다. 만들 수 있는 수 중 700만에 가장 가까운 수를 구해 보세요.

| 7 | 4 | 2 | 1 | 5 | 9 | 0 |

(　　　　　)

251030-0081

2-2 수 카드를 모두 한 번씩만 사용하여 50000000보다 큰 수를 만들려고 합니다. 만들 수 있는 수 중 50000000에 가장 가까운 수를 구해 보세요.

| 3 | 9 | 7 | 8 | 0 | 6 | 1 | 2 |

(　　　　　)

대표
응용

3 설명에 알맞은 수 구하기

설명에 알맞은 수를 구해 보세요.

> • 1, 2, 3, 4, 5를 모두 한 번씩만 사용하여 만든 수입니다.
> • 34000보다 큰 수입니다.
> • 34200보다 작은 수입니다.
> • 일의 자리 수는 홀수입니다.

문제 스케치

> 34000보다 크고
> 34200보다 작은
> 다섯 자리 수
>
> 341 ☐ ☐

해결하기

34000보다 크고 34200보다 작은 다섯 자리 수이므로 백의 자리 숫자는 1입니다. ➡ 341■■

일의 자리 수가 홀수이므로 ☐ 이고, 십의 자리 숫자는 ☐ 가 됩니다.

따라서 설명에 알맞은 수는 ☐ 입니다.

251030-0082

3-1 설명에 알맞은 수를 구해 보세요.

> • 1, 2, 3, 4, 5를 모두 한 번씩만 사용하여 만든 수입니다.
> • 12400보다 큰 수입니다.
> • 12600보다 작은 수입니다.
> • 백의 자리 숫자는 짝수입니다.
> • 십의 자리 숫자는 일의 자리 숫자보다 큽니다.

( )

251030-0083

3-2 설명에 알맞은 수 중 가장 큰 수를 구해 보세요.

> • 0부터 9까지의 수를 모두 한 번씩만 사용하여 만든 수입니다.
> • 만의 자리 숫자는 3입니다.
> • 천만의 자리 숫자는 만의 자리 숫자의 3배입니다.
> • 억의 자리 숫자는 6보다 작습니다.

( )

대표 응용 4 수직선에서 알맞은 수 구하기

수직선에서 ㉠에 알맞은 수는 얼마인지 구해 보세요.

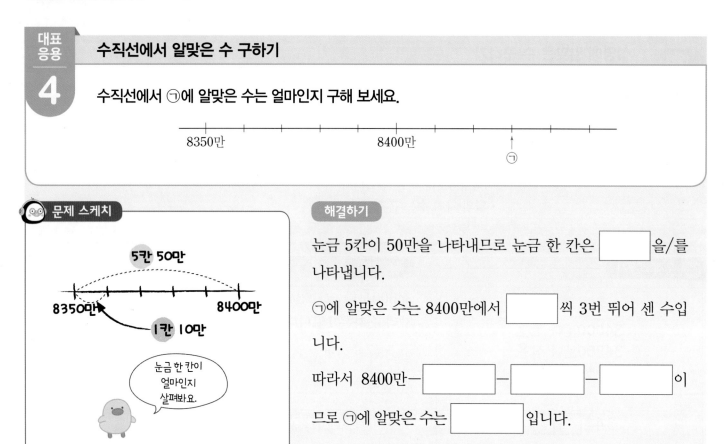

문제 스케치

5칸 50만

8350만   8400만

1칸 10만

눈금 한 칸이 얼마인지 살펴봐요.

해결하기

눈금 5칸이 50만을 나타내므로 눈금 한 칸은 ☐ 을/를 나타냅니다.

㉠에 알맞은 수는 8400만에서 ☐ 씩 3번 뛰어 센 수입니다.

따라서 8400만— ☐ — ☐ — ☐ 이므로 ㉠에 알맞은 수는 ☐ 입니다.

251030-0084

4-1 수직선에서 ㉠이 얼마인지 구하는 과정입니다. ☐ 안에 알맞은 수를 써넣으세요.

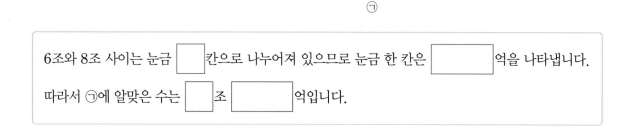

6조   8조

6조와 8조 사이는 눈금 ☐ 칸으로 나누어져 있으므로 눈금 한 칸은 ☐ 억을 나타냅니다.

따라서 ㉠에 알맞은 수는 ☐ 조 ☐ 억입니다.

251030-0085

4-2 수직선에서 ㉡은 ㉠보다 얼마나 더 큰 수인지 구해 보세요.

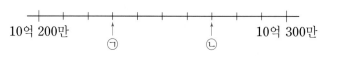

10억 200만   ㉠   ㉡   10억 300만

(   )

**대표
응용
5**

□ 안에 들어갈 수 있는 수 구하기

0부터 9까지의 수 중에서 ■ 안에 들어갈 수 있는 수를 모두 구해 보세요.

628■892 < 6285431

문제 스케치

628 □ 892 < 628 5431

8 > 4

□ < 5

가장 높은 자리
수부터 순서대로
비교해 봐요.

해결하기

자리 수가 같은 두 수의 크기 비교는 가장 높은 자리 수부터 순서대로 비교하였을 때 수가 큰 쪽이 더 큽니다.

백만, 십만, 만의 자리 수가 같으므로 백의 자리 수를 비교하면 8>4이므로 ■< □ 이어야 합니다.

따라서 ■ 안에 들어갈 수 있는 수는

□ , □ , □ , □ , □ 입니다.

251030-0086

5-1 0부터 9까지의 수 중에서 □ 안에 들어갈 수 있는 수를 모두 구해 보세요.

7752319 < 7□80144

(   )

251030-0087

5-2 숫자가 하나씩 지워진 세 수가 있습니다. 작은 수부터 순서대로 기호를 써 보세요. (단, □ 안에는 0부터 9까지 어느 수를 넣어도 됩니다.)

㉠ 462061□5735
㉡ 43□84536782
㉢ 462□9245312

(   )

251030-0088

01 □ 안에 알맞은 수를 써넣으세요.

$$10000 = 9200 + \boxed{}$$

$$10000 = 9950 + \boxed{}$$

$$10000 = 9998 + \boxed{}$$

251030-0089

02 같은 수를 나타내는 것끼리 이어 보세요.

10000이 3개
1000이 1개
100이 5개
1이 2개
•

• 41052

10000이 4개
1000이 1개
10이 5개
1이 2개
•

• 10354

10000이 1개
100이 3개
10이 5개
1이 4개
•

• 31502

251030-0090

03 보기 와 같이 각 자리의 숫자가 나타내는 값의 합으로 나타내 보세요.

보기
$$52647 = 50000 + 2000 + 600 + 40 + 7$$

$$38629 = 30000 + \boxed{} + \boxed{}$$
$$+ 20 + \boxed{}$$

251030-0091

04 50000원을 1000원짜리 지폐로 교환하려고 합니다. 1000원짜리 지폐 몇 장과 교환할 수 있는지 써 보세요.

( )

251030-0092

05 □ 안에 알맞은 수를 써넣고, 읽어 보세요.

중요

10000이 2개 ┐
1000이 9개 │
100이 3개 ├ 이면 □
10이 6개 │
1이 1개 ┘

읽기 ( )

251030-0093

06 수를 보고 □ 안에 알맞은 수를 써넣으세요.

8445012

백만의 자리 숫자는 □ 입니다.

만의 자리 숫자는 □ 입니다.

백의 자리 숫자는 □ 입니다.

251030-0094

07 보기 와 같이 나타내 보세요.

보기
48952673

➡ 4895만 2673

➡ 사천팔백구십오만 이천육백칠십삼

90237629

➡

➡

08 다음 중 천만 자리의 숫자가 8인 수는 어느 것인 가요? (   )

251030-0095

① 75820000   ② 12783500

③ 51578600   ④ 48357290

⑤ 89023340

09 연우가 저축한 돈은 현재 567340원입니다. 15 년 후 연우의 저축액이 지금 저축액의 100배가 된다면 15년 후 저축액의 백만의 자리 숫자를 구 해 보세요.

251030-0096

(   )

10 아홉 자리 수 중 세 번째로 큰 수를 쓰고 읽어 보세요.

251030-0097

쓰기 (   )

읽기 (   )

11 억의 자리 숫자가 가장 큰 수를 찾아 기호를 써 보세요.

251030-0098

중요

> ㉠ 514512192187
> ㉡ 억이 564개, 만이 5907개인 수
> ㉢ 15781309348

(   )

12 빈칸에 알맞은 수를 써넣으세요.

251030-0099

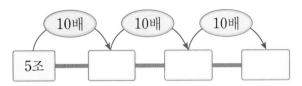

13 23조 6457억을 100배 하면 6은 어느 자리 숫 자가 되는지 써 보세요.

251030-0100

(   )의 자리

14 어떤 수를 1500만씩 뛰어 세기를 5번 하였더니 4억 8000만이 되었습니다. 어떤 수는 얼마인지 구해 보세요.

251030-0101

(   )

15 가 나라의 면적은 8515767 km²이고, 나 나라 의 면적은 8507263 km²입니다. 가와 나 나라 중 면적이 더 넓은 나라는 어느 나라인지 써 보세요.

251030-0102

(   )

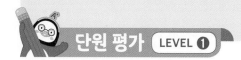
251030-0103

16 두 수의 크기를 비교하여 ○ 안에 >, =, <를 알맞게 써넣으세요.

(1) 14억 7500만 ◯ 1407500000

(2) 300억 4000만 ◯ 300040000000

251030-0104

17 0부터 9까지의 수 중에서 □ 안에 들어갈 수 있는 수를 모두 구해 보세요.

> 62840□470000 > 6284억 580만

( )

251030-0105

18 수 카드를 모두 한 번씩만 사용하여 만들 수 있는 여덟 자리 수 중 천의 자리 숫자가 5이고 십만의 자리 숫자가 2인 가장 작은 수를 만들어 보세요.

도전

| 2 | 5 | 0 | 4 |

| 7 | 8 | 6 | 9 |

( )

251030-0106

19 57조 450억 89만을 수로 쓸 때 0의 개수는 모두 몇 개인지 풀이 과정을 쓰고 답을 구해 보세요.

풀이

_____

_____

_____

_____

답 ▶ _____

251030-0107

20 규칙에 따라 뛰어 세기를 한 것입니다. ㉠에 알맞은 수는 얼마인지 풀이 과정을 쓰고 답을 구해 보세요.

| 47360500 |－| 48360500 |－| 49360500 |－

| |－| |－| ㉠ |

풀이

_____

_____

_____

_____

답 ▶ _____

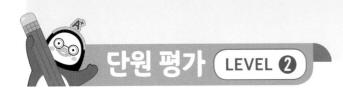
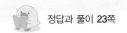
251030-0108

01 수를 규칙적으로 나열한 것입니다. 빈칸에 들어갈 수가 나머지와 다른 것은 어느 것인가요?

( )

① 9000 — 9500 — □ — 10500

② 9700 — 9900 — □ — 10300

③ 11000 — □ — 9000 — 8000

④ 9970 — 9980 — 9990 — □

⑤ 7000 — 8000 — 9000 — □

251030-0109

02 영수증의 합계 금액이 얼마인지 읽어 보세요.

OO마트 영수증	
상품명	금액
계란	7,800원
포도	12,580원
양파	9,350원
바나나	4,500원
우유	5,350원
합계 금액	39,580원

( )

251030-0110

03 다음 중 숫자 5가 나타내는 값이 가장 작은 수를 찾아 기호를 써 보세요.

㉠ 90540	㉡ 5120
㉢ 50780	㉣ 79050

( )

251030-0111

04 □ 안에 알맞은 수를 써넣으세요.

10000이 7개 ┐
1000이 12개 │
100이 15개 ├ 이면 □ 입니다.
10이 13개 │
1이 25개 ┘

251030-0112

05 49280000의 각 자리 숫자와 그 숫자가 나타내는 값을 빈칸에 알맞게 써넣으세요.

	천만의 자리	백만의 자리	십만의 자리	만의 자리
숫자	4			
값	40000000			

251030-0113

06 미소 어머니께서 은행에서 **197400**원을 다음과 같이 찾으려고 합니다. □ 안에 들어갈 수를 구해 보세요.

- 50000원짜리 지폐 1장
- 10000원짜리 지폐 11장
- 1000원짜리 지폐 □장
- 100원짜리 동전 74개

( )

251030-0114

07 은행에서 4억 원을 모두 100만 원짜리 수표로 찾으면 100만 원짜리 수표는 모두 몇 장이 될까요?

( )

251030-0115

08 다음 수의 십억의 자리 숫자를 써 보세요.

870391이 100만 개인 수

( )

251030-0116

09 0부터 7까지의 수를 모두 한 번씩만 사용하여 만의 자리 숫자가 5인 가장 작은 여덟 자리 수를 만들어 보세요.

( )

251030-0117

10 다음이 설명하는 수를 써 보세요.

1000억이 62개인 수

( )

251030-0118

11 빛이 1년 동안 갈 수 있는 거리를 1광년이라고 합니다. 1광년은 약 <u>구조 사천육백억</u> km로 천체들 사이의 거리를 나타낼 때 사용합니다. 밑줄 친 거리를 13자리 수로 써 보세요.

( )

251030-0119

12 숫자로 나타낼 때, 0의 개수가 가장 많은 것의 기호를 써 보세요.

중요

㉠ 삼천구백칠억 오천오백만의 10배인 수
㉡ 이십오억 구십의 100배인 수
㉢ 오천사십조 삼천육백오억 육만 구백이

( )

251030-0120

13 얼마씩 뛰어 세었는지 써 보세요.

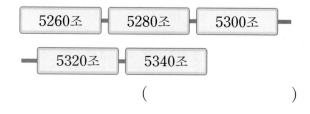

( )

251030-0121

14 규칙에 따라 빈칸에 알맞은 수를 써넣으세요.

5730억			5760억
	6740억	6750억	6760억
7730억	7740억		
	8740억	8750억	

15 주어진 수를 보고 크기가 가장 큰 수부터 순서대로 기호를 써 보세요.

251030-0122

> ㉠ 585407769
> ㉡ 59478400
> ㉢ 587069424

( )

16 두 수의 크기를 비교하여 ○ 안에 >, =, <를 알맞게 써넣으세요.

251030-0123

(1) 97000000000 ○ 97억

(2) 4억 8500만 ○ 485000000

(3) 16500000000 ○ 105000000000

17 수 카드를 모두 두 번씩 사용하여 천만의 자리 숫자가 7인 가장 큰 열네 자리 수를 만들었습니다. 만든 수의 백만의 자리 숫자를 구해 보세요.

251030-0124

| 0 | 2 | 3 | 5 | 6 | 7 | 9 |

( )

18 다음 조건을 모두 만족하는 수를 구해 보세요.

도전

251030-0125

- 여섯 자리 수입니다.
- 35만보다 크고 36만보다 작은 수입니다.
- 십의 자리 숫자와 천의 자리 숫자는 0입니다.
- 일의 자리 숫자와 백의 자리 숫자의 합은 8입니다.
- 일의 자리 숫자는 1입니다.

( )

19 규칙에 따라 뛰어 센 것입니다. ㉠에 알맞은 수는 얼마인지 풀이 과정을 쓰고 답을 구해 보세요.

251030-0126

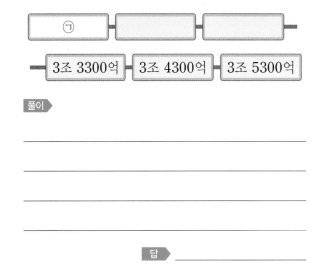

풀이

답 ▷

20 두 수 중 더 작은 수의 십만의 자리 숫자를 구하려고 합니다. 풀이 과정을 쓰고 답을 구해 보세요.

251030-0127

> ㉠ 오백사십이조 천삼백오억 육백칠십사만
> ㉡ 조가 545개, 억이 860개, 만이 3246개인 수

풀이

답 ▷

2 각도

단원 학습 목표

1. 각도의 단위인 도(°)를 알고, 각도기를 이용하여 각의 크기를 재고 그릴 수 있습니다.
2. 직각과 비교하여 예각과 둔각을 구별할 수 있습니다.
3. 각도를 어림하고 각도기로 재어 확인할 수 있습니다.
4. 각도의 합과 차를 구할 수 있습니다.
5. 삼각형의 세 각의 크기의 합이 180°임을 알 수 있습니다.
6. 사각형의 네 각의 크기의 합이 360°임을 알 수 있습니다.

단원 진도 체크

학습일			학습 내용	진도 체크
1일째	월	일	개념 1 각의 크기를 비교해 볼까요 개념 2 각의 크기를 재어 볼까요	✓
2일째	월	일	교과서 넘어 보기 + 교과서 속 응용 문제	✓
3일째	월	일	개념 3 예각과 둔각을 알아볼까요 개념 4 각도를 어림해 볼까요 개념 5 각도의 합과 차를 구해 볼까요	✓
4일째	월	일	교과서 넘어 보기 + 교과서 속 응용 문제	✓
5일째	월	일	개념 6 삼각형의 세 각의 크기의 합을 알아볼까요 개념 7 사각형의 네 각의 크기의 합을 알아볼까요	✓
6일째	월	일	교과서 넘어 보기 + 교과서 속 응용 문제	✓
7일째	월	일	응용 1 도형에서 예각, 둔각 찾기 응용 2 직선을 크기가 같은 각으로 나누어 각도 구하기 응용 3 삼각자를 사용하여 각도 구하기	✓
8일째	월	일	응용 4 돌림판에서 각의 크기 구하기 응용 5 도형의 모든 각의 크기의 합 구하기	✓
9일째	월	일	단원 평가 LEVEL ❶	✓
10일째	월	일	단원 평가 LEVEL ❷	✓

이 단원을 진도 체크에 맞춰 10일 동안 학습해 보세요.
해당 부분을 공부하고 나서 ✓표를 하세요.

서후

재희

　서후와 재희가 태권도 품새 시범을 보이고 있습니다. 두 사람 중 다리가 더 많이 벌어진 사람은 누구인가요?

　이번 단원에서는 표준 단위인 도(°)에 대해 알아보고 각도기를 사용하여 각도를 재는 방법과 직각을 기준으로 각을 예각과 둔각으로 분류하는 활동을 할 거예요. 또 각도의 합과 차를 구해 보고 삼각형의 세 각의 크기의 합과 사각형의 네 각의 크기의 합을 배울 거예요.

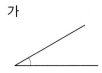

개념 1 각의 크기를 비교해 볼까요

(1) 눈으로 직접 비교하기

가   나

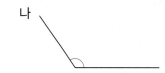

➡ 나의 두 변의 길이가 더 많이 벌어졌으므로 나의 각의 크기가 더 큽니다.

(2) 주어진 각을 이용하여 비교하기

  가   나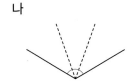

주어진 각의 2배   주어진 각의 3배

➡ 나의 각의 크기가 더 큽니다.

> 각의 크기는 변의 길이와 관계없이 두 변이 벌어진 정도가 클수록 큰 각입니다.

● 각의 크기 비교
투명종이에 가를 그대로 그려서 나에 겹쳐 두 각의 크기를 비교하면 나가 더 큽니다.

251030-0128

01 더 많이 벌어진 쪽에 ○표 하세요.

(   )   (   )

251030-0129

02 두 각 중 더 큰 각의 기호를 써 보세요.

가    나

(   )

[03~04] 그림을 보고 □ 안에 알맞은 수나 기호를 써넣으세요.

보기   가   나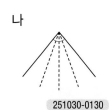

251030-0130

03 (보기)의 각이 가에는 □번, 나에는 □번 들어갑니다.

251030-0131

04 두 각 중 각의 크기가 더 큰 각은 □입니다.

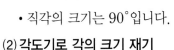

개념 **2** **각의 크기를 재어 볼까요**

(1) **각의 크기 알아보기**

• 각도: 각의 크기

• 1도: 직각을 똑같이 90으로 나눈 것 중의

하나이고 1°라고 씁니다.

• 직각의 크기는 90°입니다.

각도기의 작은 눈금
한 칸은 1°입니다.

(2) **각도기로 각의 크기 재기**

| 각도기의 중심을 각의 꼭짓점에 맞춥니다. | ➡ | 각도기의 밑금을 각의 한 변에 맞춥니다. | ➡ | 각의 다른 한 변이 만나는 각도기의 눈금을 읽습니다. |

예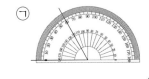

각의 한 변이 안쪽 눈금 0에 맞추어져 있으므로 안쪽 눈금 50을 읽으면 50°입니다.

● 각도기의 각 부분의 이름

각도기의 중심   각도기의 밑금

● 각도 재기

예

각의 한 변이 바깥쪽 눈금 0에 맞추어져 있으므로 바깥쪽 눈금 70을 읽으면 70°입니다.

2
단원

---

05 251030-0132

각도기를 이용하여 각도를 바르게 잰 것의 기호를 써 보세요.

㉠   ㉡

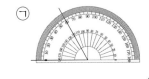

(   )

06 251030-0133

각도를 재었더니 110°입니다. 각의 다른 한 변의 위치는 어느 것인가요? (   )

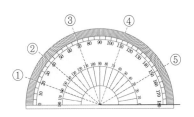

07 251030-0134

각도를 재어 보세요.

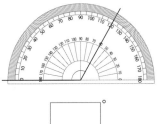

◻°

08 251030-0135

각도를 재어 보세요.

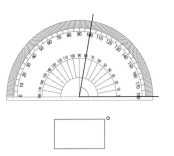

◻°

01 251030-0136

왼쪽 각보다 더 큰 각의 기호를 써 보세요.

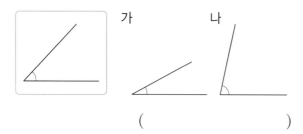

가   나

(   )

02 251030-0137

시계의 긴바늘과 짧은바늘이 이루는 작은 쪽의 각이 더 큰 각에 ○표 하세요.

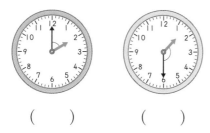

(   )   (   )

03 251030-0138

□ 안에 알맞은 수를 써넣으세요.

가   나

가의 각은 나의 각에 □ 번 들어갑니다.

04 251030-0139

중요

다음 중 잘못 설명한 사람의 이름을 써 보세요.

- 정우: 각도를 나타내는 단위에는 1도가 있습니다.
- 나운: 직각의 크기는 90°입니다.
- 혜미: 각의 크기는 각을 이루는 변의 길이가 길수록 큽니다.

(   )

05 251030-0140

각도가 150°인 각 ㄱㄴㄷ을 그리려고 합니다. 점 ㄴ과 이어야 하는 점은 어느 것인가요? (   )

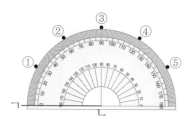

06 251030-0141

중요

각도를 재어 보세요.

(1)

□°

(2)

□°

07 251030-0142

각도를 잘못 읽은 것을 찾아 기호를 써 보세요.

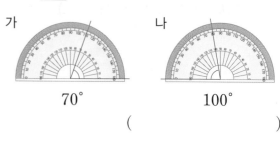

가   나

70°   100°

(   )

251030-0143

08 각도기를 사용하여 각도를 재어 보세요.

( )

251030-0144

09 다음 도형은 여섯 개의 각의 크기가 모두 같습니다. 한 각의 크기를 재어 보세요.

( )

251030-0145

 10 시계의 긴바늘과 짧은바늘이 이루는 작은 쪽의 각의 크기를 재어 보세요.

( )

주어진 각을 이용하여 각의 크기 비교하기

  가 나

각의 크기가 가는 주어진 각의 3배이고, 나는 주어진 각의 4배입니다. 따라서 나의 각의 크기가 가의 각의 크기보다 더 큽니다.

251030-0146

11 가를 이용하여 나와 다의 각의 크기를 비교하려고 합니다. ☐ 안에 알맞은 수나 말을 써넣으세요.

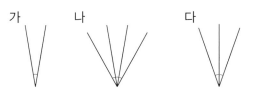

가 나 다

각의 크기가 나는 가의 ☐ 배이고 다는 가의 ☐ 배이므로 각의 크기가 더 큰 각은 ☐ 입니다.

251030-0147

12 다음과 같이 직선을 크기가 같은 각 4개로 나누었습니다. 각 ㄱㅇㄷ보다 크고 180°보다 작은 각은 모두 몇 개일까요?

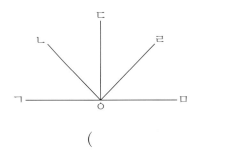

( )

개념 **3** 예각과 둔각을 알아볼까요

(1) 예각

각도가 0°보다 크고 직각보다 작은 각을 예각이라고 합니다.

(2) 둔각

각도가 직각보다 크고 180°보다 작은 각을 둔각이라고 합니다.

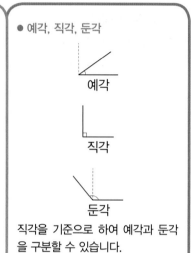
● 예각, 직각, 둔각

예각

직각

둔각

직각을 기준으로 하여 예각과 둔각을 구분할 수 있습니다.

251030-0148

01 각을 보고 예각, 직각, 둔각 중 어느 것인지 □ 안에 써넣으세요.

(1)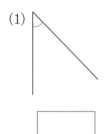

(2)

251030-0149

02 관계있는 것끼리 이어 보세요.

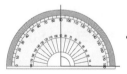 · · 예각

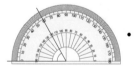 · · 직각

 · · 둔각

251030-0150

03 주어진 선분을 한 변으로 하는 예각과 직각을 그려 보세요.

예각	둔각

251030-0151

04 시계의 긴바늘과 짧은바늘이 이루는 작은 쪽의 각이 예각, 둔각 중 어느 것인지 써 보세요.

(1)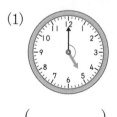

(2)

(   )   (   )

개념 4 | 각도를 어림해 볼까요

(1) 각도 어림하기

① 각도기를 사용하지 않고 주어진 각의 크기를 어림합니다.

② 각도기를 사용하여 각도를 재어 어림한 각도와 비교합니다.

• 삼각자의 각을 생각하여 30°, 45°, 60°, 90°를 눈으로 익혀 어림하고, 각도기로 재어 확인합니다.

• 어림한 각도와 잰 각도의 차가 작을수록 각도를 더 정확하게 어림한 것입니다.

● 각도 어림하기
주어진 각도를 삼각자의 각도와 비교하여 어림할 수 있습니다.

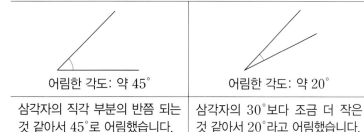

어림한 각도: 약 45°	어림한 각도: 약 20°
삼각자의 직각 부분의 반쯤 되는 것 같아서 45°로 어림했습니다.	삼각자의 30°보다 조금 더 작은 것 같아서 20°라고 어림했습니다.

251030-0152

05 실제 각도에 가장 정확하게 어림한 사람의 이름을 써 보세요.

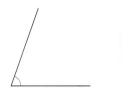

잰 각도: 70°

가연	영주	우현
약 55°	약 65°	약 80°

( )

251030-0153

06 ㉠의 각도를 어림하려고 합니다. □ 안에 알맞은 수를 써넣으세요.

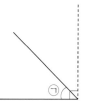

㉠의 각도는 직각의 반쯤 되므로
약 □°로 어림할 수 있습니다.

251030-0154

07 어림을 더 잘 한 사람의 이름을 써 보세요.

지한	삼각자의 60°인 각보다는 큰 것 같아. 80°쯤 되지 않을까?
은채	삼각자의 90°인 각보다 조금 커 보이니까 95°쯤 될 것 같아.

( )

251030-0155

08 각도를 어림하고 각도기로 재어 확인해 보세요.

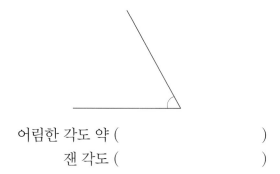

어림한 각도 약 ( )

잰 각도 ( )

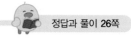 정답과 풀이 **26**쪽

개념 **5** 각도의 합과 차를 구해 볼까요

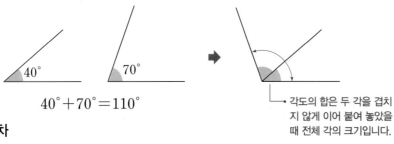

(1) **각도의 합**
  • 두 각도의 합은 각각의 각도를 더한 것과 같습니다.
  • 자연수의 덧셈과 같은 방법으로 계산합니다.

$40° + 70° = 110°$

→ 각도의 합은 두 각을 겹치지 않게 이어 붙여 놓았을 때 전체 각의 크기입니다.

(2) **각도의 차**
  • 두 각도의 차는 큰 각도에서 작은 각도를 빼는 것과 같습니다.
  • 자연수의 뺄셈과 같은 방법으로 계산합니다.

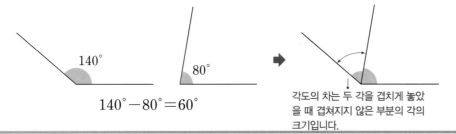

$140° - 80° = 60°$

각도의 차는 두 각을 겹치게 놓았을 때 겹쳐지지 않은 부분의 각의 크기입니다.

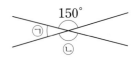

● 두 직선이 만나서 생기는 각의 크기 구하기
두 직선이 만나서 생기는 각의 크기는 직선이 이루는 각도가 180°임을 이용합니다.

$150°$ ㉠ ㉡

• ㉠$+150° = 180°$,
  ㉠$= 180° - 150° = 30°$
• ㉠$+$㉡$= 180°$,
  $30° +$㉡$= 180°$,
  ㉡$= 180° - 30° = 150°$

[09~10] 보기 의 두 각도의 합과 차를 구해 보세요.

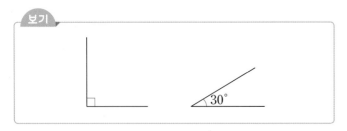

보기

09 251030-0156

합: $30° + 90° = \boxed{}°$

10 251030-0157

차: $90° - 30° = \boxed{}°$

11 두 각도의 합을 구해 보세요. 251030-0158

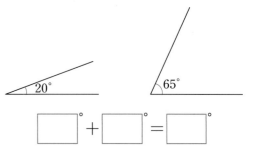

$\boxed{}° + \boxed{}° = \boxed{}°$

12 두 각도의 차를 구해 보세요. 251030-0159

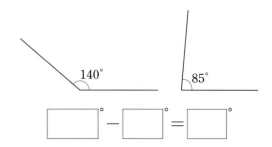

$\boxed{}° - \boxed{}° = \boxed{}°$

01 둔각에 ○표 하세요.

251030-0160

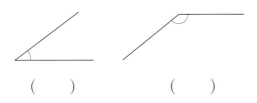

(   )   (   )

02 그림에서 예각과 둔각을 찾아 빈칸에 알맞은 기호를 써넣으세요.

251030-0161

가   나   다

예각	둔각

03 예각은 모두 몇 개인가요?

중요

251030-0162

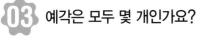

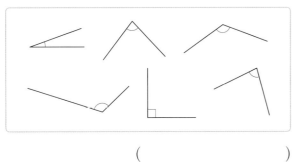

(   )

04 도형에서 둔각은 모두 몇 개인지 써 보세요.

251030-0163

(   )

05 시계의 긴바늘과 짧은바늘이 이루는 작은 쪽의 각이 둔각인 것을 찾아 기호를 써 보세요.

251030-0164

가   나   다

(   )

06 각도를 어림한 것입니다. 각도기로 재어 보고, 실제 각도에 가장 정확하게 어림한 것을 찾아 기호를 써 보세요.

251030-0165

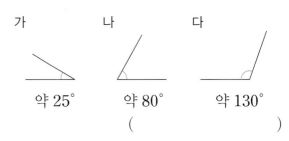

가   나   다

약 25°   약 80°   약 130°

(   )

07 주어진 각도를 어림하여 그리고, 각도기로 재어 확인해 보세요.

251030-0166

110°

각도기로 재어 확인한 각도 (   )

251030-0167

08 □ 안에 알맞은 수를 써넣으세요.

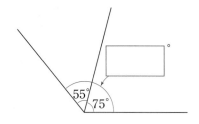

251030-0168

09 □ 안에 알맞은 수를 써넣으세요.

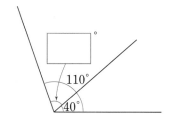

251030-0169

10 두 각도의 합과 차를 구해 보세요.
중요

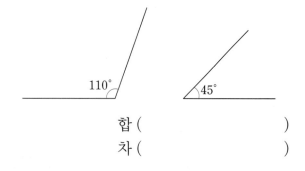

합 (   )

차 (   )

251030-0170

11 각도의 합과 차를 구해 보세요.

(1) $135° + 35° = $ □°

(2) $100° - 15° = $ □°

251030-0171

12 가장 큰 각과 가장 작은 각의 각도의 차를 구해 보세요.

75°	55°	105°	직각	135°

(   )

251030-0172

13 각도를 비교하여 ○ 안에 >, =, <를 알맞게 써넣으세요.

$$35° + 40° \bigcirc 165° - 90°$$

251030-0173

14 각도기로 각도를 재어 가장 큰 각과 가장 작은 각의 각도의 합과 차를 구해 보세요.

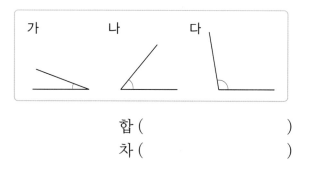

합 (   )

차 (   )

251030-0174

15 □ 안에 알맞은 수를 써넣으세요.
도전

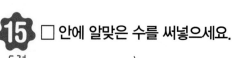

시각을 보고 예각, 둔각 찾기

예  ➡ 시계의 긴바늘과 짧은바늘이 이루는 작은 쪽의 각도는 0°보다 크고 90°보다 작으므로 예각입니다.

251030-0175

16 시각에 맞게 시곗바늘을 그리고, 긴바늘과 짧은바늘이 이루는 작은 쪽의 각이 예각, 직각, 둔각 중 어느 것인지 써 보세요.

2시 15분

( )

251030-0176

17 시각에 맞게 시곗바늘을 그리고, 긴바늘과 짧은바늘이 이루는 작은 쪽의 각이 예각, 직각, 둔각 중 어느 것인지 써 보세요.

1시 45분

( )

251030-0177

18 시계가 나타내는 시각으로부터 1시간 40분 전에 시계의 긴바늘과 짧은바늘이 이루는 작은 쪽의 각은 예각, 직각, 둔각 중 어느 것인가요?

( )

직선을 이용하여 각의 크기 구하기

직선이 이루는 각의 크기는 180°입니다.

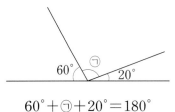

$$60° + ㉠ + 20° = 180°$$

➡ $㉠ = 180° - 60° - 20° = 100°$

251030-0178

19 □ 안에 알맞은 수를 써넣으세요.

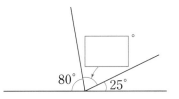

251030-0179

20 ㉠의 각도를 구해 보세요.

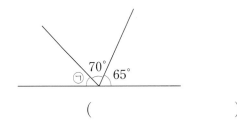

( )

251030-0180

21 ㉠의 각도를 구해 보세요.

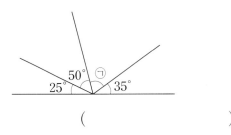

( )

개념 6 삼각형의 세 각의 크기의 합을 알아볼까요

(1) 삼각형을 잘라서 세 각의 크기의 합 알아보기

• 삼각형을 그림과 같이 세 조각으로 잘라서 세 꼭짓점이 한 점에 모이도록 변끼리 이어 붙이면 모두 한 직선 위에 꼭 맞추어집니다.

• 한 직선이 이루는 각의 크기는 180°이므로 삼각형의 세 각의 크기의 합은 180°입니다.

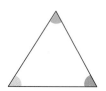 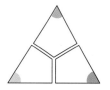 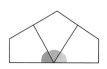

삼각형의 세 각의 크기의 합은 180°입니다.

→ 삼각형은 모양과 크기에 관계 없이 모든 삼각형의 세 각의 크기의 합은 180°입니다.

● 삼각형을 접어서 세 각의 크기의 합 알아보기

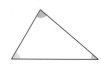

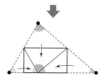

삼각형의 세 꼭짓점을 한 점에 모이도록 맞닿게 접으면 모두 한 직선 위에 꼭 맞추어집니다. 직선이 이루는 각의 크기는 180°이므로 삼각형의 세 각의 크기의 합은 180°입니다.

251030-0181

01 삼각형을 다음과 같이 잘라 세 꼭짓점이 한 점에 모이도록 이어 붙였습니다. 삼각형의 세 각의 크기의 합을 구해 보세요.

(삼각형의 세 각의 크기의 합)= ☐ °

251030-0182

02 ☐ 안에 알맞은 수를 써넣으세요.

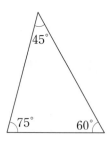

(삼각형의 세 각의 크기의 합)

$=45°+$ ☐ $°+$ ☐ $°=$ ☐ $°$

251030-0183

03 ㉠, ㉡, ㉢의 각도의 합을 구해 보세요.

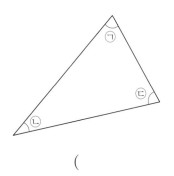

(   )

251030-0184

04 ☐ 안에 알맞은 수를 써넣으세요.

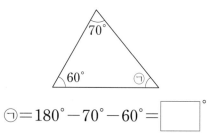

㉠$=180°-70°-60°=$ ☐ $°$

개념 7 사각형의 네 각의 크기의 합을 알아볼까요

(1) **사각형을 잘라서 네 각의 크기의 합 알아보기**

사각형을 그림과 같이 네 조각으로 잘라서 네 꼭짓점이 한 점에 모이도록 변끼리

이어 붙이면 360°가 됩니다.

(2) **삼각형 2개로 나누어 사각형의 네 각의 크기의 합 알아보기**

사각형은 두 개의 삼각형으로 나눌 수 있습니다.

➡ (사각형의 네 각의 크기의 합)=180°×2=360°

사각형의 네 각의 크기의 합은 360°입니다.

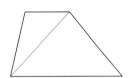

- 사각형의 크기와 모양에 관계없이 사각형의 네 각의 크기의 합은 항상 360°입니다.

- (사각형의 네 각의 크기의 합)
  =(삼각형의 세 각의 크기의 합)
  ×2

2 단원

251030-0185

05 사각형을 다음과 같이 잘라 네 꼭짓점이 한 점에 모이도록 이어 붙였습니다. 사각형의 네 각의 크기의 합을 구해 보세요.

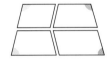 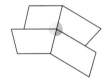

(사각형의 네 각의 크기의 합)= $\boxed{}$ °

251030-0186

06 사각형의 네 각의 크기의 합을 구해 보세요.

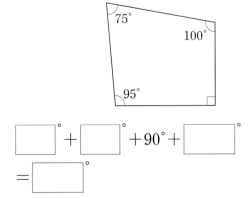

$\boxed{}$ ° + $\boxed{}$ ° +90°+ $\boxed{}$ °

= $\boxed{}$ °

251030-0187

07 사각형의 네 각의 크기의 합을 구하려고 합니다. □ 안에 알맞은 수를 써넣으세요.

 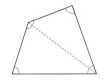

(사각형의 네 각의 크기의 합)
=(삼각형의 세 각의 크기의 합)×2
= $\boxed{}$ ° ×2= $\boxed{}$ °

251030-0188

08 □ 안에 알맞은 수를 써넣으세요.

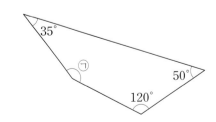

㉠= $\boxed{}$ ° −35°−120°−50°= $\boxed{}$ °

2. 각도 **47**

251030-0189

01 각도기로 재어 ㉠과 ㉡의 각도를 각각 구하고, 삼각형의 세 각의 크기의 합을 구해 보세요.

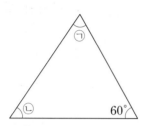

	㉠	㉡
각도		

(삼각형의 세 각의 크기의 합)

= ☐° + ☐° + 60° = ☐°

251030-0190

02 삼각형 모양 색종이를 잘라서 세 꼭짓점이 한 점에 모이도록 겹치지 않게 이어 붙였습니다. ㉠의 각도를 구해 보세요.

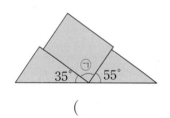

( )

251030-0191

03 재민이와 나리가 각각 그린 삼각형의 세 각의 크기를 잰 것입니다. 각도를 잘못 잰 사람을 찾아 이름을 써 보세요.

재민

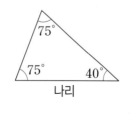
나리

( )

251030-0192

04
중요
☐ 안에 알맞은 수를 써넣으세요.

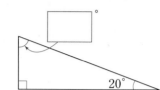

251030-0193

05 세 각의 크기가 다음과 같은 삼각형을 그리려고 합니다. 삼각형이 될 수 <u>없는</u> 것의 기호를 써 보세요.

가: 35°, 85°, 60°	나: 30°, 35°, 105°

( )

251030-0194

06 ㉠과 ㉡의 각도의 합을 구해 보세요.

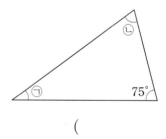

( )

251030-0195

07 ㉠과 ㉡의 각도의 차를 구해 보세요.

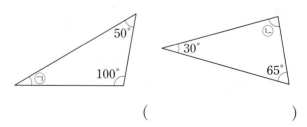

( )

251030-0196

08 각도기로 재어 ㉠과 ㉡의 각도를 각각 구하고, 사각형의 네 각의 크기의 합을 구해 보세요.

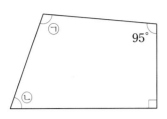

	㉠	㉡
각도		

(사각형의 네 각의 크기의 합)

$= \boxed{}° + \boxed{}° + 90° + 95°$

$= \boxed{}°$

251030-0197

09 중요 사각형의 네 각의 크기를 <u>잘못</u> 잰 사람은 누구일까요?

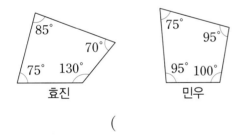

효진   민우

(   )

251030-0198

10 ㉠과 ㉡의 각도의 합을 구해 보세요.

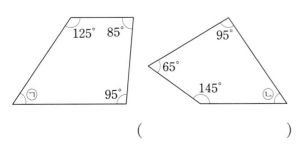

(   )

251030-0199

11 다음은 사각형의 세 각의 크기입니다. 나머지 한 각의 크기를 구해 보세요.

25°	150°	90°

(   )

251030-0200

12 ㉠과 ㉡의 각도의 합을 구해 보세요.

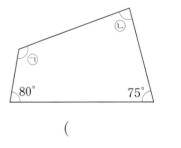

(   )

251030-0201

13 도전 ㉠과 ㉡의 각도의 합을 구해 보세요.

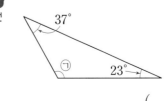 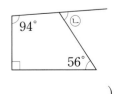

(   )

삼각형의 세 각의 크기의 합을 이용하여 각도 구하기

예
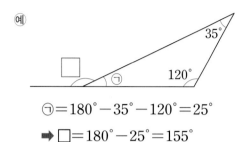

$$⊙ = 180° - 35° - 120° = 25°$$
➡ $$□ = 180° - 25° = 155°$$

251030-0202

14 □ 안에 알맞은 수를 써넣으세요.

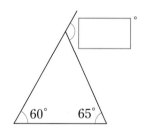

251030-0203

15 □ 안에 알맞은 수를 써넣으세요.

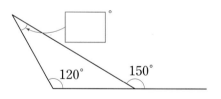

251030-0204

16 ㉠의 각도를 구해 보세요.

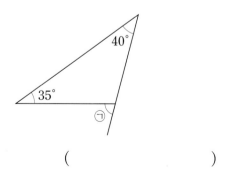

(   )

사각형의 네 각의 크기의 합을 이용하여 각도 구하기

예
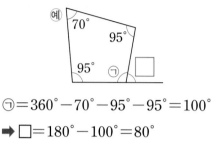

$$⊙ = 360° - 70° - 95° - 95° = 100°$$
➡ $$□ = 180° - 100° = 80°$$

251030-0205

17 □ 안에 알맞은 수를 써넣으세요.

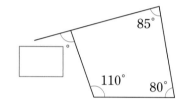

251030-0206

18 ㉠의 각도를 구해 보세요.

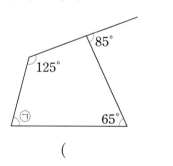

(   )

251030-0207

19 □ 안에 알맞은 수를 써넣으세요.

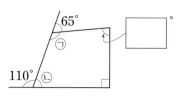

대표 응용 1

도형에서 예각, 둔각 찾기

도형에서 예각과 둔각의 개수를 각각 구해 보세요.

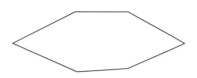

문제 스케치

예각 0°< ☆ <90°

둔각 90°< ◉ <180°

해결하기

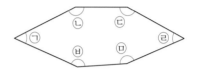

예각은 각도가 0°보다 크고 직각보다 작은 각입니다.

➡ 예각은 ☐ , ☐ 으로 ☐ 개입니다.

둔각은 각도가 직각보다 크고 180°보다 작은 각입니다.

➡ 둔각은 ☐ , ☐ , ☐ , ☐ 으로 ☐ 개입니다.

251030-0208

1-1 도형에서 예각과 둔각의 개수를 각각 구해 보세요.

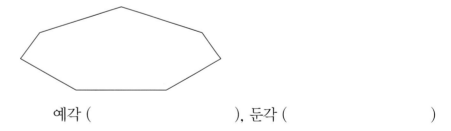

예각 (   ), 둔각 (   )

251030-0209

1-2 도형 세 개를 이어 붙여 오른쪽과 같은 도형을 만들었습니다. 도형 안쪽에 있는 각 중 둔각과 예각의 개수의 차를 구해 보세요.

(   )

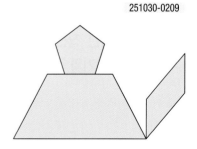

대표 응용 2 · 직선을 크기가 같은 각으로 나누어 각도 구하기

직선 ㄱㄹ을 크기가 같은 각 3개로 나눈 것입니다. 각 ㄱㅇㄷ의 크기를 구해 보세요.

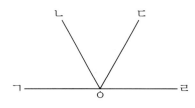

문제 스케치

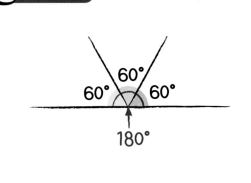

해결하기

직선이 이루는 각의 크기는 $\boxed{}^\circ$입니다.

직선을 크기가 같은 각 3개로 나누었으므로

각 ㄱㅇㄴ의 크기는 $\boxed{}^\circ \div \boxed{} = \boxed{}^\circ$입니다.

각 ㄱㅇㄷ의 크기는 각 ㄱㅇㄴ의 크기의 $\boxed{}$배이므로

(각 ㄱㅇㄷ)$= \boxed{}^\circ \times \boxed{} = \boxed{}^\circ$입니다.

251030-0210

2-1 오른쪽은 직선 ㄱㅂ을 크기가 같은 각 5개로 나눈 것입니다. 각 ㄴㅇㅁ의 크기를 구해 보세요.

(   )

251030-0211

2-2 오른쪽은 직선 ㄱㅎ을 나눈 작은 각들의 크기는 모두 같습니다. 각 ㄱㅇㅊ의 크기와 각 ㅁㅇㅌ의 크기의 차를 구해 보세요.

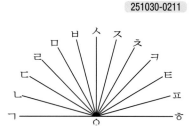

(   )

대표 응용 3 삼각자를 사용하여 각도 구하기

두 삼각자를 다음과 같이 겹쳤습니다. ㉠의 각도를 구해 보세요.

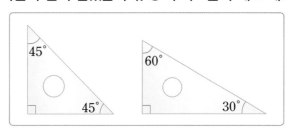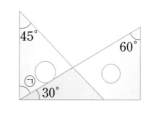

문제 스케치

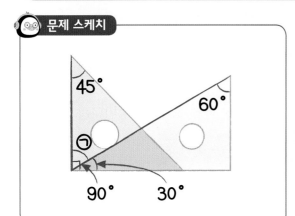

해결하기

㉠은 90°와 ⬜° 가 겹쳐서 생기는 두 각도의 차입니다.

따라서 ㉠＝⬜° － ⬜° ＝ ⬜° 입니다.

251030-0212

3-1 두 삼각자를 다음과 같이 겹쳤습니다. ⬜ 안에 알맞은 수를 써넣으세요.

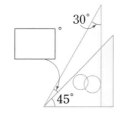

251030-0213

3-2 크기가 같은 삼각자를 겹치지 않게 여러 개 붙여 놓았습니다. ⬜ 안에 알맞은 수를 써넣으세요.

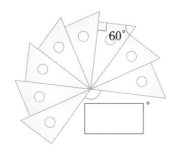

대표 응용 4 돌림판에서 각의 크기 구하기

오른쪽 돌림판에서 ㉠의 각도를 구해 보세요.

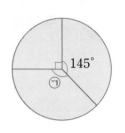

문제 스케치

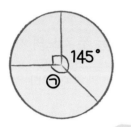

돌림판 전체 각도의 합 360°

해결하기

돌림판 전체 각도의 합은 ☐° 이므로

$90° + 145° + ㉠ = $ ☐° 입니다.

따라서 $㉠ = 360° - 90° - 145° = $ ☐° 입니다.

251030-0214

4-1 돌림판에서 ㉠의 각도를 구해 보세요.

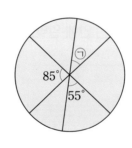

(   )

251030-0215

4-2 돌림판에서 ㉠과 ㉡의 각도의 합을 구해 보세요.

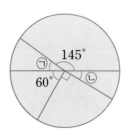

(   )

대표 응용 **5**	**도형의 모든 각의 크기의 합 구하기**

오른쪽 도형에서 다섯 각의 크기의 합을 구해 보세요.

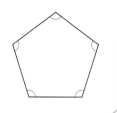

문제 스케치

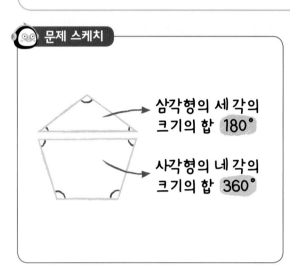

삼각형의 세 각의
크기의 합 **180°**

사각형의 네 각의
크기의 합 **360°**

해결하기

오른쪽 그림과 같이 도형은 삼각형 1개와 사각형 1개로 나눌 수 있습니다.

삼각형의 세 각의 크기의 합은 ☐°이고,

사각형의 네 각의 크기의 합은 ☐°입니다.

따라서 도형에서 다섯 각의 크기의 합은

☐° + ☐° = ☐°입니다.

251030-0216

5-1 다음 도형에서 8개의 각의 크기의 합을 구해 보세요.

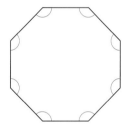

(   )

251030-0217

5-2 다음 도형에서 9개의 각의 크기의 합을 구해 보세요.

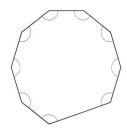

(   )

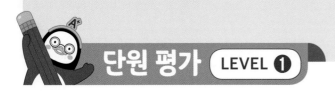
251030-0218

01 두 부채 중 더 넓게 펼쳐진 부채에 ○표 하세요.

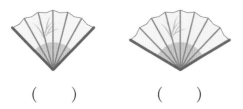

( )   ( )

251030-0219

02 보기의 각보다 작은 각을 찾아 기호를 써 보세요.

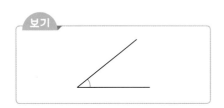

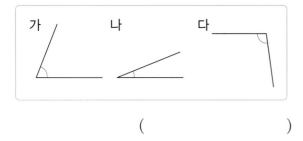

( )

251030-0220

03 부채의 부챗살이 이루는 각의 크기는 일정합니다. 부채의 각의 크기가 더 작은 것의 기호를 써보세요.

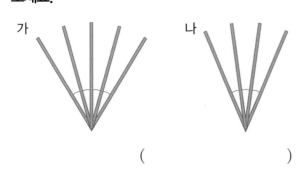

( )

251030-0221

04 각도를 재어 보세요.

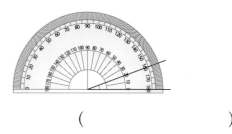

( )

251030-0222

05 각도기로 각도를 재어 이어 보세요.

85°

95°

251030-0223

06 예각을 모든 찾아 기호를 써 보세요.

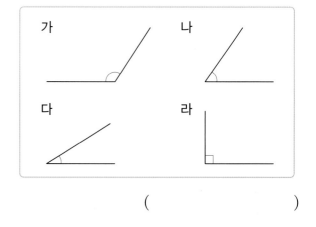

( )

251030-0224

07 주어진 선분을 한 변으로 하는 예각을 그리려고 합니다. 점 ㄱ과 이어야 하는 점은 어느 것인가요? ( )

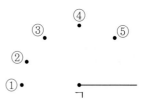

08 주어진 선분을 이용하여 둔각을 그려 보세요.

251030-0225

09 직각보다 크고 $180°$보다 작은 각을 모두 찾아 기호를 써 보세요.
중요

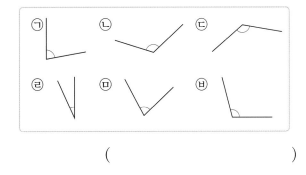

( )

251030-0226

10 시각에 맞게 시곗바늘을 그리고, 긴바늘과 짧은 바늘이 이루는 작은 쪽의 각이 예각, 직각, 둔각 중 어느 것인지 써 보세요.

(1) 8시   (2) 7시 30분

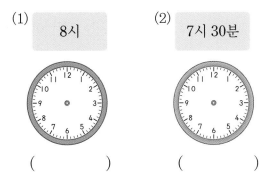

( )   ( )

251030-0227

11 각도를 어림하고 각도기로 재어 확인해 보세요.

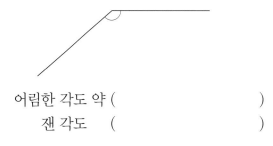

어림한 각도 약 ( )

잰 각도 ( )

251030-0228

12 ☐ 안에 알맞은 수를 써넣으세요.

(1) $95° + \boxed{}° = 165°$

(2) $135° - \boxed{}° = 80°$

251030-0229

13 각 ㄴㅇㄷ의 크기를 구해 보세요.
도전

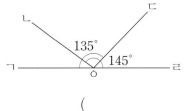

( )

251030-0230

14 삼각형 모양 색종이를 잘라서 세 꼭짓점이 한 점에 모이도록 겹치지 않게 이어 붙였습니다. ㉠의 각도를 구해 보세요.

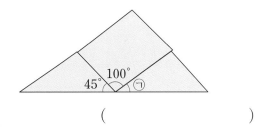

( )

251030-0231

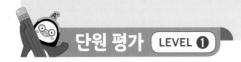

정답과 풀이 **30**쪽

251030-0232

15 □ 안에 알맞은 수를 써넣으세요.

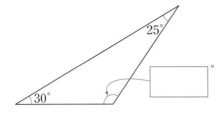

251030-0233

16 ㉠과 ㉡의 각도의 합을 구해 보세요.

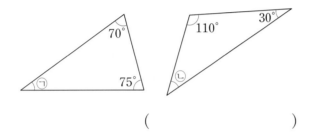

( )

251030-0234

17 □ 안에 알맞은 수를 써넣으세요.

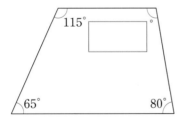

251030-0235

18 ㉠과 ㉡의 각도의 합을 구해 보세요.
중요

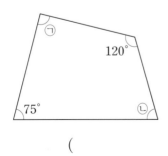

( )

서술형 문제

251030-0236

19 □ 안에 알맞은 각도를 구하려고 합니다. 풀이 과정을 쓰고 답을 구해 보세요.

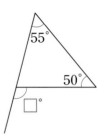

풀이

답

251030-0237

20 ㉠과 ㉡의 각도의 차를 구하려고 합니다. 풀이 과정을 쓰고 답을 구해 보세요.

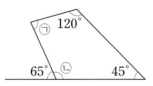

풀이

답

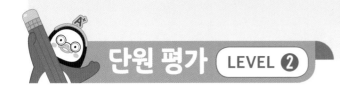

251030-0238

01 응원봉을 가장 넓게 벌린 것에 ○표, 가장 좁게 벌린 것에 △표 하세요.

(   )   (   )   (   )

251030-0239

02 시계의 긴바늘과 짧은바늘이 이루는 작은 쪽의 각이 가장 큰 각과 작은 각을 각각 찾아 기호를 써 보세요.

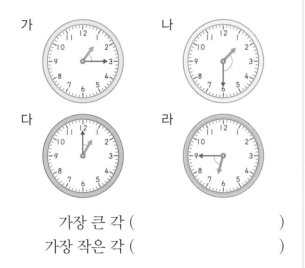

가장 큰 각 (   )

가장 작은 각 (   )

251030-0240

03 세 집의 지붕 위쪽의 각을 보고 바르게 말한 사람의 이름을 써 보세요.

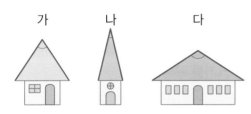

세은: 가 지붕 위쪽의 각의 크기가 가장 커.
채연: 세 지붕 위쪽의 각의 크기는 모두 같아.
지웅: 나 지붕 위쪽의 각의 크기가 가장 작아.

(   )

251030-0241

04 가장 큰 각을 찾아 써 보세요.

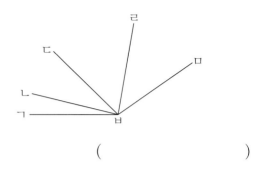

(   )

251030-0242

05 각 ㄱㄴㄹ과 각 ㄷㄴㅁ의 각도를 각각 구해 보세요.
중요

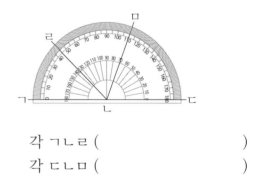

각 ㄱㄴㄹ (   )

각 ㄷㄴㅁ (   )

251030-0243

06 각도를 재어 두 번째로 큰 각의 각도를 써 보세요.

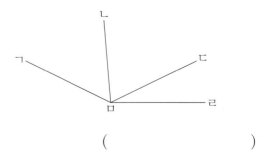

(   )

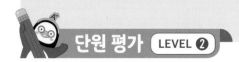

251030-0244

07 도형에서 찾을 수 있는 크고 작은 예각은 모두 몇 개일까요?

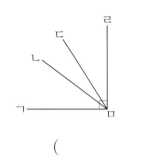

( )

251030-0245

08 다음 중 시계의 긴바늘과 짧은바늘이 이루는 작은 쪽의 각이 예각인 시각을 모두 찾아 기호를 써 보세요.

㉠ 4시	㉡ 7시 30분
㉢ 1시	㉣ 2시 30분

( )

251030-0246

09 도형에서 찾을 수 있는 둔각을 모두 써 보세요.

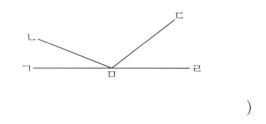

( )

251030-0247

10 다음 중 직각과의 차가 더 작은 예각과 둔각을 각각 찾아 써 보세요.

85°	175°	55°	100°

예각 ( )

둔각 ( )

251030-0248

11 서윤이와 기현이가 오른쪽 각을 보고 각도를 어림하였습니다. 각도기로 재어 보고 누가 더 정확하게 어림했는지 이름을 써 보세요.

서윤: 약 35°
기현: 약 20°

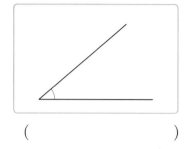

( )

251030-0249

12 도형에서 ㉠의 각도를 구해 보세요.
중요

80° ㉠ 45°

( )

251030-0250

13 다음 중 □ 안에 알맞은 각도가 가장 큰 것의 기호를 써 보세요.

㉠ □−70°=55°	㉡ 35°+25°=□
㉢ 15°+55°=□	㉣ □−115°=60°

( )

251030-0251

14 직각 두 개를 겹쳐 놓은 것입니다. 각 ㄷㅇㄹ의 크기를 구해 보세요.

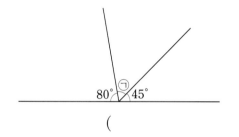
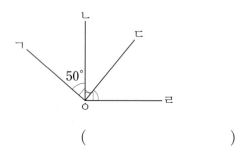

50°

( )

15 ㉠의 각도를 구해 보세요.

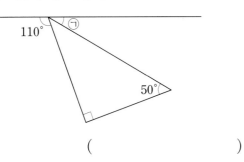

251030-0252

(   )

16 두 삼각자를 다음과 같이 겹쳤습니다. ㉠의 각도를 구해 보세요.

251030-0253

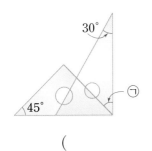

(   )

17 ㉠의 각도를 구해 보세요.

251030-0254

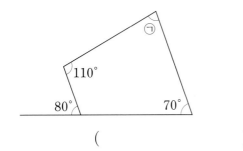

(   )

18 ㉠과 ㉡의 각도의 합을 구해 보세요.
도전

251030-0255

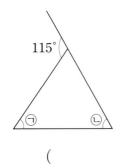

(   )

19 도형에서 ㉡은 몇 도인지 풀이 과정을 쓰고 답을 구해 보세요.

251030-0256

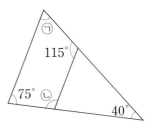

풀이

_____

_____

_____

답 ▶ _____

20 사각형에서 가장 큰 각과 가장 작은 각의 각도의 차는 몇 도인지 풀이 과정을 쓰고 답을 구해 보세요.

251030-0257

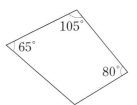

풀이

_____

_____

_____

답 ▶ _____

3 곱셈과 나눗셈

단원 학습 목표

1. (세 자리 수)×(몇십), (세 자리 수)×(몇십몇)의 계산 원리와 형식을 이해하고 계산할 수 있습니다.
2. (세 자리 수)÷(몇십)의 계산 원리와 형식을 이해하고 계산할 수 있습니다.
3. 몫이 한 자리 수인 (두 자리 수)÷(몇십몇), (세 자리 수)÷(몇십몇)의 계산 원리와 형식을 이해하고 계산할 수 있습니다.
4. 몫이 두 자리 수인 (세 자리 수)÷(몇십몇)의 계산 원리와 형식을 이해하고 계산할 수 있습니다.
5. 곱셈, 나눗셈 상황에서 어림셈으로 문제를 해결할 수 있습니다.

단원 진도 체크

학습일		학습 내용	진도 체크
1일째	월 일	**개념 1** 세 자리 수에 몇십을 곱해 볼까요 **개념 2** 세 자리 수에 몇십몇을 곱해 볼까요	✓
2일째	월 일	교과서 넘어 보기 + 교과서 속 응용 문제	✓
3일째	월 일	**개념 3** 몇십으로 나누어 볼까요 **개념 4** 몇십몇으로 나누어 볼까요(1)	✓
4일째	월 일	교과서 넘어 보기 + 교과서 속 응용 문제	✓
5일째	월 일	**개념 5** 몇십몇으로 나누어 볼까요(2) **개념 6** 몇십몇으로 나누어 볼까요(3) **개념 7** 어림셈을 활용해 볼까요	✓
6일째	월 일	교과서 넘어 보기 + 교과서 속 응용 문제	✓
7일째	월 일	**응용 1** 수 카드로 조건에 맞는 곱셈식 만들기 **응용 2** 수 카드로 몫이 가장 큰 나눗셈식 만들기 **응용 3** □ 안에 들어갈 수 있는 수 구하기	✓
8일째	월 일	**응용 4** 남김없이 나누어 주기 위해 필요한 개수 구하기 **응용 5** 필요한 가로등의 수 구하기	✓
9일째	월 일	단원 평가 LEVEL ❶	✓
10일째	월 일	단원 평가 LEVEL ❷	✓

이 단원을 진도 체크에 맞춰 10일 동안 학습해 보세요.
해당 부분을 공부하고 나서 ✓표를 하세요.

개념 **1** 세 자리 수에 몇십을 곱해 볼까요

(1) (세 자리 수)×(몇십)을 계산하는 방법 알아보기

$$123 \times 3 = 369$$
$$\downarrow 10\text{배} \qquad \boxed{10\text{배}}$$
$$123 \times 30 = 3690 \leftarrow$$

$$\begin{array}{r} 1\ 2\ 3 \\ \times \quad 3 \\ \hline 3\ 6\ 9 \end{array} \qquad \begin{array}{r} 1\ 2\ 3 \\ \times \quad 3\ 0 \\ \hline 3\ 6\ 9\ 0 \end{array}$$
$$\boxed{10\text{배}}$$

➡ (세 자리 수)×(몇십)의 곱은 (세 자리 수)×(몇)의 곱의 10배입니다.

• 324×2와 324×20의 결과를 표로 나타내기

	천의 자리	백의 자리	십의 자리	일의 자리
324×2		6	4	8
324×20	6	4	8	0

(2) (몇백)×(몇십)을 계산하는 방법 알아보기

$$300 \times 6 = 1800$$
$$\downarrow 10\text{배} \qquad \boxed{10\text{배}}$$
$$300 \times 60 = 18000 \leftarrow$$

$$\begin{array}{r} 3\ 0\ 0 \\ \times \quad 6 \\ \hline 1\ 8\ 0\ 0 \end{array} \qquad \begin{array}{r} 3\ 0\ 0 \\ \times \quad 6\ 0 \\ \hline 1\ 8\ 0\ 0\ 0 \end{array}$$
$$\boxed{10\text{배}}$$

● **123×30의 계산**
30은 3의 10배이므로
$$123 \times 30 = 123 \times 3 \times 10$$
$$= 369 \times 10 = 3690$$

● **(몇백)×(몇십)**
▲00 × ◆0
= ▲×◆ 000
(몇백)×(몇십)은 (몇)×(몇)을 계산한 다음 그 값에 곱하는 두 수의 0의 개수만큼 0을 붙입니다.

● **500×40의 계산**
5×4=20이므로 20에 0을 3개 붙여서 20000이 됩니다.
2000이라고 답하지 않도록 주의합니다.

---

01 236×4와 236×40의 결과를 표로 나타내 보세요.

251030-0258

	천의 자리	백의 자리	십의 자리	일의 자리
236×4				
236×40				

02 □ 안에 알맞은 수를 써넣으세요.

251030-0259

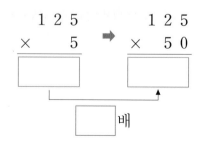

03 □ 안에 알맞은 수를 써넣으세요.

251030-0260

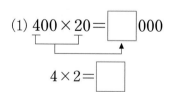

(1) $400 \times 20 = \boxed{}\,000$

$4 \times 2 = \boxed{}$

(2) $500 \times 30 = \boxed{}\,000$

$5 \times 3 = \boxed{}$

(3) $600 \times 50 = \boxed{}\,000$

$6 \times 5 = \boxed{}$

개념 2 세 자리 수에 몇십몇을 곱해 볼까요

(1) (세 자리 수)×(몇십몇) 계산하기

① (세 자리 수)×(몇십몇의 일의 자리 수)를 계산합니다.

② (세 자리 수)×(몇십몇의 십의 자리 수)를 계산합니다.

③ ①과 ②의 계산 결과를 더합니다.

(2) 452×12의 계산

• 계산 원리 알아보기

두 자리 수를 십의 자리와 일의 자리로 나누어 계산한 결과를 더합니다.

$$452 \times 10 = \boxed{4520} \qquad 452 \times 2 = \boxed{904}$$

$$452 \times 12 = \boxed{4520} + \boxed{904} = 5424$$

• 계산 방법 알아보기

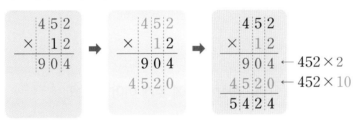

● (세 자리 수)×(몇십몇)

$$● ▲ ■ × ♥ ♠$$
$$= (● ▲ ■ × ♠) + (● ▲ ■ × ♥ 0)$$

● (세 자리 수)×(몇십몇)의 결과를 어림하기

(몇백)×(몇십)으로 어림해 보면 대략적인 계산 결과를 알 수 있습니다.

예 389×22를 어림하여 계산하기

① 389를 400으로 어림하기

② 22를 20으로 어림하기

③ 389×22

➡ 400×20=8000

➡ 약 8000

---

04 □ 안에 알맞은 수를 써넣으세요.

(1)

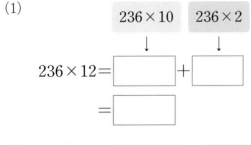

(2)

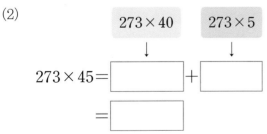

05 □ 안에 알맞은 수를 써넣으세요.

(1)

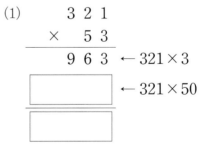

(2)

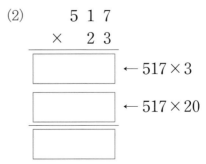

251030-0263

01 □ 안에 알맞은 수를 써넣으세요.

$421 \times 2 = 842$

$421 \times 20 = $ □   ← □ 배

251030-0264

02 □ 안에 알맞은 수를 써넣으세요.

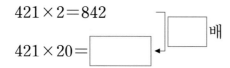

$$\begin{array}{r} 5\ 2\ 3 \\ \times \qquad 4 \\ \hline \end{array}$$ ➡ $$\begin{array}{r} 5\ 2\ 3 \\ \times \quad 4\ 0 \\ \hline \end{array}$$

251030-0265

03 중요 $624 \times 6 = 3744$입니다. 624×60을 계산할 때, 숫자 7은 어느 자리에 써야 하는지 기호를 써 보세요.

$$\begin{array}{r} 6\ 2\ 4 \\ \times \quad 6\ 0 \\ \hline ㉠㉡㉢㉣㉤ \end{array}$$

( )

251030-0266

04 □ 안에 알맞은 수를 써넣으세요.

(1)
$$\begin{array}{r} 3\ 6\ 5 \\ \times \quad \ 2\ 0 \\ \hline \square\ \square\ 0\ 0 \end{array}$$

(2)
$$\begin{array}{r} 2\ 5\ 1 \\ \times \quad \ 6\ 0 \\ \hline 1\ \square\ \square\ \square\ 0 \end{array}$$

251030-0267

05 계산해 보세요.

(1)
$$\begin{array}{r} 4\ 3\ 2 \\ \times \quad \ 3\ 0 \\ \hline \end{array}$$

(2)
$$\begin{array}{r} 5\ 0\ 0 \\ \times \quad \ 7\ 0 \\ \hline \end{array}$$

(3) 533×20

(4) 200×80

251030-0268

06 계산 결과에 맞게 이어 보세요.

| 700×80 | • | | • | 27000 |

| 300×90 | • | | • | 42000 |

| 60×700 | • | | • | 56000 |

251030-0269

07 진우는 길이가 120 cm인 리본을 30개 가지고 있습니다. 진우가 가진 리본의 길이는 모두 몇 cm일까요?

( )

08 예빈이와 승우가 저금통에 저금한 돈을 세어 보았습니다. 저금통에 저금한 돈이 더 많은 친구의 이름을 써 보세요.

251030-0270

예빈이의 저금통	승우의 저금통
500 동전 20개	100 동전 90개

( )

09 ㉠이 실제로 나타내는 값은 얼마인가요?

251030-0271

```
      2 9 4
  ×     7 6
  ─────────
    1 7 6 4
  2 0 5 8   ← ㉠
  ─────────
  2 2 3 4 4
```

( )

10 중요 □ 안에 알맞은 수를 써넣어 436×29를 계산해 보세요.

251030-0272

```
    4 3 6        4 3 6              4 3 6
  ×   2 0      ×     9      ➡     ×   2 9
  ───────      ───────            ───────
  [      ]      [      ]          [      ]

                                  [      ]

                                  [      ]
```

11 잘못 계산한 곳을 찾아 바르게 계산해 보세요.

251030-0273

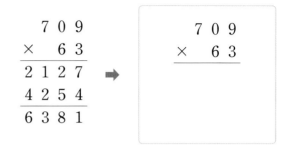

```
    7 0 9              7 0 9
  ×   6 3      ➡     ×   6 3
  ───────
  2 1 2 7
  4 2 5 4
  ───────
  6 3 8 1
```

12 다음 중 가장 큰 수와 가장 작은 수의 곱을 구해 보세요.

251030-0274

417	37	512	48

( )

13 어느 문구점에 색종이가 195장씩 31묶음 있습니다. 이 문구점에 있는 색종이는 모두 몇 장인지 구해 보세요.

251030-0275

( )

14 도전 세영이는 수 카드 5장을 한 번씩만 사용하여 가장 큰 세 자리 수와 가장 작은 두 자리 수를 만들었습니다. 세영이가 만든 두 수의 곱을 구해 보세요.

251030-0276

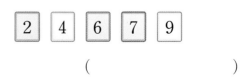

| 2 | 4 | 6 | 7 | 9 |

( )

 교과서 속 **응용 문제** 교과서, 익힘책 속 응용 문제를 유형별로 풀어 보세요.

정답과 풀이 33쪽

□ 안에 들어갈 수 있는 수 구하기

① 곱셈식에서 먼저 찾을 수 있는 □ 안의 수를 구합니다.
② 구한 수를 이용하여 다른 □ 안에 들어갈 수를 구합니다.

251030-0277

15 □ 안에 알맞은 수를 써넣으세요.

		4	2	3
×			□	0
2	□	6	1	0

251030-0278

16 □ 안에 알맞은 수를 써넣으세요.

		7	2	3
	×		6	□
	□	6	1	5
4	3	3	8	
4	6	9	9	5

251030-0279

17 □ 안에 알맞은 수를 써넣으세요.

		5	1	3
	×		4	□
	4	□	1	7
□	0	5	2	
2	5	1	3	7

바르게 계산한 값 구하기

① 어떤 수를 □라고 하여 잘못 계산한 식 만들기
② ①의 식을 이용하여 □ 구하기
③ □를 이용하여 바르게 계산한 값 구하기

251030-0280

18 어떤 수에 30을 곱해야 할 것을 잘못하여 더하였더니 567이 되었습니다. 바르게 계산하면 얼마인가요?

(   )

251030-0281

19 어떤 수에 23을 곱해야 할 것을 잘못하여 뺐더니 354가 되었습니다. 바르게 계산하면 얼마인가요?

(   )

251030-0282

20 416에 어떤 수를 곱해야 할 것을 잘못하여 더했더니 504가 되었습니다. 바르게 계산하면 얼마인가요?

(   )

개념 3 — 몇십으로 나누어 볼까요

(1) 나머지가 없는 (세 자리 수)÷(몇십)의 계산

예 $150 \div 30$을 계산하기

$$150 \div 30 = 5$$
$$15 \div 3$$

$$\begin{array}{r} 5 \\ 30\overline{)150} \\ 150 \\ \hline 0 \end{array}$$

➡ $150 \div 30$의 몫은 5, 나머지는 0입니다.

계산 결과가 맞는지 확인하기
$30 \times 5 = 150$

(2) 나머지가 있는 (세 자리 수)÷(몇십)의 계산

예 $162 \div 30$을 계산하기

$30 \times 4 = 120$
$30 \times 5 = 150$
$30 \times 6 = 180$

$$\begin{array}{r} 5 \\ 30\overline{)162} \\ 150 \\ \hline 12 \end{array}$$

➡ $162 \div 30$의 몫은 5, 나머지는 12입니다.

계산 결과가 맞는지 확인하기
$30 \times 5 = 150$, $150 + 12 = 162$

- 나눗셈의 나머지가 될 수 있는 수
  $\fbox{▲÷●}$
  - ●−1: 나머지가 가장 큰 경우
  - 0: 나누어떨어질 때
  ➡ 나머지가 될 수 있는 수:
  0부터 ●보다 작은 수

- 나눗셈의 계산 결과가 맞는지 확인하기
  - ●÷▲=■
  ➡ ▲×■=●
  - ●÷▲=■…★
  ➡ ▲×■=◆, ◆+★=●
  ▲×■의 곱(◆)에 ★을 더하면 ●입니다.

251030-0283

01 곱셈식을 이용하여 나눗셈의 몫을 구해 보세요.

(1)
$$40 \times 5 = 200$$
$$40 \times 6 = 240$$
$$40 \times 7 = 280$$

$$240 \div 40 = \boxed{}$$

(2)
$$70 \times 7 = 490$$
$$70 \times 8 = 560$$
$$70 \times 9 = 630$$

$$560 \div 70 = \boxed{}$$

251030-0284

02 □ 안에 알맞은 수를 써넣으세요.

(1)
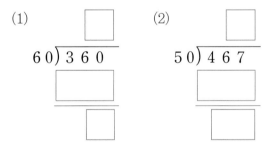

(2)

251030-0285

03 계산 결과가 맞는지 확인해 보려고 합니다. □ 안에 알맞은 수를 써넣으세요.

$$234 \div 30 = 7 \cdots 24$$

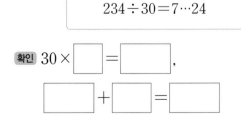

확인 $30 \times \boxed{} = \boxed{}$,

$$\boxed{} + \boxed{} = \boxed{}$$

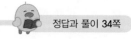 정답과 풀이 **34**쪽

개념 **4** 몇십몇으로 나누어 볼까요(1)

(1) 몫이 한 자리 수인 (두 자리 수)÷(몇십몇)의 계산

예) $73 \div 14$를 계산하기

$$\begin{array}{r} 5 \\ 14\overline{)73} \\ 70 \\ \hline 3 \end{array}$$

➡ $73 \div 14$의 몫은 **5**, 나머지는 **3**입니다.

계산 결과가 맞는지 확인하기 $14 \times 5 = 70$, $70 + 3 = 73$

(2) 몫이 한 자리 수인 (세 자리 수)÷(몇십몇)의 계산

예) $193 \div 31$을 계산하기

$31 \times 5 = 155$
$31 \times 6 = 186$
$31 \times 7 = 217$

$$\begin{array}{r} 6 \\ 31\overline{)193} \\ 186 \\ \hline 7 \end{array}$$

➡ $193 \div 31$의 몫은 **6**, 나머지는 **7**입니다.

계산 결과가 맞는지 확인하기
$31 \times 6 = 186$, $186 + 7 = 193$

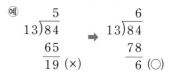

● 나머지가 나누는 수보다 항상 작은지 확인해야 합니다.

예)
$$\begin{array}{r} 5 \\ 13\overline{)84} \\ 65 \\ \hline 19 \end{array} (\times)$$
➡
$$\begin{array}{r} 6 \\ 13\overline{)84} \\ 78 \\ \hline 6 \end{array} (\bigcirc)$$

● 몫이 한 자리 수인 경우
■●▲ ÷ ★♥ 에서
■● < ★♥

● 나눗셈의 계산 결과 확인하기
● ÷ ▲ = ■ … ★
➡ ▲ × ■ = ◆, ◆ + ★ = ●

251030-0286

04 왼쪽 곱셈식을 이용하여 □ 안에 알맞은 수를 써넣으세요.

$34 \times 5 = 170$
$34 \times 6 = 204$
$34 \times 7 = 238$

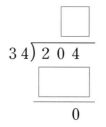

251030-0287

05 □ 안에 알맞은 수를 써넣으세요.

(1)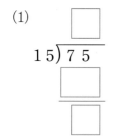

(2)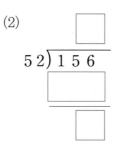

251030-0288

06 계산을 하고 계산 결과가 맞는지 확인해 보세요.

(1)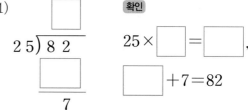

확인 $25 \times \boxed{} = \boxed{}$, $\boxed{} + 7 = 82$

(2)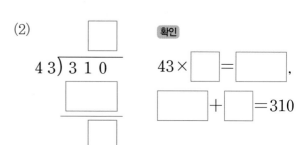

확인 $43 \times \boxed{} = \boxed{}$, $\boxed{} + \boxed{} = 310$

251030-0289

01 □ 안에 알맞은 수를 써넣으세요.

$$56 \div 8 = \boxed{}$$

$$560 \div 80 = \boxed{}$$

251030-0290

02 계산해 보세요.

(1)
$$70\overline{)420}$$

(2)
$$90\overline{)270}$$

251030-0291

03 35÷7과 몫이 같은 것을 찾아 기호를 써 보세요.

> ㉠ 350÷7 ㉡ 35÷70 ㉢ 350÷70

( )

251030-0292

04 몫이 같은 것끼리 이어 보세요.

320÷80 •   • 400÷80

120÷20 •   • 360÷60

450÷90 •   • 280÷70

251030-0293

05 민하는 약국에서 약을 샀습니다. 약을 며칠 동안 먹을 수 있는지 구해 보세요.

> 물약 360 mL를 매일 40 mL씩 드세요.

약사

( )

251030-0294

06 잘못 계산한 곳을 찾아 바르게 계산해 보세요.

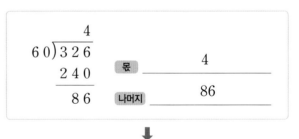

$$
\begin{array}{r}
4 \\
60\overline{)326} \\
240 \\
\hline
86
\end{array}
$$

몫 ____ 4

나머지 ____ 86

↓

$$60\overline{)326}$$

몫 ____

나머지 ____

251030-0295

07 수호는 공원을 195분 동안 걸었습니다. 수호가 공원을 걷는 데 걸린 시간은 몇 시간 몇 분인지 구해 보세요.

( )

08 계산해 보세요. 251030-0296

(1)

$$3\ 2\ )\overline{9\ 7}$$

(2)

$$8\ 4\ )\overline{3\ 5\ 5}$$

09 계산을 하고 계산 결과가 맞는지 확인해 보세요. 251030-0297
중요

(1) $95 \div 24 =$ ☐ ··· ☐

확인

☐ × ☐ = ☐ ,

☐ + ☐ = ☐

(2) $151 \div 18 =$ ☐ ··· ☐

확인

☐ × ☐ = ☐ ,

☐ + ☐ = ☐

10 가장 큰 수를 가장 작은 수로 나눈 몫과 나머지를 구해 보세요. 251030-0298

| 32 | 89 | 26 | 59 |

몫 (   )

나머지 (   )

11 어떤 자연수를 27로 나누었을 때 나머지가 될 수 있는 수를 모두 찾아 써 보세요. 251030-0299

| 1 | 7 | 9 | 19 | 30 | 36 |

(   )

12 나눗셈의 나머지가 다른 하나를 찾아 기호를 써 보세요. 251030-0300

㉠ $471 \div 92$ ㉡ $95 \div 12$
㉢ $85 \div 37$ ㉣ $575 \div 82$

(   )

13 다음 중 몫이 가장 큰 나눗셈을 찾아 기호를 써 보세요. 251030-0301

㉠ $120 \div 32$ ㉡ $157 \div 69$ ㉢ $394 \div 81$

(   )

14 어떤 수를 52로 나누어야 하는데 잘못하여 25로 나누었더니 몫이 9이고 나머지가 13이었습니다. 바르게 계산했을 때 몫과 나머지를 각각 구해 보세요. 251030-0302
도전

몫 (   )

나머지 (   )

나누어지는 수 구하기

나눗셈의 결과를 확인할 때, 나누는 수와 몫을 곱한 값에 나머지를 더하면 나누어지는 수가 됩니다. 이를 통하여 나누어지는 수를 찾을 수 있습니다.

[나눗셈식]

▲ ÷ ● = ■ ⋯ ★

[계산 결과가 맞는지 확인하는 식]

● × ■ = ♥, ♥ + ★ = ▲

251030-0303

15 □ 안에 알맞은 수를 구해 보세요.

$$\square \div 20 = 5 \cdots 2$$

( )

251030-0304

16 □ 안에 알맞은 수를 구해 보세요.

$$\square \div 36 = 2 \cdots 12$$

( )

251030-0305

17 대화를 읽고 막대과자는 모두 몇 개인지 구해 보세요.

> 지우: 승호야! 막대과자를 한 봉지에 12개씩 포장해 줄래?
> 승호: 응. 모두 9봉지에 나누어 담았더니 7개가 남았어.

( )

나눗셈의 활용

⟮예⟯ 색종이 45장을 12명에게 똑같이 나누어 주려고 합니다. 한 명에게 색종이를 몇 장씩 줄 수 있고, 몇 장이 남을까요?

➡ 45 ÷ 12 = 3 ⋯ 9이므로 한 명에게 색종이를 3장씩 나누어 줄 수 있고, 9장이 남습니다.

251030-0306

18 포장 끈 32 cm로 상자 1개를 포장할 수 있습니다. 포장 끈 99 cm로 상자를 몇 개 포장할 수 있고, 남는 포장 끈은 몇 cm인지 구해 보세요.

상자를 ( )개 포장할 수 있고

( ) cm가 남습니다.

251030-0307

19 민아는 전체가 92쪽인 동화책을 매일 16쪽씩 읽으려고 합니다. 동화책을 모두 읽으려면 적어도 며칠이 걸리는지 구해 보세요.

( )

251030-0308

20 탁구공 143개를 한 바구니에 34개씩 담으려고 합니다. 탁구공을 모두 담으려면 바구니는 적어도 몇 개 필요한지 구해 보세요.

( )

개념 **5** 몇십몇으로 나누어 볼까요(2)

(1) 나머지가 없고 몫이 두 자리 수인 (세 자리 수)÷(몇십몇)의 계산

• 525÷15의 계산 방법 알아보기

$$
\begin{array}{r}
5 \\
30 \\
15\overline{)525} \\
450 \leftarrow 15\times30 \\
\overline{75} \leftarrow 525-450 \\
75 \leftarrow 15\times5 \\
\overline{0} \leftarrow 75-75 \\
\end{array}
$$

➡

$$
\begin{array}{r}
35 \\
15\overline{)525} \\
450 \\
\overline{75} \\
75 \\
\overline{0} \\
\end{array}
$$

• 392÷28을 계산하기

$$28\times13=364$$
$$28\times14=392$$
$$28\times15=420$$

$$
\begin{array}{r}
14 \\
28\overline{)392} \\
28 \\
\overline{112} \\
112 \\
\overline{0} \\
\end{array}
$$

➡ 392÷28의 몫은 14, 나머지는 0입니다.

계산 결과가 맞는지 확인하기
$$28\times14=392$$

● 몫이 두 자리 수인 경우
■●▲÷★♥에서
■●=★♥ 또는 ■●>★♥

• (세 자리 수)÷(몇십몇)에서 나누어지는 수의 왼쪽 두 자리 수와 나누는 수의 크기를 비교해서 나누는 수가 크면 몫은 한 자리 수이고, 나누는 수가 작거나 같으면 몫은 두 자리 수입니다.

예) 184÷28
(나누어지는 수의 왼쪽 두 자리 수)
<(나누는 수)
➡ 몫이 한 자리 수

예) 392÷28
(나누어지는 수의 왼쪽 두 자리 수)
>(나누는 수)
➡ 몫이 두 자리 수

251030-0309

01 왼쪽 곱셈식을 보고 □ 안에 알맞은 수를 써넣으세요.

$$19\times16=304$$
$$19\times17=323$$
$$19\times18=342$$

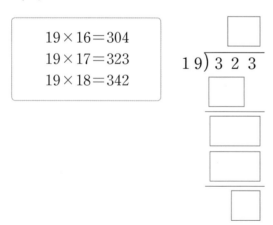

251030-0310

02 □ 안에 알맞은 수를 써넣으세요.

(1) (2)

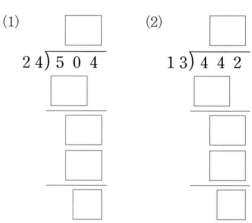

개념 **6** 　몇십몇으로 나누어 볼까요(3)

(1) 나머지가 있고 몫이 두 자리 수인 (세 자리 수)÷(몇십몇)의 계산

- $712 \div 26$의 계산 방법 알아보기

$$
\begin{array}{r}
2\,7 \leftarrow 20+7 \\
26\,\overline{)7\,1\,2} \\
5\,2\,0 \leftarrow 26 \times 20 \\
\hline
1\,9\,2 \leftarrow 712-520 \\
1\,8\,2 \leftarrow 26 \times 7 \\
\hline
1\,0 \leftarrow 192-182
\end{array}
\Rightarrow
\begin{array}{r}
2\,7 \\
26\,\overline{)7\,1\,2} \\
5\,2\,0 \\
\hline
1\,9\,2 \\
1\,8\,2 \\
\hline
1\,0
\end{array}
$$

- $527 \div 43$을 계산하기

$43 \times 11 = 473$

$43 \times 12 = 516$

$43 \times 13 = 559$

$$
\begin{array}{r}
1\,2 \\
43\,\overline{)5\,2\,7} \\
4\,3 \\
\hline
9\,7 \\
8\,6 \\
\hline
1\,1
\end{array}
$$

➡ $527 \div 43$의 몫은 12, 나머지는 11입니다.

계산 결과가 맞는지 확인하기

$43 \times 12 = 516$, $516 + 11 = 527$

● 나머지가 있는 나눗셈의 계산 결과가 맞는지 확인하는 방법

(나누어지는 수)÷(나누는 수)

=(몫)···(나머지)

➡ (나누는 수)×(몫)=★,
　★+(나머지)=(나누어지는 수)

251030-0311

03 □ 안에 알맞은 수를 써넣으세요.

(1)
$$
37\,\overline{)6\,4\,1}
$$

(2)
$$
46\,\overline{)8\,3\,9}
$$

251030-0312

04 계산을 하고 계산 결과가 맞는지 확인해 보세요.

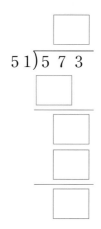

$$
51\,\overline{)5\,7\,3}
$$

확인 _____

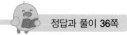
개념 7 어림셈을 활용해 볼까요

(1) 곱셈의 어림셈

꽃 한 다발을 포장하는 데 리본이 112 cm 필요하다고 합니다. 꽃 79다발을 포장하기 위해서 필요한 리본은 몇 cm인지 구해 보세요.

112를 몇백으로 어림하기	79를 몇십으로 어림하기	계산하기
112를 100으로 어림합니다. 100┼┼┼┼┼┼┼┼┼200 　112	79를 80으로 어림합니다. 70┼┼┼┼┼┼┼┼┼80 　　　　　79	$100 \times 80 = 8000$ ➡ 리본은 약 8000 cm 필요합니다.

(2) 나눗셈의 어림셈

연필 589자루를 학생 33명에게 나누어 주려고 합니다. 한 명에게 연필을 몇 자루씩 나누어 주어야 하는지 구해 보세요.

589를 몇백으로 어림하기	33을 몇십으로 어림하기	계산하기
589를 600으로 어림합니다. 500┼┼┼┼┼┼┼┼┼600 　　　　　589	33을 30으로 어림합니다. 30┼┼┼┼┼┼┼┼┼40 　33	$600 \div 30 = 20$ ➡ 한 명에게 연필을 약 20자루씩 나누어 주어야 합니다.

- 세 자리 수는 더 가까운 몇백을, 두 자리 수는 더 가까운 몇십을 찾아 어림합니다.
➡ 세 자리 수는 몇백몇십으로 어림하여 계산할 수도 있습니다.

● 어림셈이 필요한 경우
- 정확한 답이 아닌 빠르게 대략적인 답이 필요할 때
- 계산을 한 후, 어림셈으로 구한 대략적인 답과 비교하여 계산 실수를 발견할 때
➡ 실생활에서 어림셈을 활용하면 쉽고 빠르게 필요한 정보를 얻을 수 있습니다.

251030-0313

05 문제를 어림셈으로 해결하려고 합니다. □ 안에 알맞은 수를 써넣으세요.

(1)
> 도현이는 매일 책을 123쪽씩 읽으려고 합니다. 도현이가 31일 동안 읽는 책은 모두 몇 쪽인지 구해 보세요.

① 123을 □ (으)로 어림

② 31을 □ (으)로 어림

③ □ × □

④ 약 □ 쪽

(2)
> 세윤이는 견과류 691 g을 48일 동안 똑같이 나누어 먹으려고 합니다. 하루에 몇 g씩 먹어야 하는지 구해 보세요.

① 691을 □ (으)로 어림

② 48을 □ (으)로 어림

③ □ ÷ □

④ 약 □ g

01 빈칸에 알맞은 수를 써넣고 768÷32의 몫을 어림해 보세요.

×32	10	20	30	40
	320			

768÷32의 몫은 ▢ 보다 크고 ▢ 보다 작습니다.

02 어림한 나눗셈의 몫으로 가장 적절한 것에 ○표 하세요.

132÷12

(1 , 2 , 10 , 20)

03 계산해 보세요.

(1)
27)378

(2)
41)861

04 몫이 같은 것끼리 이어 보세요.

804÷67	•	•	476÷17
924÷33	•	•	540÷45
805÷35	•	•	598÷26

05 지수는 매일 책을 24쪽씩 읽습니다. 전체가 288쪽인 책을 다 읽는 데는 며칠이 걸리는지 구해 보세요.

(   )

06 민재가 642÷16을 다음과 같이 계산하였습니다. 민재가 올바른 답을 구할 수 있도록 ▢ 안에 알맞은 수를 써넣고, 알맞은 말에 ○표 하세요.

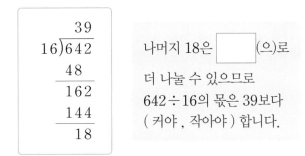

나머지 18은 ▢ (으)로 더 나눌 수 있으므로 642÷16의 몫은 39보다 (커야 , 작아야) 합니다.

07 ▢ 안에 알맞은 식을 찾아 기호를 써넣으세요.

중요

```
        34
   17)579
        51  ← ▢
        69  ← ▢
        68  ← ▢
         1
```

㉠ 17×4
㉡ 17×30
㉢ 579-51
㉣ 579-510

251030-0321

08 계산해 보세요.

(1)
$$42\overline{)594}$$

(2)
$$29\overline{)626}$$

251030-0322

09 몫이 가장 작은 나눗셈을 찾아 기호를 써 보세요.

ⓐ 333÷25   ⓑ 789÷64   ⓒ 508÷49

(   )

251030-0323

10 잘못 계산한 곳을 찾아 바르게 계산해 보세요.

중요

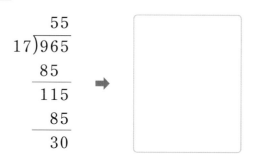

➡

251030-0324

11 나눗셈의 계산 결과를 확인한 식을 나눗셈식으로 나타내 보세요.

(1) $45 \times 12 = 540$, $540 + 5 = 545$

➡ $545 \div 45 =$ ☐ ⋯ ☐

(2) $63 \times 15 = 945$, $945 + 3 = 948$

➡ $948 \div$ ☐ $= 15 \cdots$ ☐

251030-0325

12 나눗셈식에서 ㉠과 ㉡에 알맞은 수의 차를 구해 보세요.

$910 \div 39 = ㉠ \cdots 13$
$868 \div 63 = 13 \cdots ㉡$

(   )

251030-0326

13 과일 가게에서 사과를 한 상자에 18개씩 담아 포장하고 있습니다. 사과 472개를 모두 포장하려면 상자는 적어도 몇 개가 필요한지 구해 보세요.

(   )

251030-0327

14 도전 어떤 수를 19로 나누었더니 몫이 32이고 나머지가 9였습니다. 어떤 수를 26으로 나눈 몫과 나머지의 합을 구해 보세요.

(   )

251030-0328

15 과일 가게에서 일주일 동안 한 상자에 87개씩 들어 있는 귤을 40상자 팔았습니다. 일주일 동안 귤을 약 몇 개 팔았는지 어림셈을 활용하여 구하려고 합니다. ☐ 안에 알맞은 수를 써넣으세요.

한 상자에 들어 있는 귤의 수를 ☐ 개로 어림하여 계산하면 약 ☐ 개 팔았습니다.

251030-0329

16 운동회에서 398명의 학생에게 32원짜리 풍선을 한 개씩 나누어 주려고 합니다. 풍선값으로 약 얼마를 내야 하는지 어림셈으로 구하려고 합니다. 가장 알맞은 금액의 기호를 써 보세요.

㉠ 12000원	㉡ 14000원
㉢ 15000원	㉣ 16000원

( )

251030-0330

17 어림셈으로 지우와 현수가 내야 하는 돈을 각각 구하여 돈을 더 많이 내야 하는 친구의 이름을 써 보세요. (단, 연필 1타는 12자루입니다.)

지우: 나는 한 자루에 310원짜리 연필을 4타 샀어.
현수: 나는 575원짜리 지우개를 28개 샀어.

( )

251030-0331

18 사탕 692개를 30개씩 상자에 담아 포장하려고 합니다. 필요한 상자는 약 몇 개인지 어림셈을 활용하여 구하려고 합니다. ☐ 안에 알맞은 수를 써 넣으세요.

전체 사탕의 수를 ☐개로 어림하여 계산하면 상자는 약 ☐개 정도 필요합니다.

251030-0332

19 도서관에서 635권의 책을 21개의 책장에 똑같이 나누어 꽂을 때 한 책장에 꽂을 수 있는 책의 수를 어림셈으로 구하려고 합니다. 가장 알맞은 것은 어느 것일까요? ( )

① 20권에서 25권 사이
② 30권에서 35권 사이
③ 40권에서 45권 사이
④ 50권에서 55권 사이
⑤ 60권에서 65권 사이

251030-0333

20 승우와 예슬이가 각자 문제집을 풀려고 합니다. 각각 문제집을 끝내는 데 며칠이 걸리는지 어림셈으로 구하고, 더 빨리 문제집을 끝내는 친구의 이름을 써 보세요.

승우: 나는 297개의 문제가 있는 문제집을 매일 21개씩 풀 거야.
예슬: 나는 456개의 문제가 있는 문제집을 매일 39개씩 풀 거야.

( )

251030-0334

21 다음 상황을 어림셈으로 계산하여 맞으면 ○표, 틀리면 ✕표 하세요.

(1) 어느 마트에서 820원짜리 우유를 57개 판매하면 총 판매 금액은 50000원보다 많습니다. ( )

(2) 514쪽짜리 책을 하루에 31쪽씩 읽으면 모두 읽는데 16일 정도 걸립니다. ( )

나누어지는 수 구하기

몫과 나누는 수를 알고 있을 때 나누어지는 수는 나머지가 나누는 수보다 1 작을 때 가장 크고, 나머지가 0일 때 가장 작습니다.

251030-0335

22 □ 안에 들어갈 수 있는 가장 큰 수를 구해 보세요.

$$□ \div 18 = 28 \cdots ★$$

(   )

251030-0336

23 □ 안에 들어갈 수 있는 가장 작은 수를 구해 보세요. (단, ♥는 0이 아닙니다.)

$$□ \div 32 = 17 \cdots ♥$$

(   )

251030-0337

24 1부터 9까지의 수 중에서 □ 안에 공통으로 들어갈 수 있는 수를 구해 보세요.

$$5□4 \div 36 = 15 \cdots □$$

(   )

바르게 계산한 값 구하기

① 어떤 수를 □라 하고 잘못 계산한 식 만들기

② ①의 식을 이용하여 □ 구하기

③ □를 이용하여 바르게 계산한 값 구하기

251030-0338

25 어떤 수를 32로 나누어야 할 것을 잘못하여 23으로 나누었더니 몫이 16이고 나머지가 11이었습니다. 바르게 계산했을 때의 몫과 나머지를 구해 보세요.

몫 (   )

나머지 (   )

251030-0339

26 285에 어떤 수를 곱해야 할 것을 잘못하여 나누었더니 몫이 23이고 나머지가 9였습니다. 바르게 계산하면 얼마인지 구해 보세요.

(   )

251030-0340

27 466에 어떤 수를 곱해야 할 것을 잘못하여 나누었더니 몫이 9이고 나머지가 25였습니다. 바르게 계산하면 얼마인지 구해 보세요.

(   )

응용력 높이기

대표 응용 1 수 카드로 조건에 맞는 곱셈식 만들기

수 카드 4 , 7 , 2 중에서 2장을 골라 □ 안에 한 번씩만 써넣어 계산 결과가 가장 작은 곱셈을 만들고, 곱을 구해 보세요.

$$134 \times \boxed{}\boxed{}$$

문제 스케치

2 3 1

➡ 가장 작은 두 자리 수

1 2

해결하기

곱이 가장 작으려면 가장 작은 두 자리 수를 곱해야 합니다.

2<4<7이므로 가장 작은 두 자리 수는 □ 입니다.

따라서 곱이 가장 작은 곱셈은

$134 \times \boxed{}$ 이고, 곱은 □ 입니다.

251030-0341

1-1 수 카드 2 , 3 , 6 , 4 , 9 중에서 3장을 골라 □ 안에 한 번씩만 써넣어 계산 결과가 가장 큰 곱셈을 만들고, 곱을 구해 보세요.

$$\boxed{}\boxed{}\boxed{} \times 57$$

(   )

251030-0342

1-2 수 카드 7장 중 5장을 골라 한 번씩만 사용하여 가장 작은 세 자리 수와 가장 큰 두 자리 수를 만들었습니다. 만든 두 수의 곱을 구해 보세요.

5 6 7 3 2 9 8

(   )

대표
응용
2

수 카드로 몫이 가장 큰 나눗셈식 만들기

수 카드 2 , 5 , 3 , 0 중에서 2장을 골라 □ 안에 한 번씩만 써넣어 몫이 가장 큰 (세 자리 수)÷(두 자리 수)를 만들고, 몫을 구해 보세요.

$$430 \div \boxed{}\boxed{}$$

문제 스케치

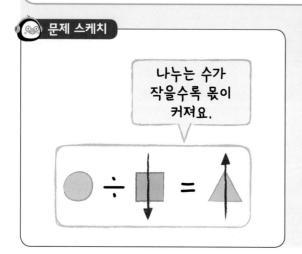

나누는 수가 작을수록 몫이 커져요.

해결하기

몫이 가장 큰 나눗셈을 만들려면 나누는 수가 가장 작은 두 자리 수가 되어야 합니다.

만들 수 있는 가장 작은 두 자리 수는 □ 이므로 몫이 가장 큰 나눗셈은 $430 \div$ □ 이고,

$430 \div$ □ $=$ □ ⋯ □ 이므로 몫은 □ 입니다.

251030-0343

2-1 수 카드 2 , 3 , 6 , 4 , 0 중에서 3장을 골라 □ 안에 한 번씩만 써넣어 몫과 나머지가 가장 큰 (세 자리 수)÷(두 자리 수)를 만들고, 몫과 나머지를 구해 보세요.

$$\boxed{}\boxed{}\boxed{} \div 43$$

몫 (   ), 나머지 (   )

251030-0344

2-2 수 카드를 모두 한 번씩만 사용하여 몫이 가장 큰 (세 자리 수)÷(두 자리 수)를 만들었습니다. 만든 나눗셈의 몫과 나머지의 합을 구해 보세요.

3   6   8   9   0

(   )

3. 곱셈과 나눗셈 **83**

대표
응용
3

□ 안에 들어갈 수 있는 수 구하기

■ 안에 들어갈 수 있는 가장 작은 자연수를 구해 보세요.

$$29 \times ■ > 374$$

문제 스케치

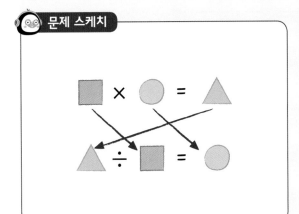

해결하기

$29 \times ■ = 374$라고 하면 $374 \div 29 = ■$에서

$374 \div 29 = \boxed{}$ … $\boxed{}$ 입니다.

$29 \times ■ > 374$이므로 $■ > \boxed{}$ 입니다.

따라서 ■ 안에 들어갈 수 있는 가장 작은 자연수는 $\boxed{}$ 입니다.

251030-0345

3-1 □ 안에 들어갈 수 있는 가장 큰 자연수를 구해 보세요.

$$48 \times \square < 402$$

(   )

251030-0346

3-2 □ 안에 들어갈 수 있는 자연수를 모두 써 보세요.

$$800 < 32 \times \square < 900$$

(   )

3
단원

남김없이 나누어 주기 위해 필요한 개수 구하기

수진이가 친구들에게 가지고 있는 초콜릿을 나누어 주려고 합니다. 남는 초콜릿이 없도록 친구들에게 똑같이 나누어 주려면 초콜릿이 적어도 몇 개 더 필요한지 구해 보세요.

수진

> 초콜릿이 15개씩 22상자 있어. 이 초콜릿을 친구 32명에게 똑같이 나누어 줄 거야.

문제 스케치

나누어 주고
남은 초콜릿
수

나누어 줄
친구 수

2개가 더
필요해요.

해결하기

초콜릿은 모두 ☐ × ☐ = ☐ (개) 있습니다.

초콜릿을 친구 32명에게 똑같이 나누어 주면

☐ ÷ 32 = ☐ ⋯ ☐ 이므로 친구 한 명에게 초

콜릿을 ☐ 개씩 줄 수 있고 ☐ 개가 남습니다.

32명의 친구에게 초콜릿을 1개씩 더 나누어 주려면 초콜릿

은 적어도 32 − ☐ = ☐ (개)가 더 필요합니다.

251030-0347

4-1 과일 가게에 한 상자에 40개씩 들어 있는 귤이 22상자 있습니다. 이 귤을 18개씩 봉투에 담아 포장하려고 합니다. 남는 귤이 없도록 귤을 포장하려면 귤이 적어도 몇 개 더 필요한지 구해 보세요.

( )

251030-0348

4-2 풀 200개와 지우개 120개를 상자 56개에 똑같이 나누어 담으려고 합니다. 각 상자에는 풀과 지우개를 각각 같은 개수로 담을 때 풀과 지우개가 남지 않게 담으려면 각각 적어도 몇 개가 더 필요한지 구해 보세요.

풀 ( )

지우개 ( )

필요한 가로등의 수 구하기

둘레가 780 m인 호수 주변에 20 m 간격으로 가로등을 설치하려고 합니다. 필요한 가로등은 모두 몇 개인지 구해 보세요. (단, 가로등의 두께는 생각하지 않습니다.)

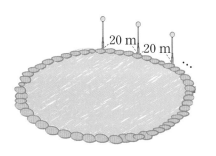

문제 스케치

둘레가 60 m인 연못 주변에 15 m 간격으로 가로등을 세우는 경우

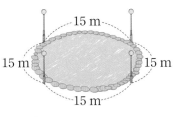

필요한 가로등의 수:
60÷15=4(개)

해결하기

(간격 수)=(호수의 둘레)÷(가로등 사이의 간격)

$$=780÷\boxed{}=\boxed{}(군데)$$

따라서 (필요한 가로등의 수)=(간격 수)이므로

필요한 가로등은 모두 $\boxed{}$개입니다.

251030-0349

5-1 길이가 960 m인 도로의 한쪽에 처음부터 끝까지 15 m 간격으로 가로등을 세우려고 합니다. 필요한 가로등은 모두 몇 개인지 구해 보세요. (단, 가로등의 두께는 생각하지 않습니다.)

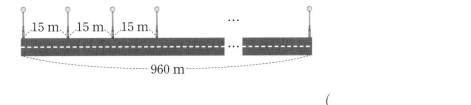

(   )

251030-0350

5-2 길이가 840 m인 산책로의 한쪽과 둘레가 840 m인 원 모양의 호수 주변에 각각 35 m 간격으로 의자를 놓으려고 합니다. 필요한 의자는 모두 몇 개인지 구해 보세요. (단, 산책로의 처음부터 끝까지 의자를 놓고, 의자의 길이는 생각하지 않습니다.)

(   )

01 251030-0351

$478 \times 4 = 1912$입니다. 478×40을 계산할 때, 숫자 9는 어느 자리에 써야 하는지 기호를 써 보세요.

$$
\begin{array}{r}
4\ 7\ 8 \\
\times\ \ \ 4\ 0 \\
\hline
㉠ ㉡ ㉢ ㉣ ㉤
\end{array}
$$

( )

02 251030-0352

□ 안에 알맞은 수를 써넣으세요.

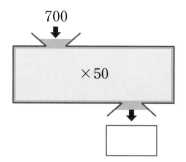

03 251030-0353

계산 결과에 맞게 이어 보세요.

310×70 •		• 21000
288×71 •		• 20448
700×30 •		• 21700

04 251030-0354

계산해 보세요.

(1)
$$
\begin{array}{r}
3\ 5\ 2 \\
\times\ \ \ 2\ 1 \\
\hline
\end{array}
$$

(2)
$$
\begin{array}{r}
8\ 6\ 7 \\
\times\ \ \ 4\ 9 \\
\hline
\end{array}
$$

05 251030-0355

다음 중 곱이 가장 큰 것을 찾아 기호를 써 보세요.

㉠ 489×50 ㉡ 275×98 ㉢ 621×37

( )

06 251030-0356

수 카드 ③ , ⑤ , ⑥ 중 2장을 골라 □ 안에 한 번씩만 써넣어 계산 결과가 가장 작은 곱셈을 만들고, 곱을 구해 보세요.

$153 \times$ □ □

( )

07 251030-0357

□ 안에 알맞은 수를 써넣으세요.

$$
\begin{array}{r}
7\ \boxed{}\ 4 \\
\times\ \ \ 5\ 3 \\
\hline
2\ 3\ 2\ 2 \\
\boxed{}\ 8\ 7\ 0 \\
\hline
4\ 1\ 0\ 2\ 2
\end{array}
$$

08 251030-0358

윤아는 자전거로 1분에 $138\ \text{m}$를 갈 수 있습니다. 윤아가 같은 속도로 45분 동안 자전거를 타고 갈 수 있는 거리는 몇 m인지 구해 보세요.

( )

251030-0359

09 왼쪽 곱셈식을 이용하여 계산해 보세요.

$40 \times 3 = 120$
$40 \times 4 = 160$
$40 \times 5 = 200$
$40 \times 6 = 240$

$40 \overline{)237}$

251030-0360

10 $72 \div 9$와 몫이 같은 것을 찾아 기호를 써 보세요.

$\bigcirc 640 \div 80$ $\bigcirc 330 \div 80$ $\bigcirc 410 \div 60$

(   )

251030-0361

11 계산해 보세요.

(1)
$22 \overline{)198}$

(2)
$31 \overline{)275}$

251030-0362

12 계산해 보고 계산 결과가 맞는지 확인해 보세요.

$58 \overline{)356}$

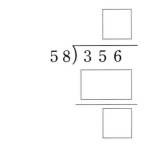

확인

$\square \times \square = \square$,

$\square + \square = \square$

251030-0363

13 □ 안에 알맞은 식의 기호를 써넣으세요.

$$19 \overline{)839} \quad \begin{array}{r} 44 \end{array}$$
$$\underline{76} \leftarrow \square$$
$$79 \leftarrow \square$$
$$\underline{76} \leftarrow \square$$
$$3$$

$\bigcirc 19 \times 4$
$\bigcirc 19 \times 40$
$\bigcirc 839 - 76$
$\textcircled{e} 839 - 760$

251030-0364

14 나머지가 가장 큰 나눗셈을 찾아 기호를 써 보세요.

$\bigcirc 733 \div 49$
$\bigcirc 563 \div 17$
$\bigcirc 390 \div 61$

(   )

251030-0365

15 성현이네 반 학생은 4명씩 6모둠입니다. 색종이
중요 384장을 반 학생들에게 똑같이 나누어 주려고
합니다. 학생 한 명이 받을 수 있는 색종이는 몇
장인지 구해 보세요.

(   )

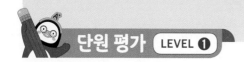

정답과 풀이 39쪽

16 251030-0366

다음 나눗셈식에서 ■가 될 수 있는 가장 큰 자연수를 구해 보세요.

$$■÷52=17\cdots♥$$

( )

17 251030-0367
도전

수 카드 5장을 모두 한 번씩만 사용하여 (세 자리 수)÷(두 자리 수)를 만들려고 합니다. 몫이 가장 큰 경우의 몫과 나머지의 차를 구해 보세요.

2 6 3 8 1

( )

18 251030-0368

어떤 마트에서 일주일 동안 음료수를 315상자 팔았습니다. 음료수가 한 상자에 22개씩 들어 있을 때, 일주일 동안 판 음료수는 몇 개인지 어림셈을 활용하여 구하려고 합니다. ☐ 안에 알맞은 수를 써넣으세요.

일주일 동안 판 음료수의 상자의 수를
☐ 상자로, 한 상자에 들어 있는 음료수
의 수를 ☐ 개로 어림하여 계산하면
약 ☐ 개 정도 팔았습니다.

19 251030-0369

어떤 수에 43을 곱해야 할 것을 잘못하여 뺐더니 348이 되었습니다. 바르게 계산하면 얼마인지 풀이 과정을 쓰고 답을 구해 보세요.

풀이

답

20 251030-0370

주스 317병을 한 상자에 24병씩 담으려고 합니다. 상자에 담고 남는 주스는 몇 병인지 풀이 과정을 쓰고 답을 구해 보세요.

풀이

답

251030-0371

01 □ 안에 알맞은 수를 써넣으세요

$$683 \times 3 = 2049$$

⬇

$$683 \times 30 = \boxed{}$$

251030-0372

02 용돈을 더 많이 모은 친구의 이름을 써 보세요.

서준: 나는 매일 300원씩 80일 동안 모았어.
채아: 나는 매일 600원씩 50일 동안 모았어.

( )

251030-0373

03 □ 안에 알맞은 수를 써넣으세요.

$$326 \times 5 = \boxed{}$$

$$326 \times 20 = \boxed{}$$

$$326 \times 25 = \boxed{}$$

251030-0374

04 빈칸에 알맞은 수를 써넣으세요.

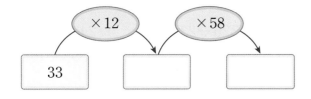

251030-0375

05 잘못 계산한 곳을 찾아 바르게 계산해 보세요.

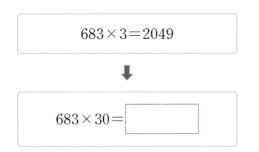

251030-0376

06 계산 결과가 가장 큰 것을 찾아 기호를 써 보세요.

㉠ 975×35 ㉡ 811×58 ㉢ 629×74

( )

251030-0377

07 어느 공장에서 매일 자전거를 35대씩 만들 수 있습니다. 이 공장에서 128일 동안 만들 수 있는 자전거는 모두 몇 대인지 구해 보세요.

( )

251030-0378

08 농산물 직판장에서 3일 동안 판매한 참기름의 양을 나타낸 표입니다. 한 병에 들어 있는 참기름의 양이 450 mL일 때 3일 동안 판매한 참기름은 모두 몇 mL인지 구해 보세요.

월요일	화요일	수요일
56병	87병	79병

( )

251030-0379

09 왼쪽의 곱셈식을 이용하여 나눗셈의 몫을 구해 보세요.

$$70 \times 7 = 490$$
$$70 \times 8 = 560$$
$$70 \times 9 = 630$$

$$560 \div 70 = \boxed{}$$

251030-0380

10 계산해 보세요.

(1) $27\overline{)89}$

(2) $90\overline{)838}$

251030-0381

11 나머지가 가장 작은 나눗셈을 찾아 기호를 써 보세요.

㉠ $392 \div 32$ ㉡ $496 \div 42$ ㉢ $684 \div 15$

( )

251030-0382

12 우진이네 학교 학생은 모두 730명입니다. 학생들이 모두 45인승 버스에 타려고 합니다. 버스는 적어도 몇 대 필요한지 구해 보세요.

( )

251030-0383

13 초콜릿 378개를 57명에게 똑같이 나누어 주려고 하였더니 몇 개가 모자랐습니다. 초콜릿을 남김없이 똑같이 나누어 주려면 초콜릿은 적어도 몇 개 더 필요한지 구해 보세요.

( )

251030-0384

14 나눗셈식을 보고 계산 결과가 맞는지 확인해 보세요.

$$482 \div 18 = 26 \cdots 14$$

확인

$$\boxed{} \times \boxed{} = \boxed{},$$

$$\boxed{} + \boxed{} = \boxed{}$$

251030-0385

15 나눗셈 중에서 몫이 두 자리 수인 것을 모두 고르세요. ( )

① $326 \div 23$ ② $240 \div 42$

③ $315 \div 18$ ④ $435 \div 81$

⑤ $340 \div 62$

16 수 카드 중에서 3장을 한 번씩만 사용하여 세 자리 수를 만들려고 합니다. 30으로 나누었을 때, 몫이 25이고 나머지가 0이 아닌 세 자리 수를 모두 몇 개 만들 수 있는지 구해 보세요.

251030-0386

| 7 | 0 | 6 | 2 | 5 |

(   )

17 □ 안에 공통으로 들어갈 수 있는 모든 자연수의 합을 구해 보세요.

251030-0387

- □ × 17 < 548
- 15 × □ > 446

(   )

18 서은이는 수학 문제 294개를 하루에 18개씩 풀려고 합니다. 서은이가 문제를 모두 푸는 데 며칠이 걸리는지 어림셈을 활용하여 구하려고 합니다. □ 안에 알맞은 수를 써넣으세요.

251030-0388

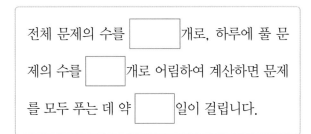

전체 문제의 수를 [   ] 개로, 하루에 풀 문제의 수를 [   ] 개로 어림하여 계산하면 문제를 모두 푸는 데 약 [   ] 일이 걸립니다.

19 길이가 792 m인 도로의 한쪽에 처음부터 끝까지 33 m 간격으로 가로등을 설치하려고 합니다. 필요한 가로등은 모두 몇 개인지 풀이 과정을 쓰고 답을 구해 보세요. (단, 가로등의 두께는 생각하지 않습니다.)

251030-0389

풀이 ▶

답 ▶

20 1부터 9까지의 자연수 중에서 □ 안에 들어갈 수 있는 수는 모두 몇 개인지 풀이 과정을 쓰고 답을 구해 보세요.

251030-0390

232 × 3□ < 7800

풀이 ▶

답 ▶

4 평면도형의 이동

단원 학습 목표

1. 점을 이동하여 그 변화를 이해할 수 있습니다.
2. 평면도형을 여러 방향으로 밀기 활동을 통하여 그 변화를 이해할 수 있습니다.
3. 평면도형을 여러 방향으로 뒤집기 활동을 통하여 그 변화를 이해할 수 있습니다.
4. 평면도형을 여러 방향으로 돌리기 활동을 통하여 그 변화를 이해할 수 있습니다.
5. 평면도형의 이동을 이용하여 규칙적인 무늬를 꾸밀 수 있습니다.

단원 진도 체크

학습일			학습 내용	진도 체크
1일째	월	일	개념 1 점을 이동해 볼까요 개념 2 평면도형을 밀어 볼까요	✔
2일째	월	일	교과서 넘어 보기 + 교과서 속 응용 문제	✓
3일째	월	일	개념 3 평면도형을 뒤집어 볼까요 개념 4 평면도형을 돌려 볼까요 개념 5 평면도형을 이용하여 규칙적인 무늬를 꾸며 볼까요	✓
4일째	월	일	교과서 넘어 보기 + 교과서 속 응용 문제	✓
5일째	월	일	응용 1 이동하기 전 도형 그리기 응용 2 도장에 새긴 모양 또는 종이에 찍은 모양 그리기 응용 3 글자 또는 수 카드 뒤집고 돌리기	✓
6일째	월	일	응용 4 여러 번 뒤집기 응용 5 규칙을 찾아 모양 그리기	✓
7일째	월	일	단원 평가 LEVEL ❶	✓
8일째	월	일	단원 평가 LEVEL ❷	✓

이 단원을 진도 체크에 맞춰 8일 동안 학습해 보세요.
해당 부분을 공부하고 나서 ✓표를 하세요.

우리 집엔 평면도형으로 꾸민 여러 가지 무늬가 있어. 이런 무늬는 어떻게 만들 수 있을까?

재희네 집에는 여러 가지 아름다운 무늬의 벽지와 타일이 있어요. 같은 도형을 어떻게 움직여서 이런 아름다운 무늬를 만들었는지 살펴보아요.

이번 단원에서는 점의 이동, 평면도형을 밀기, 뒤집기, 돌리기와 평면도형을 이용하여 규칙적인 무늬 꾸미기를 배울 거예요.

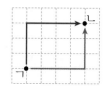

개념 1 점을 이동해 볼까요

(1) 점을 왼쪽, 오른쪽, 위쪽, 아래쪽으로 이동하였을 때의 위치 알아보기

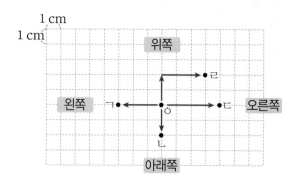

• 점 ㅇ을 ㄱ의 위치로 이동하려면 왼쪽으로 3 cm 이동해야 합니다.

• 점 ㅇ을 ㄷ의 위치로 이동하려면 오른쪽으로 4 cm 이동해야 합니다.

• 점 ㅇ을 ㄴ의 위치로 이동하려면 아래쪽으로 2 cm 이동해야 합니다.

• 점 ㅇ을 ㄹ의 위치로 이동하려면 위쪽으로 2 cm, 오른쪽으로 3 cm 이동해야 합니다.

● 점을 ㄱ의 위치에서 ㄴ의 위치로 이동하는 방법

방법 1 점을 오른쪽으로 4칸, 위쪽으로 3칸 이동합니다.

방법 2 점을 위쪽으로 3칸, 오른쪽으로 4칸 이동합니다.

251030-0391

01 점 ㄱ을 주어진 방향으로 3칸 이동했을 때의 위치에 점 ㄴ으로 표시해 보세요.

(1) 오른쪽

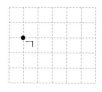

(2) 왼쪽

251030-0392

02 점을 어떻게 이동했는지 바르게 설명한 것의 기호를 써 보세요.

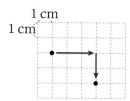

ㄱ 점을 오른쪽으로 3 cm, 아래쪽으로 2 cm 이동했습니다.

ㄴ 점을 오른쪽으로 2 cm, 아래쪽으로 3 cm 이동했습니다.

(   )

개념 **2** 평면도형을 밀어 볼까요

(1) 평면도형을 아래쪽, 위쪽, 오른쪽, 왼쪽으로 **6 cm** 밀었을 때의 도형 알아보기

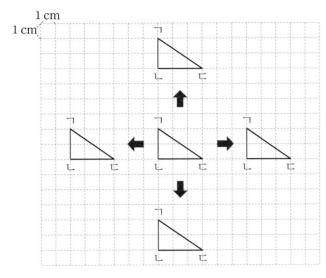

도형의 한 변을 기준으로 왼쪽, 오른쪽, 위쪽, 아래쪽으로 6 cm만큼 밀어도 모양은 변하지 않습니다.

> 도형을 왼쪽, 오른쪽, 위쪽, 아래쪽으로 밀면 모양은 변하지 않고 위치만 바뀝니다.

● 도형을 밀었을 때의 도형을 그리는 방법
① 한 변을 기준으로 해서 칸 수를 셉니다.
② 일정한 방향과 일정한 길이만큼 민 도형을 그립니다.
③ 꼭짓점을 씁니다.

251030-0393

03 도형을 주어진 방향으로 **5 cm** 밀었을 때의 도형을 그려 보세요.

(1)
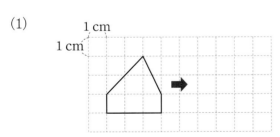

(2)
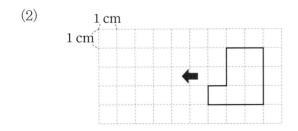

251030-0394

04 도형을 주어진 방향으로 **7칸** 밀었을 때의 도형을 그려 보세요.

(1)
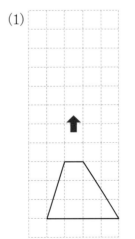

(2)
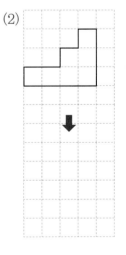

교과서 넘어 보기

251030-0395

01 점을 어떻게 이동했는지 □ 안에 알맞은 수나 말을 써넣으세요.

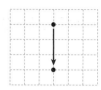

점을 [ ]으로 [ ]칸 이동했습니다.

251030-0396

02 점 ㄱ을 오른쪽으로 3칸, 위쪽으로 2칸 이동했을 때의 위치에 점 ㄴ으로 표시해 보세요.
중요

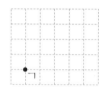

251030-0397

03 점 ㅇ을 아래와 같이 이동했을 때의 위치로 옳은 것을 찾아 기호를 써 보세요.

점 ㅇ을 왼쪽으로 3 cm, 아래쪽으로 2 cm 이동했습니다.

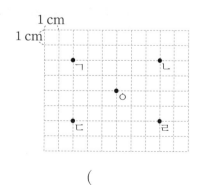

( )

251030-0398

04 점을 오른쪽으로 5 cm 이동했을 때의 위치입니다. 이동하기 전의 점의 위치를 표시해 보세요.

251030-0399

05 점 ㄱ을 점 ㄴ의 위치로 이동하였습니다. 이동한 점의 위치를 잘못 설명한 사람의 이름을 써 보세요.
중요

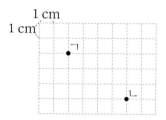

세준: 점 ㄴ은 점 ㄱ을 오른쪽으로 4 cm, 아래쪽으로 3 cm 이동한 위치야.
나연: 점 ㄱ을 아래쪽으로 4 cm, 오른쪽으로 3 cm 이동하면 점 ㄴ의 위치가 돼.

( )

251030-0400

06 모양 조각을 아래쪽으로 밀었을 때의 모양에 ○ 표 하세요.

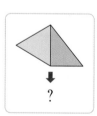

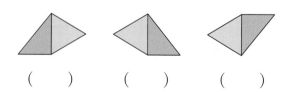

( )   ( )   ( )

07 도전 도형을 왼쪽으로 **8 cm** 밀고 아래쪽으로 **8 cm** 밀었을 때의 도형을 그려 보세요.

251030-0401

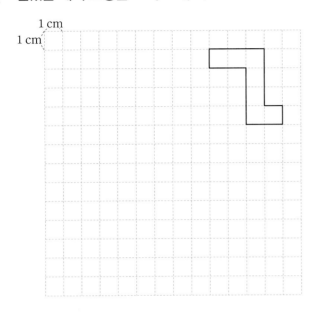

08 도형의 이동 방법을 설명해 보세요.

251030-0402

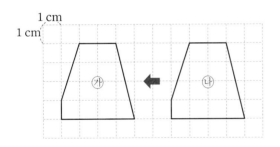

㉮ 도형은 ㉯ 도형을 [ ]쪽으로 [ ] cm 밀어서 이동한 도형입니다.

09 오른쪽으로 밀었을 때 모양이 바뀌는 도형은 몇 개인가요? ( )

251030-0403

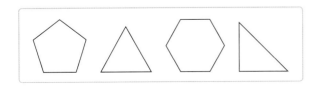

① 1개   ② 2개   ③ 3개
④ 4개   ⑤ 없습니다.

처음 도형 그리기

• 오른쪽으로 7 cm 밀어서 오른쪽 도형이 되었다면 오른쪽 도형을 왼쪽으로 7 cm 밀면 처음 도형이 됩니다.

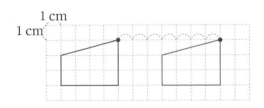

10 도형을 왼쪽으로 **5 cm** 밀어서 이동한 모양입니다. 밀기 전의 처음 도형을 그려 보세요.

251030-0404

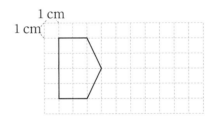

11 도형을 왼쪽으로 **8 cm** 밀고, 오른쪽으로 **1 cm** 밀었을 때의 모양입니다. 처음 도형을 그려 보세요.

251030-0405

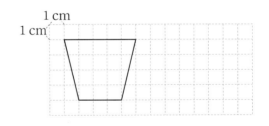

12 도형을 오른쪽으로 **7 cm** 밀고, 왼쪽으로 **3 cm** 밀고, 위쪽으로 **3 cm** 밀고, 아래쪽으로 **4 cm** 밀었을 때의 모양입니다. 처음 도형을 그려 보세요.

251030-0406

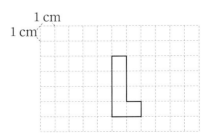

4 단원

개념 **3** 평면도형을 뒤집어 볼까요

(1) 평면도형을 왼쪽, 오른쪽, 위쪽, 아래쪽으로 뒤집었을 때의 도형 알아보기

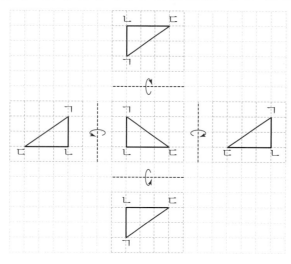

- 도형을 위쪽이나 아래쪽으로 뒤집으면 도형의 위쪽과 아래쪽이 서로 바뀝니다.
- 도형을 왼쪽이나 오른쪽으로 뒤집으면 도형의 왼쪽과 오른쪽이 서로 바뀝니다.

● 도형을 뒤집었을 때 모양의 특징
- 도형을 위쪽으로 뒤집었을 때와 아래쪽으로 뒤집었을 때의 모양이 서로 같습니다.
- 도형을 왼쪽으로 뒤집었을 때와 오른쪽으로 뒤집었을 때의 모양이 서로 같습니다.

251030-0407

01 도형을 주어진 방향으로 뒤집었을 때의 도형을 그려 보세요.

(1)
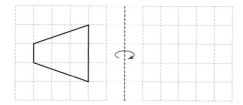

(2)
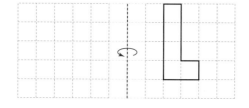

251030-0408

02 도형을 주어진 방향으로 뒤집었을 때의 도형을 그려 보세요.

(1)
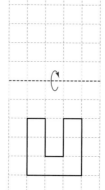

(2)
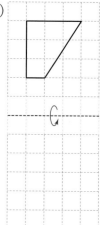

개념 **4** 평면도형을 돌려 볼까요

(1) 평면도형을 시계 방향으로 $90°$, $180°$, $270°$, $360°$만큼 돌렸을 때의 도형 알아 보기

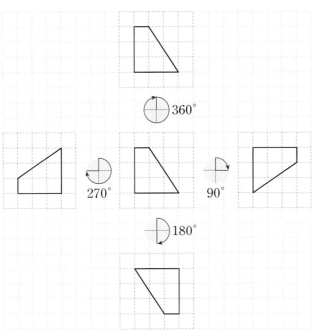

도형을 돌리는 각도에 따라 도형의 방향이 바뀝니다.
$360°$만큼 돌리면 돌리기 전과 후 두 도형의 모양과 방향이 같습니다.

● 시계 반대 방향으로 돌리기

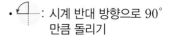 : 시계 반대 방향으로 $90°$ 만큼 돌리기

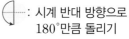 : 시계 반대 방향으로 $180°$만큼 돌리기

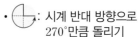 : 시계 반대 방향으로 $270°$만큼 돌리기

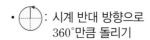 : 시계 반대 방향으로 $360°$만큼 돌리기

● 같은 모양이 나오게 돌리기

시계 방향으로 $90°$만큼 돌린 것과 시계 반대 방향으로 $270°$만큼 돌린 모양은 같습니다.

251030-0409

03 보기 의 도형을 시계 방향으로 $90°$만큼 돌렸을 때의 도형을 찾아 ○표 하세요.

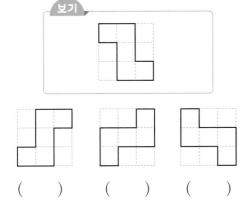

( )　　( )　　( )

251030-0410

04 도형을 주어진 방향으로 돌렸을 때의 도형을 그려 보세요.

(1)

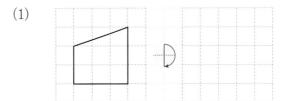

(2)

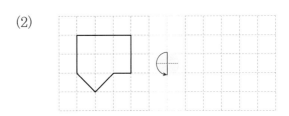

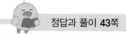
개념 5 평면도형을 이용하여 규칙적인 무늬를 꾸며 볼까요

(1) 밀기를 이용하여 무늬 만들기

(2) 뒤집기를 이용하여 무늬 만들기

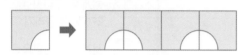

(3) 돌리기를 이용하여 무늬 만들기

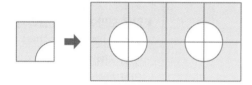

◠ 모양을 시계 방향으로 90°만큼 돌리는 것을 반복해서 모양을 만들고, 그 모양을 오른쪽으로 밀어서 무늬를 만들었습니다.

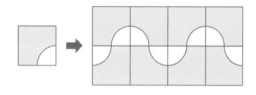

◻ 모양을 시계 방향으로 180°만큼 돌려서 모양을 만들고, 그 모양을 오른쪽으로 반복해서 뒤집어서 무늬를 만들었습니다.

● **무늬를 꾸미는 방법**
• 주어진 모양을 이동시켜 모양을 만들고 그 모양을 다시 이동시켜 무늬를 만듭니다.
• 뒤집는 방향, 돌리는 방향과 각도에 따라 다양한 무늬가 만들어집니다.

05 251030-0411

◩ 모양으로 밀기를 이용하여 규칙적인 무늬를 만들어 보세요.

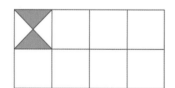

06 251030-0412

◧ 모양으로 돌리기를 이용하여 규칙적인 무늬를 만들어 보세요.

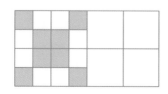

[07~08] 주어진 모양으로 규칙적인 무늬를 만든 것입니다. 밀기, 뒤집기, 돌리기 중 어떤 방법으로 만들었는지 써 보세요.

07 251030-0413

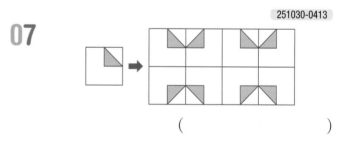

(   )

08 251030-0414

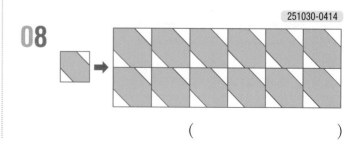

(   )

251030-0415

01 주어진 모양 조각을 뒤집어서 만들 수 <u>없는</u> 모양을 찾아 기호를 써 보세요.

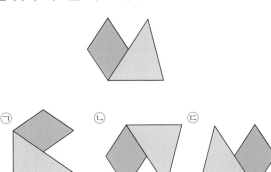

( )

251030-0416

02 왼쪽 도형을 아래쪽으로 뒤집었을 때의 도형에 ○표 하세요.

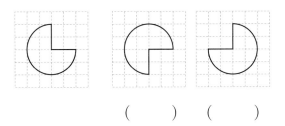

( ) ( )

251030-0417

03 가운데 도형을 왼쪽으로 뒤집었을 때의 도형과 오른쪽으로 뒤집었을 때의 도형을 각각 그려 보세요.

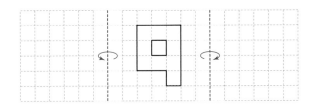

251030-0418

04 도형을 왼쪽으로 뒤집었을 때의 도형과 위쪽으로 뒤집었을 때의 도형을 각각 그려 보세요.

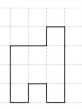

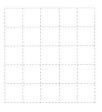 

[왼쪽으로 뒤집기]　　　[위쪽으로 뒤집기]

251030-0419

05 도형을 아래쪽으로 뒤집고 오른쪽으로 뒤집었을 때의 도형을 각각 그려 보세요.

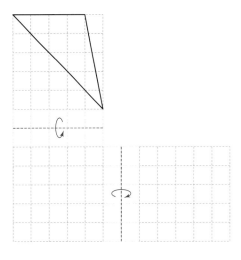

251030-0420

06 오른쪽으로 뒤집었을 때 모양이 처음과 다른 글자를 찾아 써 보세요.

소 리 무 음

( )

교과서 넘어 보기

07 도형을 뒤집었을 때의 도형이 나머지와 다른 하나를 찾아 기호를 써 보세요.

251030-0421

㉠ 오른쪽으로 4번 뒤집기
㉡ 왼쪽으로 3번 뒤집기
㉢ 위쪽으로 4번 뒤집기
㉣ 아래쪽으로 6번 뒤집기

( )

08 도형을 시계 방향으로 90°, 180°, 270°, 360° 만큼 돌렸을 때의 도형을 각각 그려 보세요.

중요

251030-0422

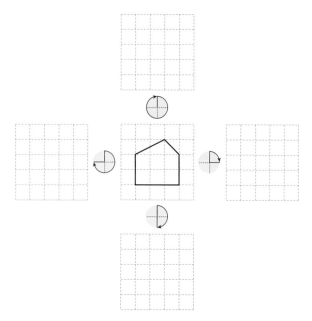

09 보기 에서 알맞은 도형을 골라 기호를 써 보세요.

251030-0423

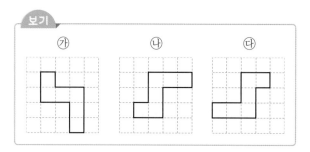

㉮ 도형을 시계 방향으로 90°만큼 돌리면
☐ 도형이 됩니다.

10 시계 방향으로 180°만큼 돌렸을 때 처음과 같은 모양을 찾아 기호를 써 보세요.

251030-0424

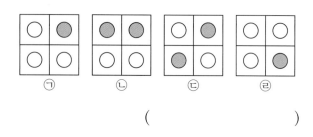

( )

11 도형을 시계 방향으로 90°만큼 2번 돌렸을 때의 도형을 그려 보세요.

251030-0425

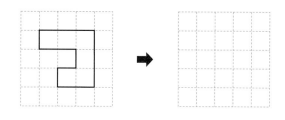

12 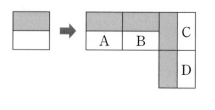 모양으로 ㄱ 모양을 만들었습니다. 돌리기를 이용하여 C 위치의 모양을 만든 규칙을 설명해 보세요.

251030-0426

규칙 _____

13 모양으로 규칙적인 무늬를 만들었습니다. 어떤 방법으로 만들었는지 알맞은 것에 ○표 하세요.

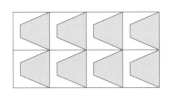

(밀기 , 뒤집기 , 돌리기)

251030-0428

14 오른쪽으로 뒤집는 것을 반복하여 무늬를 만들었습니다. 빈칸을 채워 무늬를 완성해 보세요.

251030-0429

15 뒤집기를 이용하여 만들 수 <u>없는</u> 무늬를 찾아 기호를 써 보세요.

| ㉠ | ㉡ | ㉢ |

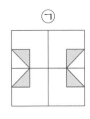 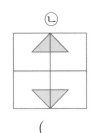 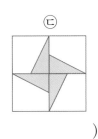

( )

251030-0430

16 돌리기만으로 만들 수 있는 무늬를 찾아 기호를 써 보세요.

| ㉠ | ㉡ | ㉢ |

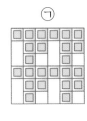 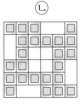 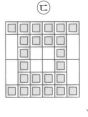

( )

251030-0431

17 규칙에 따라 무늬를 만들었습니다. 빈칸을 채워 무늬를 완성해 보세요.

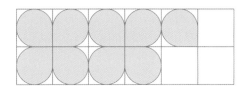

251030-0432

18 다음 무늬는 어떻게 만든 것인지 알맞은 말에 ○표 하세요.

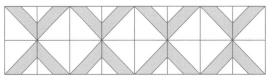

 모양을 시계 반대 방향으로 (90°, 180°)

만큼 돌리는 것을 반복하여 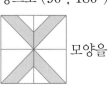 모양을

만들고 그 모양을 밀어서 무늬를 만들었습니다.

251030-0433

19 무늬를 만든 규칙을 설명해 보세요.
도전

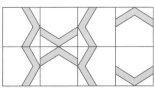

규칙 _____

_____

_____

_____

움직이기 전의 도형 알아보기

- 움직인 도형을 움직였던 방향과 순서를 거꾸로 움직이면 처음 도형이 됩니다.
- 시계 반대 방향으로 90°만큼 돌려서 만들어진 도형의 움직이기 전 처음 도형은 움직인 도형을 시계 방향으로 90°를 돌립니다.

251030-0434

20 도형을 시계 반대 방향으로 90°만큼 돌린 모양입니다. 처음 도형을 찾아 기호를 써 보세요.

㉠ ㉡ ㉢ ㉣

(   )

251030-0435

21 어떤 도형을 위쪽으로 뒤집었을 때의 도형입니다. 뒤집기 전의 도형을 그려 보세요.

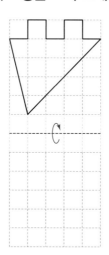

251030-0436

22 도형을 시계 방향으로 90°만큼 돌린 도형입니다. 돌리기 전의 도형을 그려 보세요.

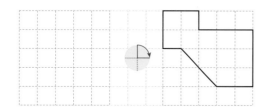

문자 또는 수가 적힌 카드 돌리기

- 시계 방향(시계 반대 방향)으로 180°만큼 돌리면 위쪽 부분이 아래쪽으로, 왼쪽 부분이 오른쪽으로 이동합니다.

예 **86** **98**

- 시계 방향(시계 반대 방향)으로 360°만큼 돌리면 처음 도형과 같습니다.

251030-0437

23 시계 방향으로 180°만큼 돌렸을 때 모양이 처음과 같은 문자를 찾아 써 보세요.

A C E H

(   )

251030-0438

24 시계 반대 방향으로 180°만큼 돌렸을 때 모양이 처음과 같은 숫자를 찾아 써 보세요.

3 5 7 9

(   )

251030-0439

25 수 카드를 시계 방향으로 180°만큼 돌렸을 때 만들어지는 수와 처음 수의 차는 얼마인지 구해 보세요.

281

(   )

대표 응용 1 이동하기 전 도형 그리기

왼쪽 도형은 어떤 도형을 왼쪽으로 뒤집고 시계 방향으로 90°만큼 돌렸을 때의 도형입니다. 처음 도형을 찾아 기호를 써 보세요.

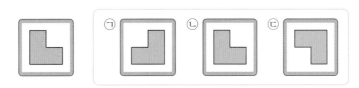

문제 스케치

순서, 방향을 거꾸로 생각합니다.

해결하기

왼쪽 도형을 [   ] 방향으로 90°만큼 돌리고 [   ] 으로 뒤집으면 처음 도형이 됩니다.

따라서 처음 도형은 [   ] 입니다.

251030-0440

1-1 왼쪽 도형은 어떤 도형을 오른쪽으로 뒤집고 시계 반대 방향으로 270°만큼 돌렸을 때의 도형입니다. 처음 도형을 찾아 기호를 써 보세요.

(   )

251030-0441

1-2 오른쪽 도형은 처음 도형을 시계 방향으로 90°만큼 돌리고 오른쪽으로 뒤집었을 때의 도형입니다. 처음 도형을 그려 보세요.

처음 도형

움직인 도형

4 단원

대표 응용 2 도장에 새긴 모양 또는 종이에 찍은 모양 그리기

왼쪽 모양은 도장에 새긴 모양입니다. 새겨진 도장을 종이에 찍었을 때의 모양을 오른쪽에 그려 보세요.

도장에 새긴 모양

종이에 찍은 모양

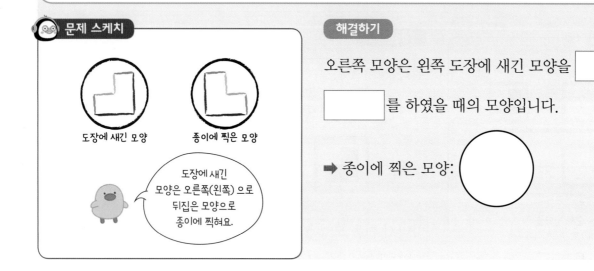

문제 스케치

도장에 새긴 모양   종이에 찍은 모양

도장에 새긴 모양은 오른쪽(왼쪽)으로 뒤집은 모양으로 종이에 찍혀요.

해결하기

오른쪽 모양은 왼쪽 도장에 새긴 모양을 [   ]으로

[   ]를 하였을 때의 모양입니다.

➡ 종이에 찍은 모양:

251030-0442

2-1 오른쪽 모양은 도장에 새긴 모양입니다. 새겨진 도장을 종이에 찍었을 때의 모양을 왼쪽에 그려 보세요.

종이에 찍은 모양

도장에 새긴 모양

251030-0443

2-2 예주는 지우개에 이름을 새겨 도장을 만들려고 합니다. 지우개 도장에 새겨야 할 모양을 오른쪽에 그려 보세요.

예주 ➡

대표 응용 3

글자 또는 수 카드 뒤집고 돌리기

글자를 오른쪽으로 뒤집고 시계 방향으로 $90°$만큼 돌렸을 때의 모양을 그려 보세요.

문제 스케치

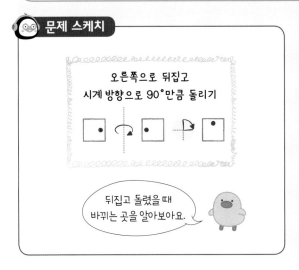

오른쪽으로 뒤집고
시계 방향으로 $90°$만큼 돌리기

뒤집고 돌렸을 때
바뀌는 곳을 알아보아요.

해결하기

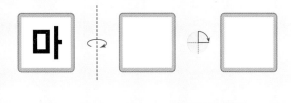 모양을 오른쪽으로 뒤집고, 그 모양을 시계 방향으로 $90°$만큼 돌립니다.

251030-0444

3-1 다음 기호를 각각 시계 반대 방향으로 $270°$만큼 돌리고 오른쪽으로 뒤집었을 때의 모양이 처음 모양과 같은 기호를 모두 찾아 써 보세요.

(   )

251030-0445

3-2 수가 적힌 3장의 카드를 각각 아래쪽으로 뒤집고 시계 반대 방향으로 $180°$만큼 돌렸습니다. 이때 만들어지는 수 카드 중 2장을 골라 가장 큰 두 자리 수를 만들어 보세요.

(   )

대표 응용 4

여러 번 뒤집기

도형을 위쪽으로 2번 뒤집고 오른쪽으로 5번 뒤집었을 때의 도형을 그려 보세요.

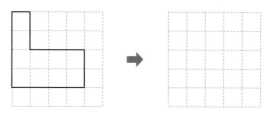

문제 스케치

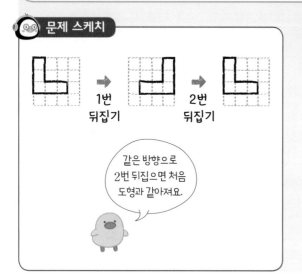

1번 뒤집기

2번 뒤집기

같은 방향으로 2번 뒤집으면 처음 도형과 같아져요.

해결하기

도형을 위쪽으로 2번 뒤집으면 처음 도형과 같아집니다.

오른쪽으로 5번 뒤집었을 때의 도형은 오른쪽으로

(1 , 2)번 뒤집은 도형과 같으므로

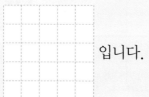

입니다.

251030-0446

4-1 도형을 왼쪽으로 5번 뒤집고 오른쪽으로 2번 뒤집었을 때의 도형을 그려 보세요.

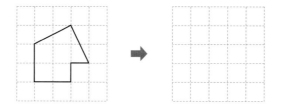

251030-0447

4-2 도형을 아래쪽으로 7번 뒤집고 왼쪽으로 5번 뒤집었을 때의 도형을 그려 보세요.

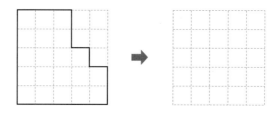

정답과 풀이 46쪽

규칙을 찾아 모양 그리기

글자 카드를 일정한 규칙에 따라 움직였습니다. 열째에 알맞은 모양을 그려 보세요.

문	세	곰	마	문	...	□
첫째	둘째	셋째	넷째	다섯째		열째

문제 스케치

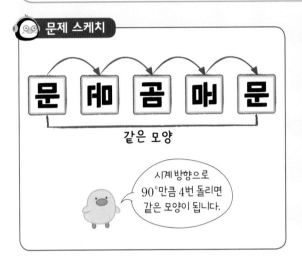

같은 모양

시계 방향으로
90°만큼 4번 돌리면
같은 모양이 됩니다.

해결하기

 을 시계 방향으로 □ °만큼씩 돌리는 규칙입니다.

➡ 모양이 □ 개씩 반복됩니다.

따라서 열째에 알맞은 모양은 □ 입니다.

251030-0448

5-1 도형을 일정한 규칙에 따라 움직였습니다. 11째에 알맞은 도형을 그려 보세요.

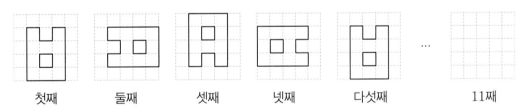

첫째	둘째	셋째	넷째	다섯째	11째

251030-0449

5-2 알파벳 카드를 일정한 규칙에 따라 움직였습니다. 15째까지 움직였을 때 첫째와 같은 모양은 모두 몇 번 나오는지 구해 보세요. (단, 첫째 모양도 포함하여 셉니다.)

K	K	K	K	...	□
첫째	둘째	셋째	넷째		15째

( )

251030-0450

01 점 ㄱ을 주어진 방향으로 3칸 이동했을 때의 위치에 점을 표시해 보세요.

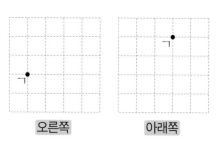

오른쪽   아래쪽

251030-0451

02 점 ㄱ을 어떻게 움직이면 점 ㄴ의 위치로 옮길 수 있는지 써 보세요.

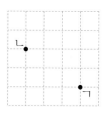

점 ㄱ을 [ ]쪽으로 [ ]칸, [ ]쪽으로 [ ]칸 이동합니다.

251030-0452

03 오른쪽 도형을 왼쪽으로 밀었을 때의 도형을 찾아 기호를 써 보세요.

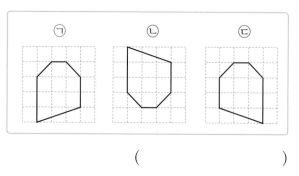

ㄱ   ㄴ   ㄷ

(   )

251030-0453

04 도형의 이동 방법을 설명해 보세요.

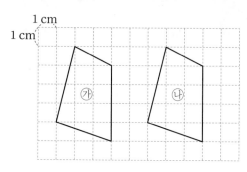

㉯ 도형은 ㉮ 도형을 [ ]쪽으로 [ ]cm 밀어서 이동한 도형입니다.

251030-0454

05 도형을 왼쪽으로 뒤집었을 때의 도형을 그려 보세요.

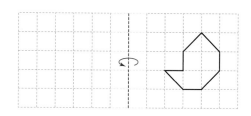

251030-0455

06 다음은 호숫가에 아래로 비친 번호판입니다. 번호판의 숫자를 써 보세요.

(   )

251030-0456

07 도형을 왼쪽에서 거울로 비추었을 때 생기는 도형을 그려 보세요.

 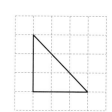

251030-0457

08 도형을 왼쪽으로 2번 뒤집었을 때의 도형을 그려 보세요.

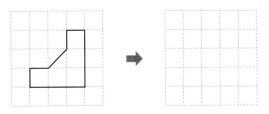

251030-0458

09 도형을 시계 방향으로 90°만큼 돌렸을 때의 도형을 그려 보세요.

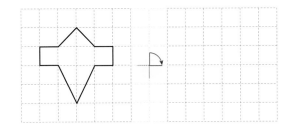

251030-0459

10 다음 글자 중 시계 방향으로 180°만큼 돌린 모양이 글자가 되는 것을 모두 찾아 써 보세요.

월 화 수 목 금 토

( )

251030-0460

11 오른쪽 도형을 주어진 방향으로 돌렸을 때 서로 같은 모양끼리 짝 지은 것은 어느 것인가요? ( )

251030-0461

12 오른쪽 도형은 처음 도형을 시계 반대 방향으로 90°만큼 돌렸을 때의 도형입니다. 처음 도형을 그려 보세요.

처음 도형

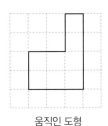
움직인 도형

251030-0462

13 오른쪽 모양을 움직인 모양에 대하여 바르게 설명한 사람의 이름을 써 보세요.

마루: 모양을 시계 방향으로 90°만큼 돌려도 처음 모양과 똑같아.

아라: 모양을 시계 반대 방향으로 180°만큼 돌려도 처음 모양과 똑같아.

( )

251030-0463

14 도형을 오른쪽으로 뒤집고 시계 방향으로 180°만큼 돌렸을 때의 도형을 각각 그려 보세요.

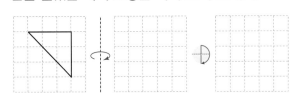

251030-0464

15 모양을 시계 반대 방향으로 270°만큼 돌린 모양을 그려 보세요.

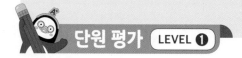
251030-0465

16 도전 알파벳을 오른쪽으로 뒤집고 시계 반대 방향으로 180°만큼 돌렸을 때의 모양이 처음과 같은 것을 찾아 써 보세요.

( )

251030-0466

17 왼쪽 모양으로 오른쪽 무늬를 만드는 데 이용한 방법을 찾아 ○표 하세요.

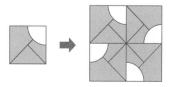

밀기   뒤집기   돌리기

251030-0467

18  모양을 시계 반대 방향으로 270°만큼 돌린 모양은 어느 것인가요?

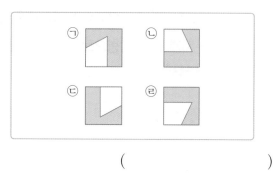

( )

251030-0468

19 퍼즐의 빈칸에 들어갈 수 있는 조각을 찾아 기호를 쓰고, 어떻게 움직이면 되는지 설명해 보세요.

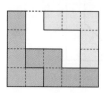

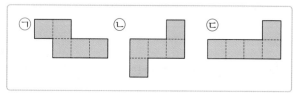

기호 _____

설명 _____

_____

_____

_____

251030-0469

20 세 자리 수가 적힌 카드를 시계 방향으로 180°만큼 돌렸을 때 만들어진 수와 처음 수의 차는 얼마인지 풀이 과정을 쓰고 답을 구해 보세요.

256

풀이 _____

_____

_____

_____

답 _____

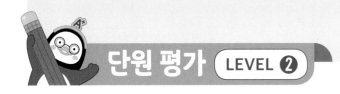

251030-0470

01 점을 오른쪽으로 **4 cm**씩 두 번 이동했을 때의 위치입니다. 이동하기 전의 점의 위치를 표시해 보세요.

251030-0471

02 점 ㄱ을 어떻게 움직이면 눈사람의 코 위치로 옮길 수 있는지 □ 안에 알맞은 수나 말을 써넣으세요 .

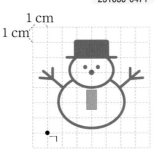

점 ㄱ을 오른쪽으로 □ cm, □ 쪽으로 □ cm 이동합니다.

251030-0472

03 도형을 왼쪽으로 **5 cm** 밀었을 때의 도형을 그려 보세요.

251030-0473

04 규칙에 따라 사각형을 밀어서 무늬를 완성해 보세요.

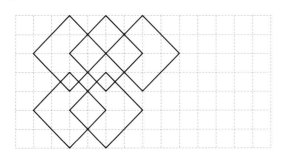

251030-0474

05 도형을 오른쪽으로 뒤집고 아래쪽으로 뒤집었을 때의 도형을 각각 그려 보세요.

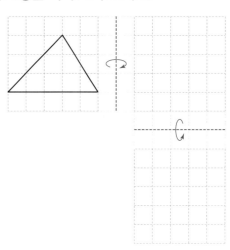

251030-0475

06 다음은 시각장애인을 위한 한글 점자입니다. 위쪽으로 뒤집었을 때 모양이 처음과 같은 글자를 모두 찾아 기호를 써 보세요.

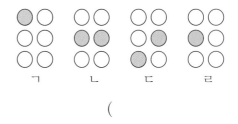

(   )

251030-0476

07 시계의 왼쪽에 거울을 놓고 거울에 비친 시계를 보니 다음과 같습니다. 현재 시각은 몇 시 몇 분인가요?

(   )

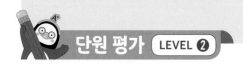

251030-0477

08 도형을 왼쪽으로 6번, 오른쪽으로 5번 뒤집었을 때의 도형을 그려 보세요.

 ➡

251030-0478

09 알맞은 것에 ○표 하세요.

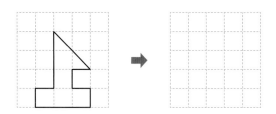

⑦ 도형을 (시계 , 시계 반대) 방향으로
(90° , 180°)만큼 돌리면 ⑭ 도형이 됩니다.

251030-0479

10 오른쪽 도형을 다음 각도만큼 돌렸습니다. 돌린 후의 모양이 다른 하나를 찾아 기호를 써 보세요.

ㄱ 시계 반대 방향으로 90°의 2배
ㄴ 시계 방향으로 180°의 5배
ㄷ 시계 방향으로 90°

(   )

251030-0480

11 ㄱ은 왼쪽 처음 도형을 시계 반대 방향으로 180°만큼 돌린 것입니다. ㄱ을 시계 방향으로 90°만큼 적어도 몇 번 돌리면 오른쪽 도형인 ㄴ이 되는지 구해 보세요.

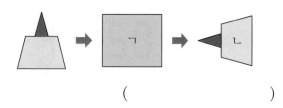

(   )

251030-0481

12 다음 중 바르게 말한 사람을 찾아 이름을 써 보세요.

지수: **86** 카드를 오른쪽으로 뒤집으면
'68'이 됩니다.

인호: **12** 카드를 시계 방향으로 180°만큼 돌리면 '21'이 됩니다.

(   )

251030-0482

13 왼쪽 도형을 어떻게 이동하면 오른쪽 도형이 되는지 기호를 써 보세요.

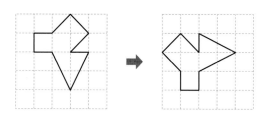

ㄱ 왼쪽으로 5번 뒤집고 아래쪽으로 2번 뒤집기
ㄴ 시계 방향으로 270°만큼 돌리기

(   )

251030-0483

14 오른쪽은 어떤 도형이 거울에 비친 모양을 시계 방향으로 90°만큼 돌린 모양입니다. 처음 도형을 왼쪽에 그려 보세요.

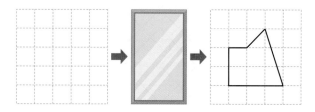

15 모양을 일정한 규칙에 따라 이동한 것입니다. **13** 째에 알맞은 모양의 기호를 써 보세요.

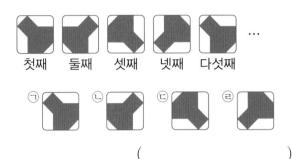

첫째   둘째   셋째   넷째   다섯째

(   )

251030-0485

16 도형을 시계 반대 방향으로 $90°$씩 **9**번 돌린 도형을 그려 보세요.

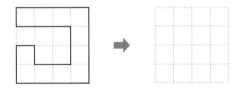

251030-0486

17 ㉠ 도형을 움직여서 ㉡에 빈틈없이 채우려고 합니다. ㉠ 도형을 어떻게 움직여야 하는지 알맞은 것에 ○표 하세요.

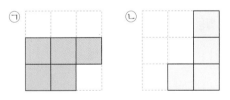

㉠ 도형을 시계 방향으로 ($90°$, $180°$)만큼 돌린 후 오른쪽으로 (밀기 , 뒤집기) 합니다.

251030-0487

18 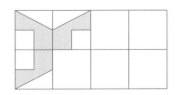 모양으로 뒤집기를 이용하여 규칙적인 무늬를 만들어 보세요.

251030-0488

19 주어진 디지털 숫자 중 시계 반대 방향으로 $180°$ 만큼 돌려도 처음 모양과 같은 것은 모두 몇 개인지 풀이 과정을 쓰고 답을 구해 보세요.

123456789

풀이

답

251030-0489

20 다음은 규칙적인 무늬를 만든 것입니다. 이 무늬는 어떻게 만든 것인지 밀기, 뒤집기, 돌리기를 이용하여 설명해 보세요.

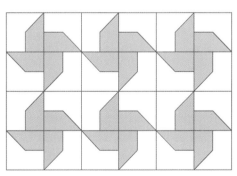

설명

5 막대그래프

단원 학습 목표

1. 막대그래프로 나타낸 자료를 보고 막대그래프의 특징을 이해할 수 있습니다.
2. 막대그래프를 보고 여러 가지 통계적 사실을 알 수 있습니다.
3. 막대그래프로 나타내는 방법을 알 수 있습니다.
4. 실생활 자료를 수집하여 막대그래프로 나타낼 수 있습니다.
5. 막대그래프로 나타낸 자료를 보고 다양하게 해석할 수 있습니다.

단원 진도 체크

학습일			학습 내용	진도 체크
1일째	월	일	개념 1 막대그래프를 알아볼까요 개념 2 막대그래프에서 무엇을 알 수 있을까요	✓
2일째	월	일	교과서 넘어 보기 + 교과서 속 응용 문제	✓
3일째	월	일	개념 3 막대그래프로 나타내 볼까요 개념 4 자료를 조사하여 막대그래프로 나타내 볼까요 개념 5 막대그래프를 활용해 볼까요	✓
4일째	월	일	교과서 넘어 보기 + 교과서 속 응용 문제	✓
5일째	월	일	응용 1 막대가 2개인 막대그래프 알아보기 응용 2 눈금 한 칸의 크기를 바꾸어 막대그래프 그리기 응용 3 합계를 이용하여 자료의 수 구하기	✓
6일째	월	일	응용 4 찢어진 막대그래프 알아보기 응용 5 막대그래프 분석하기	✓
7일째	월	일	단원 평가 LEVEL ❶	✓
8일째	월	일	단원 평가 LEVEL ❷	✓

이 단원을 진도 체크에 맞춰 8일 동안 학습해 보세요.
해당 부분을 공부하고 나서 ✓표를 하세요.

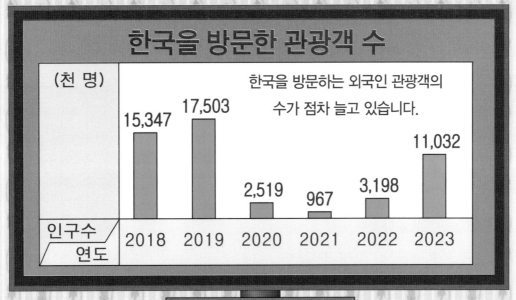

　우리나라를 찾아오는 외국인 관광객에 대한 뉴스나 기사를 본 적이 있나요? 매년 얼마나 많은 관광객이 한국을 찾는지, 전년도에 비해 얼마나 늘거나 줄었는지, 어떤 나라에서 한국을 많이 찾아오는지, 한국에 와서 어디를 많이 찾아가는지 한눈에 알아보기 쉽도록 표나 그래프로 나타내요.

　이번 단원에서는 막대그래프를 보고 여러 가지 통계적 사실을 알아보고, 실생활 자료를 수집하여 막대그래프로 나타내는 방법을 배울 거예요. .

개념 **1** 막대그래프를 알아볼까요

(1) 막대그래프 알아보기

좋아하는 운동별 학생 수

운동	축구	배구	야구	농구	합계
학생 수(명)	8	4	6	2	20

좋아하는 운동별 학생 수

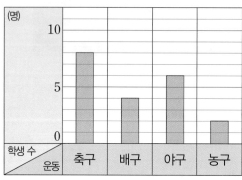

• 가로가 나타내는 것: 운동
• 세로가 나타내는 것: 학생 수
• 막대의 길이가 나타내는 것: 좋아하는 학생 수
• 세로 눈금 한 칸의 크기: 1명

조사한 자료를 막대 모양으로 나타낸 그래프를 막대그래프라고 합니다.

● 자료를 보고 표와 그래프로 나타내기
• 자료를 표와 그래프로 나타내면 여러 가지 내용을 알아보기 편리합니다.
• 그래프는 그림그래프, 막대그래프 등이 있습니다.

● 표와 막대그래프 비교하기
• 표: 항목별 수와 합계를 알기 쉽습니다.
• 막대그래프: 항목별 수의 많고 적음을 한눈에 비교하기 쉽습니다.

[01~04] 민우네 반 학생들이 좋아하는 계절을 조사하여 나타낸 막대그래프입니다. 물음에 답하세요.

좋아하는 계절별 학생 수

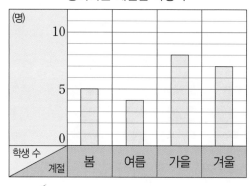

251030-0490

01 막대그래프의 가로는 무엇을 나타내나요?

( )

251030-0491

02 막대그래프의 세로는 무엇을 나타내나요?

( )

251030-0492

03 막대그래프에서 막대의 길이는 무엇을 나타내는지 알맞은 말에 ○표 하세요.

막대의 길이는 (계절 , 학생 수)을/를 나타냅니다.

251030-0493

04 세로 눈금 한 칸은 몇 명을 나타내나요?

( )

개념 **2** 막대그래프에서 무엇을 알 수 있을까요

(1) 막대그래프의 내용 알아보기

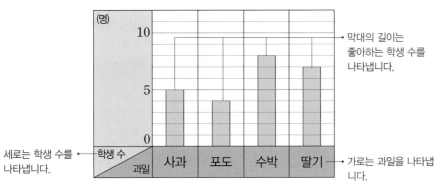

좋아하는 과일별 학생 수

막대의 길이는 좋아하는 학생 수를 나타냅니다.

세로는 학생 수를 나타냅니다.

가로는 과일을 나타냅니다.

- 좋아하는 학생 수가 가장 많은 과일: 수박
- 좋아하는 학생 수가 가장 적은 과일: 포도
- 세로 눈금 5칸이 5명을 나타내므로 (세로 눈금 한 칸)=5÷5=1(명)을 나타냅니다.
- 수박을 좋아하는 학생은 8명입니다.
- 딸기를 좋아하는 학생은 사과를 좋아하는 학생보다 2명 더 많습니다.
- 포도를 좋아하는 학생은 딸기를 좋아하는 학생보다 3명 더 적습니다.

● 막대의 길이로 조사한 수의 크기를 비교하기
• 막대의 길이가 길수록 수가 많습니다.
• 막대의 길이가 짧을수록 수가 적습니다.

[05~08] 희진이가 4학년 학생들이 입은 옷 색깔을 조사하여 나타낸 막대그래프입니다. 물음에 답하세요.

입은 옷 색깔별 학생 수

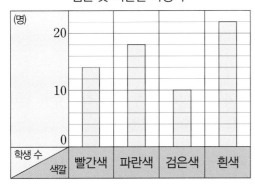

251030-0494

05 가장 많은 학생이 입은 옷의 색깔은 무엇인가요?

(   )

251030-0495

06 가장 적은 학생이 입은 옷의 색깔은 무엇인가요?

(   )

251030-0496

07 □ 안에 알맞은 수를 써넣으세요.

세로 눈금 5칸이 10명을 나타내므로 세로 눈금 한 칸은 10÷5=□ (명)을 나타냅니다.

251030-0497

08 파란색 옷을 입은 학생은 몇 명인가요?

(   )

[01~04] 예담이네 반 학생들이 좋아하는 급식 메뉴를 조사하여 나타낸 그래프입니다. 물음에 답하세요.

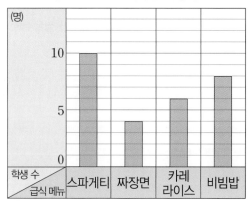

좋아하는 급식 메뉴별 학생 수

251030-0498

01 □ 안에 알맞은 말을 써넣으세요.

> 위와 같이 조사한 자료를 막대 모양으로 나타
> 낸 그래프를 [   ] (이)라고 합니다.

251030-0499

02 가로와 세로는 각각 무엇을 나타내나요?

가로 (   )
세로 (   )

251030-0500

03 막대의 길이는 무엇을 나타내나요?

(   )

251030-0501

04 세로 눈금 한 칸은 몇 명을 나타내나요?

(   )

[05~08] 하윤이네 반 학생들이 배우고 싶어 하는 악기를 조사하여 나타낸 표와 막대그래프입니다. 물음에 답하세요.

배우고 싶어 하는 악기별 학생 수

악기	바이올린	피아노	기타	드럼	합계
학생 수(명)	5	6	3	9	23

배우고 싶어 하는 악기별 학생 수

251030-0502

05 막대그래프에서 가로와 세로는 각각 무엇을 나타내는지 알맞은 말에 ○표 하세요.

> 가로는 (악기 , 학생 수)을/를,
> 세로는 (악기 , 학생 수)을/를 나타냅니다.

251030-0503

06 기타를 배우고 싶어 하는 학생은 몇 명인가요?

(   )

251030-0504

07 표와 막대그래프 중 전체 학생 수를 알아보기에 어느 것이 더 편리한가요?

(   )

251030-0505

08 중요 표와 막대그래프 중 배우고 싶어 하는 악기별 학생 수의 많고 적음을 한눈에 비교하기에 더 편리한 것은 어느 것인가요?

(   )

[09~12] 가은이네 마을에 있는 종류별 나무의 수를 나타낸 표와 막대그래프입니다. 물음에 답하세요.

마을에 있는 종류별 나무의 수

종류	벚나무	소나무	향나무	은행나무	합계
나무 수(그루)	7	6	11	3	27

마을에 있는 종류별 나무의 수

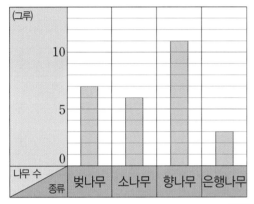

251030-0506

09 가은이네 마을에 가장 많이 있는 나무는 무엇인가요?

(   )

251030-0507

10 가장 많이 있는 나무는 가장 적게 있는 나무보다 몇 그루 더 많은가요?

(   )

251030-0508

11 나무의 수가 은행나무의 2배인 나무는 무엇인가요?

(   )

251030-0509

12 마을에 있는 나무의 수를 조사하여 막대그래프로 나타냈을 때 표보다 좋은 점을 써 보세요.

(   )

[13~15] 진호네 반 학생들이 좋아하는 여가 활동을 조사하여 나타낸 막대그래프입니다. 물음에 답하세요.

좋아하는 여가 활동별 학생 수

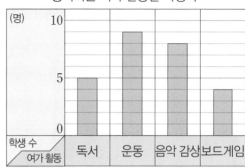

251030-0510

13 좋아하는 여가 활동이 음악 감상인 학생은 몇 명인가요?

(   )

251030-0511

14 가장 적은 학생이 좋아하는 여가 활동은 무엇인가요?

(   )

251030-0512

 15 막대그래프에서 알 수 있는 내용을 바르게 설명한 것에 ○표, 잘못 설명한 것에 ×표 하세요.

중요

보드게임을 좋아하는 학생 수는 4명입니다.	( )
음악 감상을 좋아하는 학생은 독서를 좋아하는 학생보다 2명 더 많습니다.	( )
좋아하는 여가 활동별 학생 수가 보드게임보다 많고 음악 감상보다 적은 여가 활동은 독서입니다.	( )

5 단원

[16~18] 어느 학교의 운동장에 있는 기구들에서 정문까지의 거리를 조사하여 나타낸 막대그래프입니다. 물음에 답하세요. (단, 각 놀이기구에서 정문까지 가장 짧은 거리를 잽니다.)

놀이기구별 정문까지의 거리

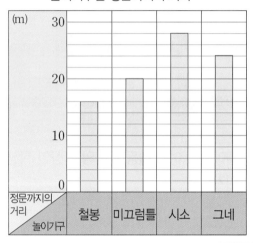

251030-0513

16 정문에서 가장 멀리 있는 기구부터 순서대로 써 보세요.

(   )

251030-0514

17 세로 눈금 한 칸은 몇 m를 나타내는지 구하려고 합니다. □ 안에 알맞은 수를 써넣으세요.

> 세로 눈금 5칸이 10 m를 나타내므로
> 세로 눈금 한 칸은 10÷5= □ (m)를 나타냅니다.

251030-0515

18 도전 그림과 같이 그네에서 정문까지 가려면 철봉을 지나가야 합니다. 그네에서 철봉까지의 거리는 몇 m일까요?

정문   철봉   그네

(   )

판매한 금액과 거스름돈 구하기

- (판매한 금액)=(상품 한 개의 가격)×(개수)
- (거스름돈)=(낸 돈)−(물건값)

[19~20] 어느 편의점에서 어제 판매한 삼각김밥의 수를 조사하여 나타낸 막대그래프입니다. 물음에 답하세요.

삼각김밥별 판매량

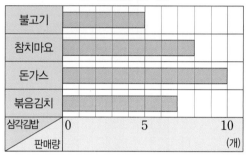

251030-0516

19 어제 판매한 삼각김밥은 모두 몇 개일까요?

(   )

251030-0517

20 삼각김밥 한 개는 800원입니다. 어제 삼각김밥을 판매한 금액은 모두 얼마일까요?

(   )

251030-0518

21 지후는 친구들에게 선물을 하기 위해 한 자루에 500원인 볼펜을 다음과 같이 샀습니다. 15000원을 냈다면 거스름돈은 얼마일까요?

구입한 색깔별 볼펜 수

(   )

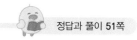

개념 **3** 막대그래프로 나타내 볼까요

(1) 막대그래프로 나타내는 방법

① 가로와 세로 중 어느 쪽에 조사한 수를 나타낼지 정합니다.

② 눈금 한 칸의 크기를 정합니다.

③ 조사한 수 중 가장 큰 수를 나타낼 수 있도록 눈금을 표시합니다.

④ 조사한 수에 맞도록 막대를 그립니다.

⑤ 막대그래프에 알맞은 제목을 붙입니다.

반별 안경을 쓴 학생 수

반	1반	2반	3반	4반	합계
학생 수(명)	5	9	7	4	25

⑤ 막대그래프의 제목을 붙입니다.

③ 조사한 수에서 가장 큰 수는 9이므로 눈금의 수를 9보다 크게 합니다.

① 가로에는 반, 세로에는 학생 수를 나타냅니다.

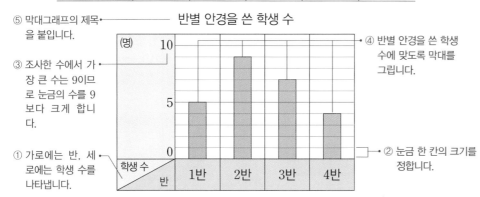

반별 안경을 쓴 학생 수

④ 반별 안경을 쓴 학생 수에 맞도록 막대를 그립니다.

② 눈금 한 칸의 크기를 정합니다.

● 막대그래프로 나타낼 때 주의할 점
• 막대그래프를 왼쪽과 같은 순서대로 나타내야 하는 것은 아니지만, 왼쪽 내용들이 모두 포함되어 있어야 합니다.
• 막대그래프로 나타낼 때에는 막대가 나타내는 수량의 합이 자료의 합계와 같은지 확인해야 합니다.
• 세로는 반, 가로는 학생 수로 하여 막대를 가로로 나타낼 수도 있습니다.

● 막대그래프에서 눈금의 수 정하기
막대그래프의 눈금은 조사한 수 중에서 가장 큰 수와 같거나 더 많게 그립니다.

[01~03] 수영이네 반 학생들이 좋아하는 주스를 조사하여 나타낸 표를 보고 막대그래프로 나타내려고 합니다. 물음에 답하세요.

좋아하는 주스별 학생 수

주스	사과주스	오렌지주스	포도주스	토마토주스	합계
학생 수(명)	7	4	6	5	22

251030-0519

01 가로에 주스를 나타낸다면 세로에는 무엇을 나타내야 하나요?

( )

251030-0520

02 세로 눈금 한 칸이 1명을 나타낸다면 사과주스를 좋아하는 학생은 몇 칸으로 나타내야 하나요?

( )

251030-0521

03 표를 보고 막대그래프로 나타내 보세요.

좋아하는 주스별 학생 수

개념 4 자료를 조사하여 막대그래프로 나타내 볼까요

예 학생들이 좋아하는 계절을 조사하여 막대그래프로 나타내기

봄	가을	겨울	여름	여름	가을
가을	봄	겨울	봄	가을	겨울
여름	여름	봄	가을	가을	봄

1단계 조사한 자료를 표로 정리하기

좋아하는 계절별 학생 수

계절	봄	여름	가을	겨울	합계
학생 수(명)	5	4	6	3	18

2단계 표를 보고 막대그래프로 나타내기

좋아하는 계절별 학생 수

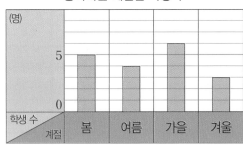

● 표로 나타내는 방법
① 알고 싶은 주제를 정해 자료를 조사합니다.
② 자료를 분류하여 수를 셉니다.
③ 분류한 항목에 해당하는 자료의 수를 표로 정리합니다.

● 막대그래프로 나타내는 방법
① 주제에 맞게 자료를 조사합니다.
② 조사한 결과를 표로 정리합니다.
③ 막대그래프로 나타냅니다.

[04~06] 윤서네 반 학생들이 좋아하는 간식을 조사한 것입니다. 물음에 답하세요.

피자	과일	과자	빵	빵
과일	과자	피자	과자	피자
과일	과자	과일	과자	피자
피자	빵	피자	피자	과자
과일	과자	과자	피자	빵

251030-0522

04 조사한 내용을 표로 정리해 보세요.

좋아하는 간식별 학생 수

간식	피자	과일	과자	빵	합계
학생 수(명)					

251030-0523

05 막대그래프의 세로에 학생 수를 나타낸다면 가로에는 무엇을 나타내야 하나요?

( )

251030-0524

06 04의 표를 보고 막대그래프로 나타내 보세요.

좋아하는 간식별 학생 수

개념 5 막대그래프를 활용해 볼까요

⑩ 현진이네 학교에서 일주일 동안 버린 쓰레기 양을 보고 이야기 만들기

일주일 동안 버린 종류별 쓰레기 양

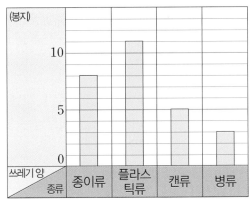

• 알 수 있는 내용: 가장 많이 버린 쓰레기는 플라스틱류입니다.

　　　　　　　　가장 적게 버린 쓰레기는 병류입니다.

• 이야기 만들기: 가장 많이 버린 쓰레기는 플라스틱류이므로 플라스틱 쓰레기를 줄

　　　　　　　　이기 위해 어떤 노력을 하면 좋을지 이야기하고 실천해야겠다.

● 이야기를 읽고 막대그래프 완성하기
• 이야기에서 알 수 있는 내용을 찾고 막대그래프로 나타냅니다.
• 막대그래프로 나타냈을 때 가장 많이 버린 쓰레기가 플라스틱류라는 것을 한눈에 알 수 있습니다.

● 막대그래프를 보고 이야기 만들기
• 막대그래프를 보고 알 수 있는 내용을 찾고, 찾은 내용이 포함되게 이야기를 씁니다.
• 막대그래프에서 찾을 수 있는 통계적 사실을 근거로 막대그래프에 나타나지 않은 정보를 예측할 수 있습니다.

[07~09] 주호네 반 학생들이 좋아하는 전통놀이를 조사하여 나타낸 막대그래프입니다. 물음에 답하세요.

좋아하는 전통놀이별 학생 수

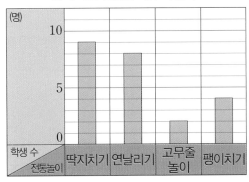

251030-0525

07 주호네 반 학생들이 모두 전통놀이를 1개씩 골랐다면 주호네 반 학생은 모두 몇 명일까요?

(　　　　　　)

251030-0526

08 가장 적은 학생이 좋아하는 전통놀이는 무엇인가요?

(　　　　　　)

251030-0527

09 막대그래프를 보고 이야기를 만들려고 합니다. □ 안에 알맞은 말이나 수를 써넣으세요.

주호네 반에서 가장 인기 있는 전통놀이는 □□□□이고, □명의 학생이 좋아합니다. 두 번째로 인기 있는 전통놀이는 □□□□입니다.

[01~03] 유나네 반에서 실시한 학급 임원 선거의 결과를 나타낸 표입니다. 물음에 답하세요.

학생별 득표 수

이름	박재현	임윤서	송하나	김태민	합계
득표 수(표)	6	8	9		30

251030-0528

01 유나네 반 학생들이 모두 1표씩 투표하였고, 무효표는 없습니다. 김태민 학생은 몇 표를 받았나요?

( )

251030-0529

02 표를 보고 막대그래프로 나타낼 때 세로에 득표 수를 나타낸다면 가로에는 무엇을 나타내야 하나요?

( )

251030-0530

03 표를 보고 막대그래프로 나타내 보세요.

학생별 득표 수

[04~05] 준하네 반 학생들이 가고 싶은 나라를 조사하여 나타낸 표입니다. 물음에 답하세요.

가고 싶은 나라별 학생 수

나라	영국	캐나다	베트남	태국	합계
학생 수(명)	7	5	6	8	26

251030-0531

04 표를 막대그래프로 나타낼 때, 눈금 한 칸이 1명을 나타낸다면 베트남은 몇 칸으로 나타내야 하나요?

( )

251030-0532

05 표를 보고 막대가 가로인 막대그래프로 나타내 보세요.

가고 싶은 나라별 학생 수

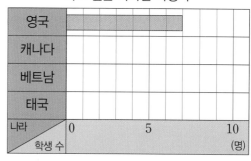

251030-0533

06 승아네 반 학생들이 좋아하는 계절을 조사하여 나타낸 표입니다. 표를 막대그래프로 나타낼 때, 눈금 한 칸이 1명을 나타낸다면 눈금은 적어도 몇 칸이 필요한가요?

중요

좋아하는 계절별 학생 수

계절	봄	여름	가을	겨울	합계
학생 수(명)	5	10	8	7	30

( )

[07~09] 승민이가 저금통에 모은 동전을 조사하여 나타낸 막대그래프입니다. 물음에 답하세요.

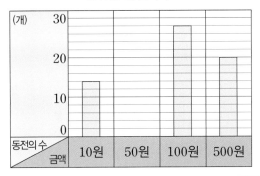

종류별 동전의 수

251030-0534

07 100원짜리 동전은 몇 개인가요?

( )

251030-0535

08 모은 동전이 모두 **70**개일 때, 막대그래프를 완성해 보세요.

251030-0536

09 승민이는 막대그래프를 보고 얼마나 모았는지 궁금해졌습니다. □ 안에 알맞은 말을 써넣으세요.

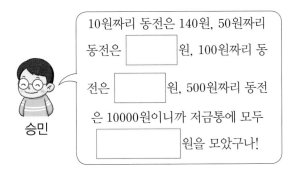

10원짜리 동전은 140원, 50원짜리 동전은 □원, 100원짜리 동전은 □원, 500원짜리 동전은 10000원이니까 저금통에 모두 □원을 모았구나!

승민

[10~12] 재석이가 5일간 사용한 용돈을 나타낸 표입니다. 물음에 답하세요.

요일별 사용한 용돈

요일	월	화	수	목	금	합계
사용 금액 (원)	600	1100	800	1200	1400	5100

251030-0537

10 막대그래프의 세로에 금액을 나타낸다면 세로 눈금 한 칸의 크기는 얼마로 하는 것이 좋을까요?

( )

251030-0538

11 표를 보고 막대그래프로 나타내 보세요.

요일별 사용한 용돈

251030-0539

12 용돈을 많이 사용한 요일부터 순서대로 나타나도록 막대가 가로인 막대그래프로 나타내 보세요.

중요

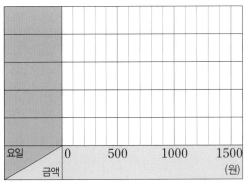

요일별 사용한 용돈

5
단원

[13~15] 어느 달 2주일 동안의 날씨를 조사하여 나타낸 것입니다. 물음에 답하세요.

1일 맑음	2일 흐림	3일 비	4일 흐림	5일 맑음	6일 눈	7일 눈
8일 흐림	9일 눈	10일 맑음	11일 맑음	12일 흐림	13일 비	14일 맑음

251030-0540

13 표로 나타내 보세요.

날씨별 날수

날씨	맑음	흐림	비	눈	합계
날수(일)					

251030-0541

14 13의 표를 보고 막대그래프로 나타내 보세요.

날씨별 날수

251030-0542

15 도전 2주일 동안의 날씨에 대해 잘못 이야기한 사람은 누구인가요?

현지
2주일 동안 맑은 날이 가장 많았고 5일이었어.

민서
흐린 날보다 눈이 온 날이 더 많았어.

태양
비가 온 날이 가장 적었구나.

(   )

막대그래프를 보고 이야기하기

• 막대그래프에서 찾을 수 있는 통계적 사실을 근거로 그래프에 나타나지 않은 정보를 예측할 수 있습니다.

주별 운동 시간

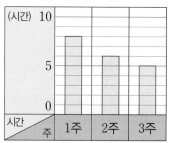

➡ 운동 시간이 점점 줄어들고 있습니다.

[16~18] 민호의 1주부터 4주까지의 줄넘기 기록을 조사하여 나타낸 막대그래프입니다. 물음에 답하세요.

주별 줄넘기 기록

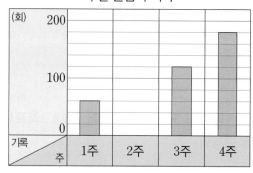

251030-0543

16 2주의 줄넘기 기록은 1주보다 20회 더 많습니다. 2주의 줄넘기 기록은 몇 회일까요?

(   )

251030-0544

17 4주의 줄넘기 기록은 3주의 줄넘기 기록보다 몇 회 더 많은지 구해 보세요.

(   )

251030-0545

18 민호가 계속 줄넘기 연습을 한다면 5주의 줄넘기 기록은 어떻게 변할 것이라고 생각하는지 써 보세요.

(   )

대표 응용 1 막대가 2개인 막대그래프 알아보기

경민이네 학교 4학년의 반별 여학생 수와 남학 생 수를 조사하여 나타낸 막대그래프입니다. 여 학생 수와 남학생 수의 차가 가장 작은 반은 몇 반인지 구해 보세요.

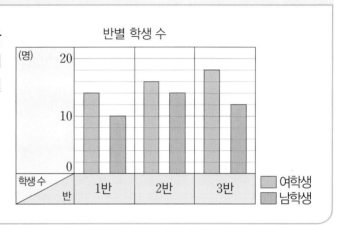

문제 스케치

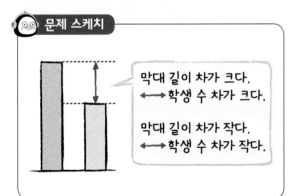

막대 길이 차가 크다.
↔ 학생 수 차가 크다.

막대 길이 차가 작다.
↔ 학생 수 차가 작다.

해결하기

여학생 수와 남학생 수의 차가 가장 작은 반은 여학생과 남학생을 나타내는 막대의 길이의 차가

가장 (작은 , 큰) 반인 ☐ 반입니다.

■ 세연이가 좋아하는 동물 젤리 한 봉지를 뜯어 젤리의 모양과 색깔을 막대그래프로 나타냈습니다. 물음에 답하세요.

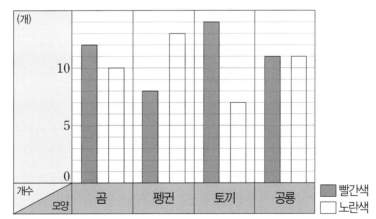

251030-0546

1-1 빨간색 젤리 수와 노란색 젤리 수의 차가 가장 큰 젤리는 무슨 모양일까요?

( )

251030-0547

1-2 빨간색 젤리 수와 노란색 젤리 수가 같은 젤리는 무슨 모양일까요? ( )

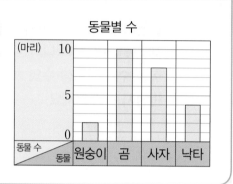

대표 응용 2

눈금 한 칸의 크기를 바꾸어 막대그래프 그리기

오른쪽은 어느 동물원의 동물 수를 조사하여 나타낸 막대그래프입니다. 세로 눈금 한 칸의 크기가 2마리인 막대그래프로 나타내 보세요.

문제 스케치

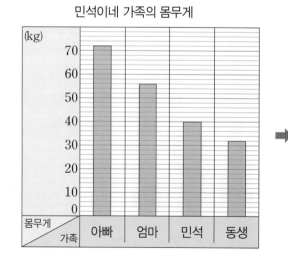

해결하기

세로 눈금 한 칸을 2마리로 하면 원숭이: $2 \div 2 = \boxed{}$ (칸),

곰: $\boxed{} \div 2 = \boxed{}$ (칸),

사자: $\boxed{} \div 2 = \boxed{}$ (칸),

낙타: $\boxed{} \div 2 = \boxed{}$ (칸)

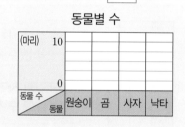

251030-0548

2-1 민석이네 가족의 몸무게를 조사하여 나타낸 막대그래프입니다. 세로 눈금 한 칸의 크기가 4 kg인 막대그래프로 나타내 보세요.

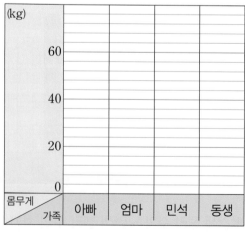

251030-0549

2-2 2-1 막대그래프를 세로 눈금 한 칸의 크기를 5 kg으로 하여 다시 그린다면 민석이의 몸무게는 몇 칸으로 나타내야 할까요?

( )

대표
응용
3

합계를 이용하여 자료의 수 구하기

소연이네 반 학생 30명이 학교 텃밭에 심을 채소를 조사하여 나타낸 막대그래프입니다. 한 사람이 한 가지 채소를 심기로 했을 때, 토마토를 심기로 한 학생은 몇 명인지 구해 보세요.

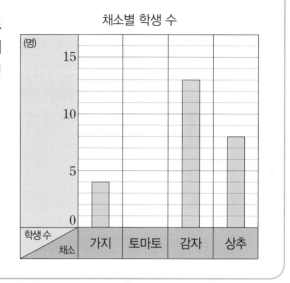

채소별 학생 수

😀 문제 스케치

(가지)＋(토마토)＋(감자)＋(상추)
＝30명
(토마토)
＝30명－(가지)－(감자)－(상추)

해결하기

전체 학생 수는 30명이고, 각 채소를 심기로 한 학생 수가
가지: ☐명, 감자: ☐명, 상추: ☐명입니다.
(토마토를 심기로 한 학생 수)
＝30－☐－☐－☐＝☐(명)

251030-0550

3-1 하정이는 양궁장에서 4번 활을 쏘아 모두 30점이 나왔고, 이를 막대그래프로 나타냈습니다. 3회에 쏜 화살은 몇 점을 맞추었나요?

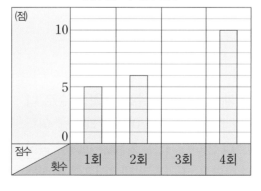

횟수별 과녁판 점수

(   )

5
단원

대표
응용
4

찢어진 막대그래프 알아보기

민선이네 학교 발표회에서 학생들이 연주하는 악기를 조사하여
나타낸 막대그래프의 일부분이 찢어졌습니다. 바이올린을 연주
하는 학생 수는 첼로를 연주하는 학생 수의 2배입니다. 플루트
를 연주하는 학생 수는 클라리넷을 연주하는 학생 수보다 2명
더 많습니다. 첼로와 플루트를 연주하는 학생은 각각 몇 명인지
구해 보세요.

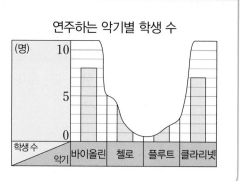

연주하는 악기별 학생 수

문제 스케치

● = ▲ × 2

↳ ▲ + ▲

↳ ● ÷ 2

● 가 ▲의 2배이면
▲는 ●의 반이에요.

해결하기

바이올린을 연주하는 학생이 ☐명이므로

(첼로를 연주하는 학생 수)=☐÷2=☐(명)입니다.

클라리넷을 연주하는 학생이 7명이므로

(플루트를 연주하는 학생 수)=7+☐=☐(명)입니다.

251030-0551

4-1 진경이네 반 학생들이 태어난 계절을 조사하여 나타낸 막대그래
프의 일부분이 찢어졌습니다. 겨울에 태어난 학생 수는 여름에 태
어난 학생 수의 3배이고, 가을에 태어난 학생 수는 봄에 태어난
학생 수보다 1명 더 적습니다. 여름과 가을에 태어난 학생은 각각
몇 명인가요?

여름 (   )

가을 (   )

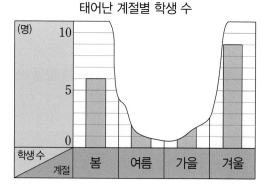

태어난 계절별 학생 수

251030-0552

4-2 진경이는 4-1 자료를 태어난 계절별 남학생 수와 여학생 수로 나
누어 막대그래프로 다시 나타내려고 합니다. 여름에 태어난 여학
생은 겨울에 태어난 여학생보다 2명 더 적고, 가을에 태어난 남학
생 수는 봄에 태어난 남학생 수와 같습니다. 막대그래프를 완성해
보세요.

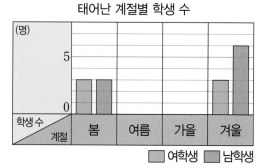

태어난 계절별 학생 수

☐ 여학생 ☐ 남학생

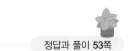

대표
응용
5

막대그래프 분석하기

(가)는 3월 이후 학년별 전학 온 학생 수를 조사하여 나타낸 표이고, (나)는 3월 학년별 학생 수를 조사하여 나타낸 막대그래프입니다. 현재 4학년의 학생 수를 구해 보세요. (단, 전학 간 학생은 없습니다.)

(가) 3월 이후 학년별 전학 온 학생 수

학년	3학년	4학년	5학년	6학년	합계
학생 수 (명)	0	3	4	2	9

(나) 3월 학년별 학생 수

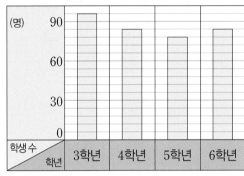

문제 스케치

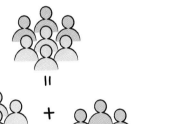

3월 학생 수 + 전학 온 학생 수

해결하기

막대그래프의

(세로 눈금 한 칸의 크기)=30÷5=☐(명)입니다.

3월에 4학년 학생 수는 ☐명이므로

3월 이후 전학 온 학생 수를 더하면

(현재 4학년 학생 수)=☐+3=☐(명)입니다.

■ 다음은 수진이가 매월 책을 읽은 날수를 조사하여 나타낸 막대그래프입니다. 물음에 답하세요.

월별 책을 읽은 날수

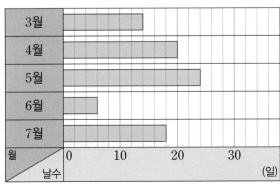

251030-0553

5-1 6월에 책을 읽지 않은 날은 며칠인지 구해 보세요.

( )

251030-0554

5-2 책을 읽은 날이 책을 읽지 않은 날의 2배인 월은 몇 월인지 구해 보세요.

( )

[01~04] 어느 빵집에서 하루 동안의 빵 판매량을 조사하여 나타낸 것입니다. 물음에 답하세요.

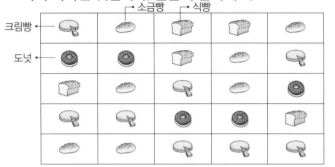

251030-0555

01 표로 나타내 보세요.

하루 동안의 빵 판매량

종류	크림빵	소금빵	식빵	도넛	합계
판매량 (개)					

251030-0556

02 01의 표를 보고 막대그래프로 나타내 보세요.

하루 동안의 빵 판매량

251030-0557

03 막대그래프에서 가로와 세로는 각각 무엇을 나타내나요?

가로 ( )

세로 ( )

251030-0558

04 막대그래프에서 세로 눈금 한 칸은 몇 개를 나타내나요?

( )

[05~06] 동건이네 반 학생들의 장래희망을 조사하여 나타낸 막대그래프입니다. 물음에 답하세요.

장래희망별 학생 수

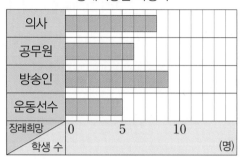

251030-0559

05 동건이네 반 학생은 모두 몇 명일까요?

중요

( )

251030-0560

06 희망하는 학생이 가장 많은 직업과 가장 적은 직업의 학생 수의 차는 몇 명일까요?

( )

[07~09] 어느 농장에서 기르고 있는 가축의 수를 조사하여 막대그래프로 나타내려고 합니다. 물음에 답하세요.

종류별 가축 수

가축	소	돼지	닭	오리	합계
가축 수(마리)	8	12	18	14	52

251030-0561

07 표를 보고 막대그래프로 나타내 보세요.

종류별 가축 수

251030-0562

08 기르는 가축 수가 많은 가축부터 순서대로 써 보세요.

( )

251030-0563

09 막대그래프에 대한 설명으로 **틀린** 것은 어느 것인가요? ( )

① 가로는 가축을 나타냅니다.
② 세로는 가축 수를 나타냅니다.
③ 각 막대의 길이는 종류별 가축 수입니다.
④ 세로 눈금 한 칸은 1마리를 나타냅니다.
⑤ 가장 많이 있는 가축은 닭입니다.

[10~11] 어느 아파트에서 4개월 동안 배출한 음식물 쓰레기의 양을 조사하여 나타낸 막대그래프입니다. 물음에 답하세요.

월별 음식물 쓰레기의 양

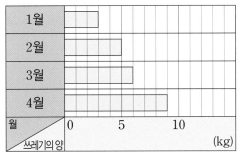

251030-0564

10 막대그래프에 대한 설명이 맞으면 ○표, 틀리면 ×표 하세요.

중요

(1) 음식물 쓰레기가 점점 늘어나고 있습니다.
( )

(2) 쓰레기의 양이 두 번째로 많은 월은 2월입니다. ( )

251030-0565

11 4월에 버린 음식물 쓰레기의 양은 1월에 버린 음식물 쓰레기 양의 몇 배일까요?

( )

251030-0566

12 현아네 반 학생들이 동전 모으기 행사에서 모은 동전 수를 나타낸 막대그래프입니다. 현아네 반 학생들이 모은 돈은 모두 얼마일까요?
도전

종류별 모은 동전 수

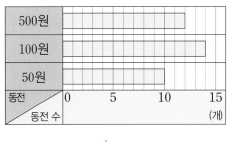

( )

[13~15] 우리나라 사람들의 연도별 1인당 쌀 소비량을 조사하여 나타낸 막대그래프입니다. 물음에 답하세요.

연도별 1인당 쌀 소비량

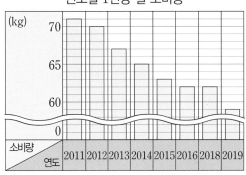

(출처: 국가 통계 포털, 2020)

251030-0567

13 2019년 1인당 쌀 소비량은 몇 kg일까요?

( )

251030-0568

14 막대그래프에서 알 수 **없는** 것에 ○표 하세요.

남자와 여자의 1인당 쌀 소비량	연도별 1인당 쌀 소비량
( )	( )

251030-0569

15 2019년 이후로 1인당 쌀 소비량은 어떻게 변화할지 설명해 보세요.

설명 _____

5
단원

[16~18] 4학년 1반과 2반 학생들이 좋아하는 영화를 조사하여 나타낸 막대그래프입니다. 한 반에 학생이 40 명씩이고 두 반 모두 남학생과 여학생의 수가 같습니다. 물음에 답하세요.

4학년 1반 학생들이 좋아하는 영화별 학생 수

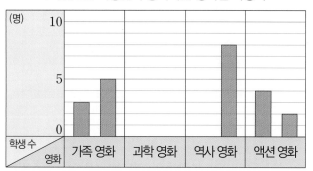

4학년 2반 학생들이 좋아하는 영화별 학생 수

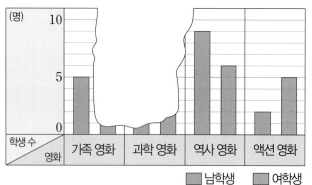

251030-0570

16 4학년 1반에서 액션 영화를 좋아하는 학생은 몇 명일까요?

( )

251030-0571

17 과학 영화를 좋아하는 1반의 남학생 수는 과학 영화를 좋아하는 1반의 여학생 수보다 1명 더 많습니다. 4학년 1반의 막대그래프를 완성해 보세요.

251030-0572

18 가족 영화를 좋아하는 2반의 여학생 수와 과학 영화를 좋아하는 1반의 남학생 수가 같다면 과학 영화를 좋아하는 2반의 여학생은 몇 명일까요?

( )

서술형 문제

[19~20] 소영이네 모둠 학생들의 훌라후프 기록을 조사하여 나타낸 막대그래프입니다. 물음에 답하세요.

학생별 훌라후프 기록

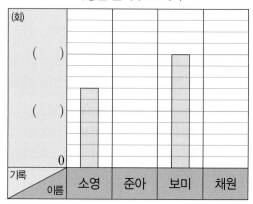

251030-0573

19 소영이가 훌라후프를 21회 했습니다. 세로 눈금 한 칸은 몇 회를 나타내는지 풀이 과정을 쓰고 답을 구해 보세요.

풀이

답

251030-0574

20 소영이네 모둠 학생들은 훌라후프를 모두 90회 했고, 보미는 채원이의 2배를 했습니다. 준아와 채원이가 훌라후프를 각각 몇 회 했는지 막대그 래프로 나타내려고 합니다. 풀이 과정을 쓰고 위의 막대그래프를 완성해 보세요.

풀이

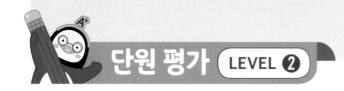

정답과 풀이 56쪽

[01~04] 어느 초등학교 동아리별 학생 수를 조사하여 나타낸 표와 막대그래프입니다. 물음에 답하세요.

동아리별 학생 수

동아리	독서	발명	줄넘기	미술	합계
학생 수(명)	14		20	6	

동아리별 학생 수

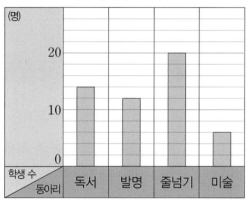

251030-0575

01 발명 동아리 학생은 몇 명일까요?

( )

251030-0576

02 조사한 학생은 모두 몇 명일까요?

( )

251030-0577

03 학생 수가 가장 많은 동아리는 무엇인지 한눈에 알아보려면 표와 막대그래프 중 어느 것이 더 편리한가요?

( )

251030-0578

04 위의 막대그래프를 세로 눈금 한 칸이 1명인 막대그래프로 나타낸다면, 줄넘기 동아리의 학생은 몇 칸으로 나타내야 할까요?

( )

[05~08] 세준이네 반 학생들이 받고 싶은 선물을 조사하여 나타낸 표와 막대그래프입니다. 물음에 답하세요.

받고 싶은 선물별 학생 수

선물	책	옷	공	장난감	합계
학생 수(명)		8	5		22

받고 싶은 선물별 학생 수

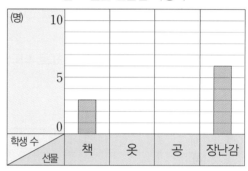

251030-0579

05 표와 막대그래프를 각각 완성해 보세요.

251030-0580

06 장난감을 받고 싶은 학생 수는 책을 받고 싶은 학생 수의 몇 배일까요?

( )

251030-0581

07 학생들이 가장 많이 받고 싶어 하는 선물부터 순서대로 써 보세요.

( )

251030-0582

08 중요 위 그래프를 막대가 가로인 막대그래프로 나타내 보세요.

받고 싶은 선물별 학생 수

[09~10] 윷을 던져서 나온 종류별 그림입니다. 물음에 답하세요.

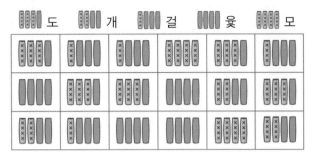

251030-0583

09 윷을 던져 나온 종류별 횟수를 표로 나타내 보세요.

윷의 종류별 나온 횟수

윷의 종류	도	개	걸	윷	모	합계
횟수(회)						

251030-0584

10 09의 표를 막대그래프로 나타내면 막대의 길이가 가장 짧은 윷의 종류는 무엇인가요?

( )

251030-0585

11 정아네 모둠 학생들이 가지고 있는 구슬 수를 나타낸 막대그래프입니다. 수민이가 가지고 있는 구슬이 6개라면 호철이와 영하가 가지고 있는 구슬은 모두 몇 개일까요?

학생별 가지고 있는 구슬 수

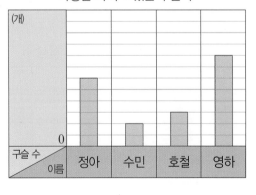

( )

251030-0586

12 운동장에서 학생 50명이 하고 있는 운동을 조사하여 나타낸 막대그래프입니다. 피구를 하고 있는 학생은 몇 명일까요?

하고 있는 운동별 학생 수

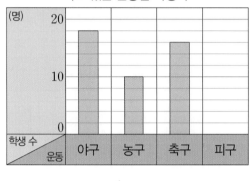

( )

[13~15] 어느 달 4일 동안의 최고 기온과 최저 기온을 조사하여 나타낸 막대그래프입니다. 물음에 답하세요.

날짜별 최고 기온과 최저 기온

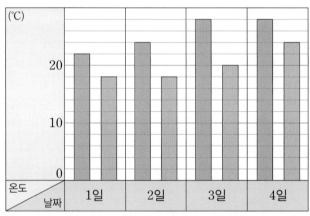

251030-0587

13 4일의 최고 기온은 몇 ℃인가요?

( )

251030-0588

14 일교차가 가장 큰 날은 언제일까요?
중요 └→ 기온이 하루 동안에 변화하는 차이

( )

251030-0589

15 막대그래프를 보고 예상할 수 있는 사실을 써 보세요.

( )

[16~17] 희원이네 꽃집에 있는 꽃을 조사하여 나타낸 막대그래프입니다. 물음에 답하세요.

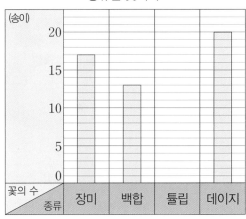

종류별 꽃의 수

251030-0590

16 튤립의 수는 나머지 세 꽃의 수를 모두 더한 것의 절반이라고 합니다. 튤립은 몇 송이일까요?

( )

251030-0591

17 꽃 10송이로 꽃다발 1개를 만든다면 위의 꽃을 모두 꽃다발로 만들고 남는 꽃은 몇 송이일까요?

( )

251030-0592

18 나윤이네 반 학생들이 좋아하는 음료별 학생 수를 조사하여 나타낸 막대그래프의 일부가 찢어졌습니다. 사이다를 좋아하는 학생 수는 생수를 좋아하는 학생 수의 2배이고, 주스를 좋아하는 학생은 콜라를 좋아하는 학생보다 2명 더 많습니다. 나윤이네 반 학생은 모두 몇 명일까요?

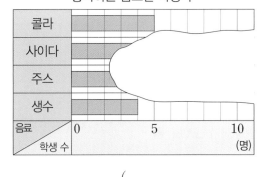

좋아하는 음료별 학생 수

( )

251030-0593

19 상윤이는 편의점에 가서 1000원짜리 아이스크림을 막대그래프와 같이 샀습니다. 모두 얼마를 내야 하는지 풀이 과정을 쓰고 답을 구해 보세요.

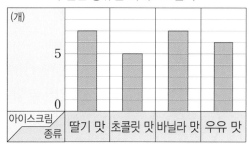

구입한 종류별 아이스크림 수

풀이

답

251030-0594

20 친구들이 놀이기구를 타면서 키가 작은 2명이 앞에, 키가 큰 2명이 뒤에 앉기로 했습니다. 네 명의 키의 합은 490 cm이고, 정희는 민아보다 20 cm만큼 더 큽니다. 앞에 앉을 2명의 친구는 누구인지 풀이 과정을 쓰고 답을 구해 보세요.

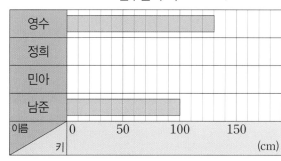

친구들의 키

풀이

답

6 규칙 찾기

단원 학습 목표

1. 크기가 같은 두 양의 관계를 식으로 나타낼 수 있습니다.
2. 수의 배열에서 규칙을 찾아 식으로 나타낼 수 있습니다.
3. 도형의 배열에서 규칙을 찾아 식으로 나타낼 수 있습니다.
4. 계산식에서 규칙을 찾을 수 있습니다.
5. 규칙적인 계산식을 찾을 수 있습니다.

단원 진도 체크

학습일			학습 내용	진도 체크
1일째	월	일	**개념 1** 크기가 같은 두 양의 관계를 식으로 나타내 볼까요 **개념 2** 수의 배열에서 규칙을 찾아 식으로 나타내 볼까요 **개념 3** 도형의 배열에서 규칙을 찾아 식으로 나타내 볼까요	✓
2일째	월	일	교과서 넘어 보기 + 교과서 속 응용 문제	✓
3일째	월	일	**개념 4** 덧셈식과 뺄셈식에서 규칙을 찾아볼까요 **개념 5** 곱셈식과 나눗셈식에서 규칙을 찾아볼까요 **개념 6** 규칙적인 계산식을 찾아볼까요	✓
4일째	월	일	교과서 넘어 보기 + 교과서 속 응용 문제	✓
5일째	월	일	**응용 1** 찢어진 수 배열표에서 알맞은 수 구하기 **응용 2** 규칙을 찾아 수로 나타내기 **응용 3** 성냥개비 배열에서 규칙 찾기	✓
6일째	월	일	**응용 4** 규칙을 찾아 덧셈식을 곱셈식으로 나타내기 **응용 5** 늘어나는 점의 개수를 덧셈식으로 표현하기	✓
7일째	월	일	단원 평가 LEVEL ❶	✓
8일째	월	일	단원 평가 LEVEL ❷	✓

이 단원을 진도 체크에 맞춰 8일 동안 학습해 보세요.
해당 부분을 공부하고 나서 ✓표를 하세요.

비행기에 타면 좌석 위에 좌석 번호가 규칙적으로 안내되어 있습니다. 발권한 비행기표에 적힌 좌석 번호와 같은 자리에 앉아야 겠죠? 준호네 가족의 자리가 어디인지 알 수 있나요?

이번 단원에서는 크기가 같은 두 양의 관계를 식으로 나타내기, 수나 도형의 배열 또는 여러 계산식에서 규칙 찾기를 배울 거예요.

개념 **1** 크기가 같은 두 양의 관계를 식으로 나타내 볼까요

(1) 크기가 같은 두 양을 식으로 나타내기

$$2+3 \bigcirc 3+2$$

→ 등호 양쪽의 값이 같을 때 사용하는 기호

- 크기가 같으면 등호(=)를 사용해 표현할 수 있습니다.

$$6-3=4-1$$
$$2\times3=3\times2$$
$$8\div2=12\div3$$

(2) 같은 양을 서로 다른 식으로 나타내기

1	$1+3=4$	$4+5=9$	$9+7=16$
1	$1+2+1=2\times2$	$1+2+3+2+1$ $=3\times3=9$	$1+2+3+4+3+2+1$ $=4\times4=16$

계산 결과는 덧셈식의 가운데 수를 두 번 곱한 것과 같습니다. ←

- 파란색 구슬과 더해지는 빨간색 구슬의 수를 덧셈식으로 나타낼 수 있습니다.

- 대각선으로 그어진 선을 기준으로 보면 1씩 커지는 수의 합으로 나타낼 수 있습니다.

- 전체 개수는 빨간색 대각선으로 표현된 가운데 수를 두 번 곱한 것과 같습니다.

[01~02] 양팔 저울을 보고 물음에 답하세요. (단, 모든 구슬의 무게는 같습니다.)

251030-0595

01 오른쪽 접시에 노란 구슬 몇 개를 더 올리면 저울이 수평이 될까요?

( )

251030-0596

02 01의 수평이 된 결과를 등호를 사용해 식으로 나타내 보세요.

식 ▷ _____

[03~04] 그림을 보고 물음에 답하세요.

가   나

251030-0597

03 ◇의 개수를 두 가지 덧셈식으로 나타내려고 합니다. □ 안에 알맞은 수를 써넣으세요.

가	$1+3+\boxed{}=9$
나	$1+2+\boxed{}+2+1=9$

251030-0598

04 가의 ◇의 개수를 곱셈식으로 나타내 보세요.

식 ▷ _____

개념 2 수의 배열에서 규칙을 찾아 식으로 나타내 볼까요

(1) 수의 배열에서 규칙을 찾아 식으로 나타내기

| 12 | 17 | 22 | 27 |

| 5 | 10 | 20 | 40 |

- 12부터 시작하여 5를 더한 수가 오른쪽에 있습니다.
- 27부터 시작하여 5를 뺀 수가 왼쪽에 있습니다.

- 5부터 시작하여 2씩 곱한 수가 오른쪽에 있습니다.
- 40부터 시작하여 2로 나눈 수가 왼쪽에 있습니다.

● 덧셈식, 뺄셈식으로 나타내기

$12+5=17$	$27-5=22$
$17+5=22$	$22-5=17$
$22+5=27$	$17-5=12$

● 곱셈식, 나눗셈식으로 나타내기

$5\times2=10$	$40\div2=20$
$10\times2=20$	$20\div2=10$
$20\times2=40$	$10\div2=5$

(2) 수 배열표에서 규칙 찾기

101	111	121	131
201	211	221	231
301	311	321	331
401	411	421	431

- 가로(→ 방향)는 101부터 오른쪽으로 10씩 커집니다.
- 세로(↓ 방향)는 101부터 아래쪽으로 100씩 커집니다.
- 101부터 ↘ 방향으로 110씩 커집니다.

● 규칙을 여러 가지로 표현하기
- 131부터 ← 방향으로 10씩 작아집니다.
- 131부터 ╱ 방향으로 90씩 커집니다.

251030-0599

05 수 배열의 규칙에 따라 □ 안에 알맞은 수를 구하는 덧셈식과 뺄셈식을 각각 한 개씩 써 보세요.

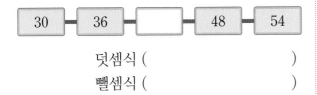

| 30 | 36 | | 48 | 54 |

덧셈식 ( )

뺄셈식 ( )

251030-0600

06 수 배열의 규칙을 찾아 쓰고, 빈칸에 알맞은 수를 써넣으세요.

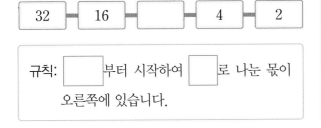

| 32 | 16 | | 4 | 2 |

규칙: □ 부터 시작하여 □ 로 나눈 몫이 오른쪽에 있습니다.

[07~08] 수 배열표를 보고 물음에 답하세요.

205	305	405	505
215	315	415	515
225	325	425	525
235	335	435	★

251030-0601

07 가로와 세로에서 규칙을 찾아 □ 안에 알맞은 수를 써넣으세요.

205부터 오른쪽으로 □ 씩 커집니다.

205부터 아래쪽으로 □ 씩 커집니다.

251030-0602

08 수 배열표의 ★에 알맞은 수를 구해 보세요.

( )

6 단원

정답과 풀이 58쪽

개념 **3** 도형의 배열에서 규칙을 찾아 식으로 나타내 볼까요

(1) 사각형 모양의 배열에서 규칙 찾기

첫째　　둘째　　셋째　　　넷째

첫째	둘째	셋째	넷째
1	4	9	16
1×1	2×2	3×3	4×4

● 왼쪽 모양의 배열에서 다섯째에 알맞은 모형

다섯째에 알맞은 모형의 수는 $5 \times 5 = 25$(개)입니다.

• 가로와 세로가 각각 1개씩 더 늘어나며 정사각형 모양이 됩니다.

(2) 거꾸로 된 계단 모양의 배열에서 규칙 찾기

첫째　　둘째　　셋째　　　넷째

첫째	둘째	셋째	넷째
1	3	6	10
1	$1 + 2$	$3 + 3$	$6 + 4$

● 왼쪽 모양의 배열에서 다섯째에 알맞은 모형

다섯째는 넷째에서 5개 늘어나므로 다섯째에 알맞은 모형의 수는 $10 + 5 = 15$(개)입니다.

• 모형의 수가 1개에서 시작하여 2개, 3개, 4개, …씩 더 늘어납니다.

[09~10] 구슬의 배열을 보고 물음에 답하세요.

첫째　　둘째　　셋째　　　넷째

251030-0603

09 구슬의 배열에서 규칙을 찾아 □ 안에 알맞은 수를 써넣으세요.

> 구슬이 가로와 세로로 각각 □ 줄씩 더 늘어나 정사각형 모양이 됩니다.

251030-0604

10 다섯째에 알맞은 모양에서 구슬의 개수를 구해 보세요.

(　　　　　)

[11~12] 도형의 배열을 보고 물음에 답하세요.

첫째　　둘째　　셋째　　　넷째

251030-0605

11 도형의 배열에서 규칙을 찾아 □ 안에 알맞은 수를 써넣으세요.

> ▨ 도형과 ☐ 도형이 오른쪽으로 번갈아 가며 □ 개씩 늘어납니다.

251030-0606

12 다섯째에 알맞은 도형을 찾아 ○표 하세요.

(　　)　　(　　)　　(　　)

[01~02] 양팔 저울을 보고 물음에 답하세요.

251030-0607

01 왼쪽에 큐브를 몇 개 더 놓아야 양팔 저울이 수평이 되는지 써 보세요.

(   )

251030-0608

02 수평이 된 양팔 저울의 양쪽에 놓인 큐브의 개수가 같음을 덧셈식으로 나타내 보세요.

덧셈식 _____

[03~04] 정사각형으로 놓인 구슬을 보고 물음에 답하세요.

251030-0609

03 구슬의 개수를 두 가지 덧셈식으로 나타내려고 합니다. ㉠, ㉡, ㉢에 알맞은 수를 각각 써 보세요.

$$1+3+5+㉠=16$$
$$1+2+3+㉡+3+2+1=㉢$$

㉠ (   ),   ㉡ (   ),   ㉢ (   )

251030-0610

04 구슬의 개수를 곱셈식으로 나타내 보세요.

곱셈식 (   )

251030-0611

05 다음 두 식을 등호로 연결할 수 있도록 □ 안에 알맞은 수 카드에 ○표 하세요.

$$18+36=108÷□$$

| 1 | 2 | 3 | 4 |

251030-0612

06 등호로 연결할 수 있는 식끼리 이어 보세요.
중요

$$15+18$$ •   • $$120÷2$$

$$12×5$$ •   • $$19+16$$

$$53-18$$ •   • $$11×3$$

[07~08] 어느 극장의 좌석표를 보고 물음에 답하세요.

A3	A4	A5	A6	A7
B3	B4	B5	B6	B7
C3	C4	C5	C6	㉡
D3	㉠	D5	D6	D7

251030-0613

07 ㉠에 알맞은 좌석 번호를 구해 보세요.

(   )

251030-0614

08 ㉡에 알맞은 좌석 번호를 구해 보세요.

(   )

09 수 배열의 규칙에 따라 빈칸에 알맞은 수를 써넣으세요.

251030-0615

(1)

| 652 | 653 | 654 | | 656 |

(2)

| 567 | | 63 | 21 | 7 |

[10~12] 수 배열표를 보고 물음에 답하세요.

7002	7102	7202	7302	7402
6002	6102	6202	★	6402
5002	5102	5202	5302	5402
4002	4102	■	4302	4402
3002	3102	3202	3302	◆

251030-0616

10 규칙을 <u>잘못</u> 설명한 것을 찾아 기호를 써 보세요.

> ㉠ → 방향으로 100씩 커집니다.
> ㉡ ╱ 방향으로 1100씩 커집니다.
> ㉢ 가로는 7402부터 왼쪽으로 100씩 작아집니다.
> ㉣ 세로는 7102부터 아래쪽으로 1000씩 커집니다.

( )

251030-0617

11 수 배열의 규칙에 따라 ★, ■, ◆에 알맞은 수를 구하는 식을 찾아 이어 보세요.

★ •   • 6202+100

■ •   • 3302+100

◆ •   • 5202−1000

12 색칠된 칸에서 규칙을 찾아 써 보세요.

251030-0618

> 규칙 _____
> _____

[13~14] 삼각형 모양으로 놓인 구슬을 보고 물음에 답하세요.

첫째   둘째   셋째   넷째

251030-0619

13 구슬의 개수를 덧셈식으로 나타낸 것입니다. 표의 빈칸에 알맞은 덧셈식을 써 보세요.

첫째	둘째	셋째	넷째
1	1+2	1+2+3	

251030-0620

14 다섯째에 놓일 구슬의 개수를 구해 보세요.

( )

251030-0621

 15 중요 도형의 배열을 보고 규칙에 따라 여섯째에 알맞은 도형을 그려 보세요.

첫째   둘째   셋째   넷째

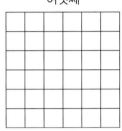

여섯째

[16~17] 도형의 배열을 보고 물음에 답하세요.

첫째   둘째   셋째   넷째   다섯째

251030-0622

16 도형의 배열에서 규칙을 찾아보세요.

규칙 _____

251030-0623

 17 도전 일곱째에 알맞은 도형을 그려 보세요.

일곱째

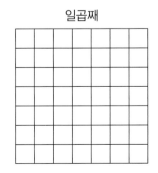

두 가지 색 도형의 배열에서 규칙 찾기

첫째   둘째   셋째   넷째

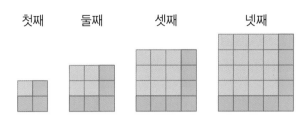

• 초록색 도형은 첫째부터 3개, 5개, 7개, 9개, …로 2개씩 늘어납니다.

• 분홍색 도형은 가로와 세로로 각각 1개씩 늘어나며 정사각형 모양이 됩니다.

251030-0624

18 도형의 배열을 보고 다섯째에 알맞은 보라색과 연두색 ○은 각각 몇 개인지 구해 보세요.

첫째   둘째   셋째   넷째

보라색 (   )

연두색 (   )

251030-0625

19 도형의 배열을 보고 여섯째에 알맞은 빨간색과 노란색 ○은 각각 몇 개인지 구해 보세요.

첫째   둘째   셋째   넷째

빨간색 (   )

노란색 (   )

6 단원

개념 **4** 덧셈식과 뺄셈식에서 규칙을 찾아볼까요

(1) **덧셈식에서 규칙 찾기**

순서	덧셈식
첫째	$1+2+1=4$
둘째	$1+2+3+2+1=9$
셋째	$1+2+3+4+3+2+1=16$
넷째	$1+2+3+4+5+4+3+2+1=25$

→ 더하는 수가 2개씩 늘어나며 덧셈식의 가운데 있는 수가 1씩 커집니다.

➡ 계산 결과가 덧셈식의 가운데 수를 두 번 곱한 것과 같습니다.

(2) **뺄셈식에서 규칙 찾기**

순서	뺄셈식
첫째	$987-876=111$
둘째	$876-765=111$
셋째	$765-654=111$
넷째	$654-543=111$

→ 빼지는 수가 111씩 작아지고, 빼는 수가 111씩 작아집니다.

➡ 빼지는 수가 작아지는만큼 빼는 수가 작아지면 계산 결과는 111로 같습니다.

● 덧셈식에서 규칙
$$1+2+1=4$$
$$=2\times2$$
$$1+2+3+2+1=9$$
$$=3\times3$$
$$1+2+3+4+3+2+1$$
$$=16$$
$$=4\times4$$
$$1+2+3+4+5+4+3+2+1$$
$$=25$$
$$=5\times5$$

● ◆ − ★ = ● 에서
◆(빼지는 수)가 작아진만큼
★(빼는 수)가 작아지면
●(계산 결과)는 일정합니다.

---

01 계산식을 보고 규칙을 찾아 □ 안에 알맞은 수를 써넣고, 다음에 올 계산식을 써 보세요.

251030-0626

$$16+31=47$$
$$26+41=67$$
$$36+51=87$$
$$46+61=107$$

십의 자리 숫자가 각각 □ 씩 커지는 두 수의 합은 □ 씩 커집니다.

계산식 _____

02 계산식을 보고 규칙을 찾아 □ 안에 알맞은 수를 써넣고, 다음에 올 계산식을 써 보세요.

251030-0627

$$999-898=101$$
$$999-797=202$$
$$999-696=303$$
$$999-595=404$$

빼지는 수가 일정하고 빼는 수가 □ 씩 작아지면 계산 결과는 □ 씩 커집니다.

계산식 _____

개념 **5** 곱셈식과 나눗셈식에서 규칙을 찾아볼까요

(1) 곱셈식에서 규칙 찾기

순서	곱셈식
첫째	$1 \times 1 = 1$
둘째	$11 \times 11 = 121$
셋째	$111 \times 111 = 12321$
넷째	$1111 \times 1111 = 1234321$

→ 순서가 올라갈수록 1이 1개씩 늘어나는 두 수를 곱합니다.

➡ 계산 결과의 가운데 오는 숫자는 그 순서의 숫자이고, 가운데를 중심으로 접으면 같은 수가 만납니다.

(2) 나눗셈식에서 규칙 찾기

순서	나눗셈식
첫째	$721 \div 7 = 103$
둘째	$7021 \div 7 = 1003$
셋째	$70021 \div 7 = 10003$
넷째	$700021 \div 7 = 100003$

→ 순서가 올라갈수록 7과 2 사이에 721, 7021, 70021과 같이 0이 1개씩 늘어나는 수를 7로 나눕니다.

➡ 계산 결과는 103, 1003, 10003으로 1과 3 사이에 0이 1개씩 늘어나고, 0의 개수는 그 순서의 숫자입니다.

● 곱셈식에서 규칙

$1 \times 1 = \underline{1}$
　　　　→ 한 자리 수
$11 \times 11 = 1\underline{2}1$
　　　　→ 세 자리 수
$111 \times 111 = 12\underline{3}21$
　　　　→ 다섯 자리 수
$1111 \times 1111 = 123\underline{4}321$
　　　　→ 일곱 자리 수

$721 \div 7 = \underline{1}03$
　　　　→ 세 자리 수
$7021 \div 7 = 1\underline{0}03$
　　　　→ 네 자리 수
$70021 \div 7 = 1\underline{0}003$
　　　　→ 다섯 자리 수
$700021 \div 7 = 1\underline{0}0003$
　　　　→ 여섯 자리 수

251030-0628

03 계산식을 보고 규칙을 찾아 □ 안에 알맞은 수를 써넣고, 다음에 올 계산식을 써 보세요.

$$222 \times 100 = 22200$$
$$333 \times 100 = 33300$$
$$444 \times 100 = 44400$$
$$555 \times 100 = 55500$$

곱해지는 수가 □ 씩 커지고 곱하는 수가 100이면 계산 결과는 □ 씩 커집니다.

계산식 _____

251030-0629

04 계산식을 보고 규칙을 찾아 □ 안에 알맞은 수를 써넣고, 다음에 올 계산식을 써 보세요.

$$600 \div 100 = 6$$
$$500 \div 100 = 5$$
$$400 \div 100 = 4$$
$$300 \div 100 = 3$$

나누어지는 수가 □ 씩 작아지고 나누는 수가 100으로 일정하면 몫은 □ 씩 작아집니다.

계산식 _____

6 단원

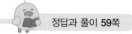
정답과 풀이 59쪽

개념 **6**   규칙적인 계산식을 찾아볼까요

(1) 달력에서 규칙적인 계산식 찾기

일	월	화	수	목	금	토
	1	2	3	4	5	6
7	8	9	10	11	12	13
14	15	16	17	18	19	20
21	22	23	24	25	26	27
28	29	30				

- 위의 수에 7을 더하면 아래의 수가 됩니다.
  ➡ $8+7=15,\ 10+7=17$
- 연속하는 세 수의 합은 가운데 있는 수의 3배와 같습니다.
  ➡ $8+9+10=9\times3,\ 18+19+20=19\times3$

- 달력에서 찾을 수 있는 또 다른 규칙
- 오른쪽으로 1씩 커집니다.
  ➡ $8+1=9,\ 9+1=10$
- ＼ 방향으로 8씩 커집니다.
  ➡ $10+8=18,\ 11+8=19$
- 위의 두 수의 합은 아래의 두 수의 합보다 14 작습니다.
- 서로 이웃한 4개의 수에서 ＼ 방향의 두 수의 합과 ／ 방향의 두 수의 합이 같습니다.
  ➡ $8+16=9+15,$
    $9+17=10+16$

[05~06] 달력을 보고 □ 안에 알맞은 수를 써넣으세요.

일	월	화	수	목	금	토
			1	2	3	4
5	6	7	8	9	10	11
12	13	14	15	16	17	18
19	20	21	22	23	24	25
26	27	28	29	30	31	

251030-0630

05 □ 안에 있는 수의 세로 배열에서 규칙을 찾아 보세요.

$$22-15=\boxed{}$$

$$23-\boxed{}=7$$

251030-0631

06 □ 안에 있는 수에서 두 수의 합이 같아지는 규칙을 찾아보세요.

$$16+24=\boxed{}+23$$

$$17+25=18+\boxed{}$$

[07~08] 오른쪽 계산기 버튼을 보고 □ 안에 알맞은 수를 써넣으세요.

251030-0632

07 □ 안에 알맞은 수를 써넣어 식을 완성해 보세요.

$$1+2+3=\boxed{}\times3=\boxed{}$$

$$4+5+6=\boxed{}\times3=\boxed{}$$

$$7+8+9=\boxed{}\times3=\boxed{}$$

251030-0633

08 □ 안에 알맞은 수를 써넣어 계산기 버튼에서 찾을 수 있는 규칙을 완성해 보세요.

규칙 가로줄 세 수의 합은 □씩 늘어납니다.

정답과 풀이 **59**쪽

251030-0637

[01~02] 규칙적인 계산식을 보고 물음에 답하세요.

$$400+120=520$$
$$400+130=530$$
$$400+140=540$$
$$400+150=550$$

251030-0634

01 덧셈식에서 규칙을 찾아 □ 안에 알맞은 수를 써넣으세요.

일정한 수에 □ 씩 커지는 수를 더하면 계산 결과도 □ 씩 커집니다.

251030-0635

02 규칙에 따라 계산 결과가 **580**이 되는 계산식을 써 보세요.

중요

계산식 _____

251030-0636

03 보기 의 계산식을 보고 설명에 맞는 계산식을 찾아 기호를 써 보세요.

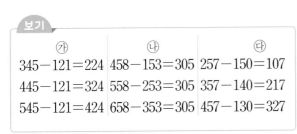

보기

㉮	㉯	㉰
$345-121=224$	$458-153=305$	$257-150=107$
$445-121=324$	$558-253=305$	$357-140=217$
$545-121=424$	$658-353=305$	$457-130=327$

100씩 커지는 수에서 10씩 작아지는 수를 빼면 계산 결과는 110씩 커집니다.

(_____)

04 계산식의 규칙에 따라 □ 안에 알맞은 식을 써넣으세요.

$$1500-1000=500$$
$$2500-2000=500$$

$$4500-4000=500$$

[05~06] 규칙적인 계산식을 보고 물음에 답하세요.

순서	계산식
첫째	$700+400-100=1000$
둘째	$800+500-200=1100$
셋째	$900+600-300=1200$
넷째	$1000+700-400=1300$
다섯째	

251030-0638

05 다섯째 빈칸에 알맞은 계산식을 써 보세요.

계산식 _____

251030-0639

06 규칙을 이용하여 계산 결과가 **1700**이 되는 계산식을 써 보세요.

계산식 _____

6 단원

07 규칙에 따라 □ 안에 알맞은 수를 써넣고, 규칙을 찾아 써 보세요.

251030-0640

중요

$$200 \times 11 = 2200$$
$$300 \times 11 = 3300$$
$$400 \times \boxed{} = 4400$$
$$500 \times 11 = \boxed{}$$

규칙 _____

_____

[08~09] 규칙적인 계산식을 보고 물음에 답하세요.

순서	계산식
첫째	$37 \times 3 = 111$
둘째	$37 \times 6 = 222$
셋째	$37 \times 9 = 333$
넷째	
다섯째	$37 \times 15 = 555$

251030-0641

08 계산식에서 찾을 수 있는 규칙을 바르게 설명한 것에 ○표 하세요.

(1) 곱해지는 수가 일정하고 곱하는 수가 3씩 커지면 계산 결과가 111씩 커집니다.

( )

(2) 곱하는 수가 일정하고 곱해지는 수가 3씩 커지면 계산 결과가 111씩 커집니다.

( )

251030-0642

09 넷째 빈칸에 알맞은 계산식을 써 보세요.

계산식 _____

10 보기의 규칙을 이용하여 나누는 수가 5일 때의 계산식을 2개 더 써 보세요.

251030-0643

보기

$$2 \div 2 = 1$$
$$4 \div 2 \div 2 = 1$$
$$8 \div 2 \div 2 \div 2 = 1$$
$$16 \div 2 \div 2 \div 2 \div 2 = 1$$

$$5 \div 5 = 1$$
$$25 \div 5 \div 5 = 1$$

계산식 1 _____

계산식 2 _____

[11~12] 규칙적인 계산식을 보고 물음에 답하세요.

순서	계산식
첫째	$606 \div 6 = 101$
둘째	$6006 \div 6 = 1001$
셋째	$60006 \div 6 = 10001$
넷째	$600006 \div 6 = 100001$

251030-0644

11 여섯째에 올 계산식을 써 보세요.

계산식 _____

251030-0645

12 규칙에 따라 계산 결과가 **100000001**이 되는 계산식은 몇째 계산식인지 써 보세요.

( )

251030-0646

13 책에 표시된 수에서 규칙적인 계산식을 찾은 것입니다. □ 안에 알맞은 수를 써넣으세요.

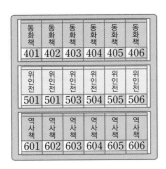

$$401 + \boxed{} = 501, \quad 501 + \boxed{} = 601$$

$$404 + \boxed{} = 604, \quad 406 + \boxed{} = 606$$

[14~15] 달력을 보고 물음에 답하세요.

일	월	화	수	목	금	토
				1	2	3
4	5	6	7	8	9	10
11	12	13	14	15	16	17
18	19	20	21	22	23	24
25	26	27	28	29	30	31

251030-0647

14 달력에서 찾은 계산식의 규칙을 써 보세요.

$$12 + 13 + 14 = 13 \times 3$$
$$13 + 14 + 15 = 14 \times 3$$
$$14 + 15 + 16 = 15 \times 3$$

규칙

251030-0648

15 조건을 모두 만족하는 어떤 수를 구해 보세요.

- ✚ 안에 있는 수 중의 하나입니다.
- ✚ 안에 있는 5개의 수의 합은 어떤 수의 5배와 같습니다.

( )

[16~18] 승강기 버튼을 보고 물음에 답하세요.

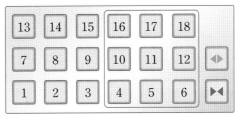

251030-0649

16 승강기 버튼의 수 배열에서 보기 와 같이 수를 골라 규칙적인 계산식을 만들어 보세요.

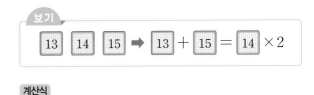

계산식

251030-0650

17 승강기 버튼의 수 배열에서 보기 와 같이 수를 골라 규칙적인 계산식을 만들어 보세요.

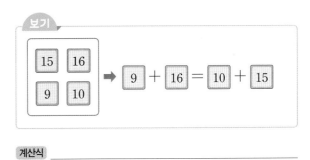

계산식

251030-0651

18 도전 ◯ 안에 있는 수에서 다음 조건을 만족하는 수는 얼마인지 써 보세요.

＼ 또는 ／ 방향으로 한 줄에 놓인 세 수의 합을 3으로 나눈 몫입니다.

( )

규칙을 이용하여 계산식 만들기

- 덧셈과 뺄셈의 관계를 이용하여 식을 만듭니다.

  ●＋▲＝■ ↔ ■－●＝▲

- 곱셈과 나눗셈의 관계를 이용하여 식을 만듭니다.

  ●×▲＝■ ↔ ■÷●＝▲

251030-0652

19 덧셈식의 규칙을 이용하여 뺄셈식을 써 보세요.

$$200+200=400$$
$$300+300=600$$
$$400+400=800$$

☐ － ☐ ＝ ☐

☐ － ☐ ＝ ☐

☐ － ☐ ＝ ☐

251030-0653

20 곱셈식의 규칙을 이용하여 나눗셈식을 써 보세요.

$$302\times4=1208$$
$$3002\times4=12008$$
$$30002\times4=120008$$

☐ ÷ ☐ ＝ ☐

☐ ÷ ☐ ＝ ☐

☐ ÷ ☐ ＝ ☐

합이 같은 서로 마주 보는 수 4개 찾기

- 다음과 같이 서로 마주 보는 수 4개의 합이 같습니다.

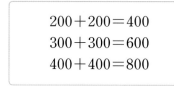

1	2	3	4
5	6	7	8
9	10	11	12

→ 5+6+7+8=26

1	2	3	4
5	6	7	8
9	10	11	12

→ 1+2+11+12=26

1	2	3	4
5	6	7	8
9	10	11	12

→ 3+4+9+10=26

1	2	3	4
5	6	7	8
9	10	11	12

→ 2+3+10+11=26

1	2	3	4
5	6	7	8
9	10	11	12

→ 4+5+8+9=26

1	2	3	4
5	6	7	8
9	10	11	12

→ 1+5+8+12=26

251030-0654

21 달력의 ☐ 안에서 네 수의 합이 **90**이 되는 수 4개를 찾아 다음과 같이 식으로 나타내 보세요.

일	월	화	수	목	금	토
			1	2	3	4
5	6	7	8	9	10	11
12	13	14	15	16	17	18
19	20	21	22	23	24	25
26	27	28	29	30	31	

$$21+22+23+24=90$$

(   )

251030-0655

22 ☐ 안에서 서로 마주 보는 수 4개의 합이 같을 때 ☐ 안에 알맞은 수를 써넣으세요.

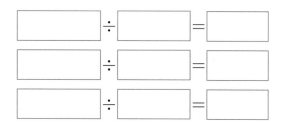

140	150	160	170	180	190	200
240	250	260	270	280	290	300
340	350	360	370	380	390	400
440	450	460	470	480	490	500

$$350+360+370+380=1460$$

☐ ＋280＋450＋460＝1460

$$280+350+380+\boxed{}=1460$$

대표 응용 1

찢어진 수 배열표에서 알맞은 수 구하기

수 배열표의 일부가 찢어졌습니다. 수 배열의 규칙에 따라 ♠에 알맞은 수를 구해 보세요.

51	53	55		
151	153	155	157	159
251				
351				♠

문제 스케치

➡ 방향

151, 153, 155, 157, 159

⬇ 방향

51, 151, 251, 351

방향(→, ←, ↑, ↓, ↘ ↗등)에 따라 수가 어떻게 변하는지 살펴봐요.

해결하기

가로(→ 방향)는 오른쪽으로 ☐ 씩 커집니다.

따라서 네 번째 줄은 351부터 351, ☐ , ☐ ,

☐ , ☐ 이므로 ♠에 알맞은 수는 ☐ 입니다.

251030-0656

1-1 수 배열표의 일부가 찢어졌습니다. 수 배열의 규칙에 따라 ▲, ♥에 알맞은 수를 각각 구해 보세요.

▲ ( )

♥ ( )

98732	98733	98734	98735
88732			88735
78732	▲		78735
68732	68733	♥	68735

251030-0657

1-2 수 배열표의 일부가 찢어졌습니다. ★에 알맞은 수를 구해 보세요.

342700	343700		
542700		544700	
		744700	
		★	

( )

대표 응용 2 규칙을 찾아 수로 나타내기

바둑돌의 배열을 보고 규칙에 따라 ⭐에 알맞은 수를 구해 보세요.

첫째	둘째	셋째	넷째
●●	●● ●●	●● ●● ●●	
2	4	6	⭐

문제 스케치

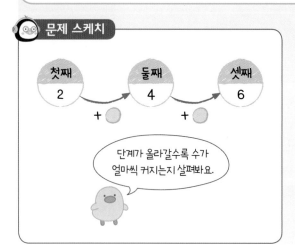

단계가 올라갈수록 수가 얼마씩 커지는지 살펴봐요.

해결하기

바둑돌의 수가 2개, 4개, 6개, …로 ☐개씩 늘어나고 있습니다.

따라서 ⭐에 들어갈 수는 6+☐=☐입니다.

251030-0658

2-1 바둑돌의 배열을 보고 규칙에 따라 다섯째에 놓일 바둑돌의 개수를 구해 보세요.

첫째   둘째   셋째   넷째

(   )

251030-0659

2-2 바둑돌의 배열을 보고 규칙에 따라 여섯째에 놓일 바둑돌의 개수를 구해 보세요.

첫째   둘째   셋째   넷째

(   )

251030-0660

251030-0661

대표 응용 3

성냥개비 배열에서 규칙 찾기

그림과 같이 성냥개비를 늘어놓아 정사각형을 만들려고 합니다. 정사각형 5개를 만드는 데 필요한 성냥개비는 몇 개인지 구해 보세요.

...

문제 스케치

□ ➡ **4개**

□□ ➡ **(4+3)개**

정사각형 한 개를 더 만들 때마다 성냥개비가 몇 개씩 더 필요한지 살펴봐요.

해결하기

정사각형 1개를 만드는 데 필요한 성냥개비는 ☐개입니다.

정사각형 한 개를 더 만들 때마다 성냥개비는 ☐개씩 더 필요합니다.

따라서 정사각형 5개를 만드는 데 필요한 성냥개비는

$4+$ ☐ $+$ ☐ $+$ ☐ $+$ ☐ $=$ ☐ (개)입니다.

■ 그림과 같이 성냥개비를 늘어놓아 정삼각형을 만들려고 합니다. 물음에 답하세요.

...

3-1 정삼각형 7개를 만드는 데 필요한 성냥개비는 몇 개인지 구해 보세요.

( )

3-2 성냥개비 25개로 만들 수 있는 정삼각형은 몇 개인지 구해 보세요.

( )

대표응용 4 규칙을 찾아 덧셈식을 곱셈식으로 나타내기

수 배열표를 보고 식으로 나타낸 것입니다. □ 안에 들어갈 수가 같을 때 □ 안에 알맞은 수를 써넣으세요.

301	302	303	304	305

$302 + \boxed{} + 304 = \boxed{} \times 3$

문제 스케치

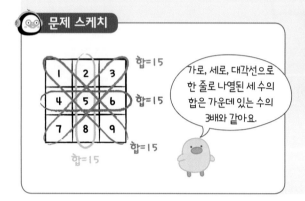

가로, 세로, 대각선으로 한 줄로 나열된 세 수의 합은 가운데 있는 수의 3배와 같아요.

해결하기

연속하는 세 수의 합은 가운데 있는 수의 $\boxed{}$ 배와 같습니다.

따라서 연속하는 세 수 302, 303, 304의 합은 가운데 있는 수 $\boxed{}$ 의 $\boxed{}$ 배와 같습니다.

$302 + \boxed{} + 304 = \boxed{} \times 3$

251030-0662

4-1 수 배열표를 보고 □ 안에 알맞은 수를 써넣으세요.

5	6	7	8	9	10	11
12	13	14	15	16	17	18
19	20	21	22	23	24	25
26	27	28	29	30	31	32

$5 + 6 + 7 = 6 \times \boxed{}$

$14 + 15 + 16 = \boxed{} \times 3$

$21 + 22 + 23 + 24 + 25 = 23 \times \boxed{}$

$26 + 27 + 28 + 29 + 30 = \boxed{} \times 5$

251030-0663

4-2 신발장 번호를 보고 □ 안에 알맞은 수를 써넣으세요.

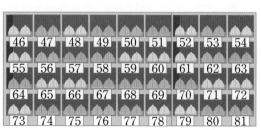

$46 + 66 = 56 \times 2$

$49 + 58 + 67 = \boxed{} \times 3$

$57 + 73 = \boxed{} \times 2$

$65 + 66 + 67 + 68 + 69 + 70 + 71 = \boxed{} \times 7$

$73 + 74 + 75 + 76 + 77 + 78 + 79 + 80 + 81 = \boxed{} \times 9$

대표 응용 5

늘어나는 점의 개수를 덧셈식으로 표현하기

다음은 규칙적으로 점점 커지는 정삼각형 모양이 되도록 점을 찍은 것입니다. 다섯째 모양에서 점의 개수를 구하는 덧셈식을 완성해 보세요.

첫째　둘째　　셋째　　　넷째

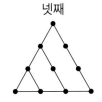

덧셈식 $10 + \boxed{} = \boxed{}$

문제 스케치

첫째　둘째　　셋째　　　넷째

1　3　　6　　　10
+2　+3　　+4

늘어나는 점의 개수가
2, 3, 4, … 로 1개씩
더 늘어나요.

해결하기

점의 개수가 첫째에서 둘째로 갈 때는 $\boxed{}$ 개 늘어나고, 둘째에서 셋째로 갈 때는 $\boxed{}$ 개 늘어나고, 셋째에서 넷째로 갈 때는 $\boxed{}$ 개 늘어납니다.

따라서 점의 개수가 $\boxed{}$ 씩 커지면서 늘어나는 규칙입니다.

따라서 다섯째 정삼각형의 점의 개수는

$10 + \boxed{} = \boxed{}$ (개)입니다.

251030-0664

5-1 오른쪽은 규칙적으로 점점 커지는 정사각형 모양이 되도록 점을 찍은 것입니다. 다섯째 모양에서 점의 개수를 구하는 덧셈식을 써 보세요.

첫째　둘째　　셋째　　　넷째

덧셈식 _____

251030-0665

5-2 오른쪽은 규칙적으로 점점 커지는 정오각형 모양이 되도록 점을 찍은 것입니다. 여섯째 모양에서 점의 개수를 구하는 덧셈식을 써 보세요.

첫째　둘째　　셋째　　　넷째

덧셈식 _____

6 단원

251030-0666

01 수평이 된 모습을 등호를 사용한 식으로 표현하려고 합니다. □ 안에 알맞은 수를 써넣으세요.

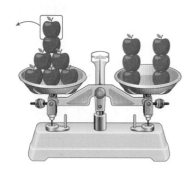

$$7 - \boxed{} = 3 \times \boxed{}$$

251030-0667

02 도형의 배열을 보고 식으로 바르게 표현한 학생의 이름을 써 보세요.

| 첫째 | 둘째 | 셋째 | 넷째 |

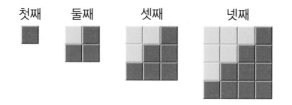

> 도윤: 둘째에 알맞은 덧셈식은 $1+2$야.
> 채운: 셋째에 알맞은 곱셈식은 4×4야.
> 세아: 넷째에 알맞은 덧셈식은
> $1+2+3+4+3+2+1$이야.

( )

251030-0668

03 알맞은 식이 되도록 ○ 안에 $+$, $-$, $\times$, $\div$를 알맞게 써넣으세요.

$$3+3+3+3+3 = 3 \bigcirc 5$$

$$4 \times 5 = 40 \bigcirc 2$$

$$15+12 = 30 \bigcirc 3$$

251030-0669

04 수 배열의 규칙에 따라 빈칸에 알맞은 수를 써넣으세요.

(1) 1035 — 1237 — 1439 — 1641 — □

(2) 9375 — 1875 — 375 — □ — 15

[05~06] 수 배열표를 보고 물음에 답하세요.

2318	2338	2358	2378	
3318	3338	3358	3378	
4318	4338	4358	4378	
5318	5338	5358	5378	
6318	6338	6358	6378	6398

251030-0670

05 수 배열의 규칙에 따라 빈칸에 알맞은 수를 써넣으세요

251030-0671

06 색칠된 칸에서 규칙을 찾아 써 보세요.

규칙 □ 부터 ↘ 방향으로 □ 씩 커집니다.

251030-0672

07 수 배열표의 일부가 찢어졌습니다. 수 배열의 규칙에 따라 ◆에 알맞은 수를 구해 보세요.

861	863	865	867	869
761	763	765	767	769
561	563	◆		
261	263			

( )

251030-0673

08 도형의 배열에서 규칙에 따라 넷째에 올 도형을 그려 보세요.

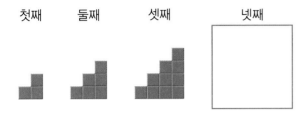

첫째   둘째   셋째   넷째

[09~10] 도형의 배열을 보고 물음에 답하세요.

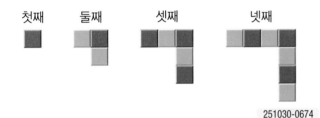

첫째   둘째   셋째   넷째

251030-0674

09 도형의 배열의 규칙을 찾아 써 보세요.

_____

_____

251030-0675

10 여섯째에 알맞은 ⬜와 ⬛의 수를 각각 구해 보세요.
중요

⬜ (   ), ⬛ (   )

251030-0676

11 규칙에 따라 ⬜ 안에 알맞은 수를 써넣으세요.

$$2+4+2=4\times 2$$
$$2+4+6+4+2=6\times 3$$
$$2+4+6+8+6+4+2=8\times 4$$
$$2+4+6+8+10+8+6+4+2$$
$$=\boxed{}\times\boxed{}$$

[12~14] 규칙적인 계산식을 보고 물음에 답하세요.

순서	계산식
첫째	$37037\times 3=111111$
둘째	$37037\times 6=222222$
셋째	$37037\times 9=333333$
넷째	$37037\times 12=444444$
다섯째	

251030-0677

12 계산식에서 찾을 수 있는 규칙입니다. ⬜ 안에 알맞은 수를 써넣으세요.

곱해지는 수는 37037로 같고, 곱하는 수는 ⬜ 단 곱셈구구와 같습니다.

곱한 결과는 모두 ⬜ 자리 수이고 각 자리 숫자가 ⬜씩 커지며 모두 같습니다.

251030-0678

13 다섯째 빈칸에 알맞은 계산식을 써 보세요.

계산식 _____

251030-0679

14 규칙에 따라 계산 결과가 777777인 계산식을 써 보세요.

계산식 _____

251030-0680

15 계산식에서 규칙을 찾아 $999\div 37$의 값을 구해 보세요.
중요

$$111\div 37=3$$
$$222\div 37=6$$
$$333\div 37=9$$
$$444\div 37=12$$

(   )

6 단원

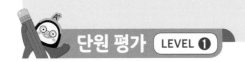

정답과 풀이 61쪽

251030-0681

16 승강기 버튼의 수 배열을 보고 규칙을 찾았습니다. □ 안에 알맞은 수나 화살표를 써넣으세요.

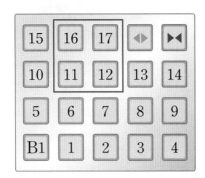

규칙1 5부터 → 방향으로 □ 씩 커집니다.

규칙2 □ 안에서 ↘ 방향의 두 수의 합은 □ 방향의 두 수의 합과 같습니다.

251030-0682

17 사물함의 수 배열을 보고 규칙을 찾았습니다. □ 안에 공통으로 들어갈 수를 찾아 써 보세요.

1	2	3	4	5	6
7	8	9	10	11	12
13	14	15	16	17	18

$1+2+3+4+5=7+8+9+10+11-\square$
$8+9+10+11+12$
$=14+15+16+17+18-\square$

( )

251030-0683

18 성냥개비를 늘어놓아 정사각형을 만들려고 합니다. 정사각형 6개를 만드는 데 필요한 성냥개비는 모두 몇 개인지 구해 보세요.

도전

...

( )

서술형 문제

251030-0684

19 수 배열표의 색칠된 세로줄에 나타난 규칙을 찾아 ★에 알맞은 수를 구하려고 합니다. 풀이 과정을 쓰고 답을 구해 보세요.

10101	10103	10105	10107	10109
30101	30103	30105	30107	30109
50101	50103	50105	50107	50109
70101	70103	70105	70107	★

풀이

_____

_____

_____

답 ▶ _____

251030-0685

20 달력의 수를 이용하여 만든 계산식을 보고 규칙을 써 보세요.

일	월	화	수	목	금	토
		1	2	3	4	5
6	7	8	9	10	11	12
13	14	15	16	17	18	19
20	21	22	23	24	25	26
27	28	29	30	31		

$$8+9+10=9\times3$$
$$15+16+17=16\times3$$

규칙 _____

_____

정답과 풀이 62쪽

[01~02] 구슬의 배열을 보고 물음에 답하세요.

첫째   둘째   셋째   넷째

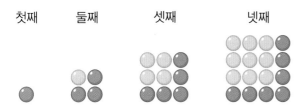

251030-0686

01 넷째에 놓인 구슬의 개수를 두 가지 덧셈식으로 써 보세요.

덧셈식 _____

251030-0687

02 여섯째에 놓일 구슬의 개수를 곱셈식으로 써 보세요.

곱셈식 _____

251030-0688

03 등호로 바르게 나타낸 식을 찾아 ○표 하세요.

(1) $12+12+12+12+12=6×8$ (   )

(2) $24×2=3×16$ (   )

(3) $12×4=5×9$ (   )

251030-0689

04 수 배열의 규칙에 따라 빈칸에 알맞은 수를 써넣으세요.

| 2022 | 3023 | | 5025 |

| | 6026 | | 8028 |

251030-0690

05 사물함 번호를 보고 규칙을 찾았습니다. 알맞은 것에 ○표 하세요.

A1	B1	C1	D1	E1
A2	B2	C2	D2	E2
A3	B3	C3	D3	E3

(1) (↓ , →) 방향으로 알파벳은 같고 수가 (1, 2)씩 커집니다.

(2) (↓ , →) 방향으로 수는 같고 알파벳이 순서대로 바뀝니다.

[06~07] 수 배열표를 보고 물음에 답하세요.

60823	60834	60845	60856	60867
61823			61856	61867
62823			62856	62867
63823	◆		63856	63867

251030-0691

06 수 배열표에서 규칙을 찾아 알맞은 수나 말에 ○표 하세요.

60823부터 아래쪽으로 (100, 1000)씩 (커집니다 , 작아집니다).

251030-0692

07 ◆에 알맞은 수를 구해 보세요.

(   )

[08~09] 규칙적인 도형의 배열을 보고 물음에 답하세요.

첫째   둘째   셋째   넷째   다섯째

여섯째   일곱째   여덟째   아홉째

251030-0693

08 도형의 배열에서 규칙을 찾아 알맞은 말에 ○표 하세요.

> ★이 (시계 방향 , 시계 반대 방향)으로
> 0개, 1개, 2개, 3개, 4개가 반복되는 규칙입니다.

251030-0694

09 아홉째 도형의 모양을 그려 보세요.

[10~11] 도형의 배열을 보고 물음에 답하세요.

첫째   둘째   셋째   넷째

251030-0695

10 도형의 배열에서 찾을 수 있는 규칙을 식으로 표현한 것입니다. □ 안에 알맞은 수를 써넣으세요.

첫째	둘째	셋째	넷째
3×1	$4 \times \square$	$5 \times \square$	$6 \times \square$

251030-0696

11 다섯째에 올 도형을 그리고 식으로 표현해 보세요.

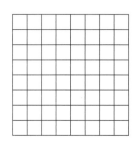

[12~13] 덧셈식을 보고 물음에 답하세요.

순서	계산식
첫째	$240 + 360 = 600$
둘째	$340 + 460 = 800$
셋째	$440 + 560 = 1000$
넷째	
다섯째	$640 + 760 = 1400$

251030-0697

12 빈칸에 알맞은 계산식을 써넣으세요.

251030-0698

13 규칙에 맞게 일곱째에 올 계산식을 써 보세요.

(   )

251030-0699

14 규칙을 찾아 $10000001 - 3333334$의 값을 구해 보세요.

> $101 - 34 = 67$
> $1001 - 334 = 667$
> $10001 - 3334 = 6667$
> $100001 - 33334 = 66667$

(   )

251030-0700

15 계산식에서 규칙을 찾아 □ 안에 알맞은 수를 써넣으세요.

_{중요}

> $1 + 2 + 1 = 2 \times 2 = 4$
> $1 + 2 + 3 + 2 + 1 = 3 \times 3 = 9$
> $1 + 2 + 3 + 4 + 3 + 2 + 1 = 4 \times 4 = 16$
> $1 + 2 + 3 + 4 + 5 + 4 + 3 + 2 + 1 = 5 \times 5$
> $= 25$

$1 + 2 + 3 + \cdots + 14 + 15 + 14 + \cdots 3 + 2 + 1$

$= \square \times \square = \square$

16 규칙을 찾아 여섯째에 올 계산식을 써 보세요.

순서	계산식
첫째	$1111111101 \div 123456789 = 9$
둘째	$2222222202 \div 123456789 = 18$
셋째	$3333333302 \div 123456789 = 27$

251030-0701

(   )

서술형 문제

[19~20] 도형의 배열을 보고 물음에 답하세요.

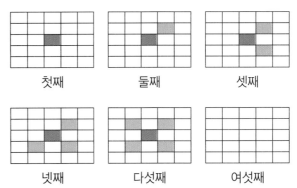

첫째   둘째   셋째

넷째   다섯째   여섯째

251030-0704

19 규칙에 따라 여섯째에 알맞은 모양을 그리고 규칙을 찾아 써 보세요.

규칙

[17~18] 승강기 버튼의 수 배열을 보고 물음에 답하세요.

8	16	24
7	15	23
6	14	22
5	13	21	◀▶
4	12	20	◀
3	11	19
2	10	18
1	9	17

251030-0702

17 계산식의 규칙에 따라 빈칸에 알맞은 식을 써넣으세요.

$$1 + 9 = 17 - 7$$
$$2 + 10 = 18 - 6$$
$$3 + 11 = 19 - 5$$

251030-0703

20 여덟째에 색칠되지 않은 사각형은 모두 몇 개인지 풀이 과정을 쓰고 답을 구해 보세요.

풀이▶

답▶

18 다음 조건을 만족하는 수를 찾아보세요.

• ✚ 안에 있는 5개의 수 중 하나입니다.
• 5개의 수의 합을 5로 나눈 몫입니다.

(   )

memo

memo

memo

BOOK 1
본책

BOOK 1 본책으로 **교과서 속 학습 개념과**
기본+응용 문제를 확실히 공부했나요?

BOOK 2
복습책

BOOK 2 복습책으로 BOOK 1에서
배운 **기본 문제와 응용 문제를 복습**해 보세요.

초 | 등 | 부 | 터 **EBS**

새 교육과정 반영

만점왕 수학 플러스

교과서 기본과 응용 문제를 한 번에 잡는 **교과서 기본＋응용**

BOOK 2
복습책

4-1

만점왕 수학 플러스

교과서 기본과 응용 문제를 한 번에 잡는 교과서 기본+응용

BOOK 2
복습책

4-1

01 □ 안에 알맞은 수를 써넣으세요.

251030-0706

10000은
- 9900보다 [ ] 만큼 더 큰 수
- 9990보다 [ ] 만큼 더 큰 수
- 9999보다 [ ] 만큼 더 큰 수

02 다음에서 설명하는 수를 쓰고, 읽어 보세요.

251030-0707

> 10000이 4개, 1000이 3개,
> 10이 9개, 1이 8개인 수

쓰기 ( )

읽기 ( )

03 46782의 각 자리의 숫자와 그 숫자가 나타내는 값을 알아보고 빈칸에 알맞게 써넣으세요.

251030-0708

	숫자	나타내는 값
만의 자리	4	
천의 자리		6000
백의 자리	7	
십의 자리		80
일의 자리	2	

04 빈칸에 알맞은 수를 써넣으세요.

251030-0709

1만 → (10배) → [ ] → (10배) → [ ] → (10배) → [ ]

05 □ 안에 알맞은 수를 써넣으세요.

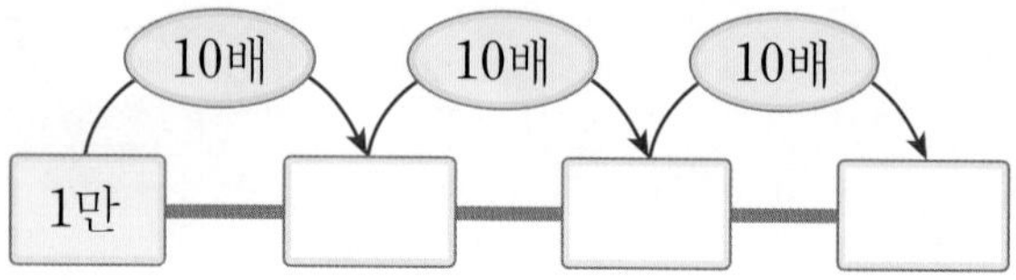

251030-0710

$$89730000 = 80000000 + \boxed{}$$
$$+ \boxed{} + 30000$$

06 다음 수의 천만의 자리 숫자와 백의 자리 숫자의 합을 구해 보세요.

251030-0711

> 39287592

( )

07 수를 써 보세요.

251030-0712

(1) 9000만보다 1000만만큼 더 큰 수

쓰기 _____

(2) 9000억보다 1000억만큼 더 큰 수

쓰기 _____

251030-0713

08 □ 안에 알맞은 수나 말을 써넣으세요.

71058920000은

억이 [ ] 개, 만이 [ ] 개인 수이고,

[ ] (이)라고 읽습니다.

251030-0714

09  와 같이 수를 나타내 보세요.

보기

2200859437240000
➡ 2200조 8594억 3724만
➡ 이천이백조 팔천오백구십사억 삼천칠백이
십사만

38512473810000

➡ _____

➡ _____

251030-0715

10 밑줄 친 숫자 중 나타내는 값이 가장 큰 것을 찾아 기호를 써 보세요.

532945282732000
ㄱ   ㄴ ㄷ   ㄹ

(   )

251030-0716

11 1000억씩 뛰어 세어 보세요.

4조 6800억 ― 4조 7800억 ― [   ] ―

― 4조 9800억 ― [   ]

251030-0717

12 두 수의 크기를 잘못 비교한 것은 어느 것인가요? (   )

① 9250 < 9270
② 51000 > 48210
③ 800150 > 80250
④ 320710 > 320700
⑤ 3150000 > 3200000

251030-0718

13 같은 크기의 세탁기 세 종류의 판매 금액입니다. 가, 나, 다 중 가장 비싼 세탁기를 찾아 써 보세요.

가	나	다
718000원	687000원	745000원

(   )

유형 1 지폐 교환하기

251030-0719

01 은행에 저금한 돈 480만 원을 10만 원짜리 수표로 모두 찾았다면 수표는 모두 몇 장인지 구해 보세요.

(   )

> **비법** 다른 단위 지폐로 바꾸기
> ⓔ 100만 원짜리 1장 ↔ 10만 원짜리 10장
>   ↔ 1만 원짜리 100장

251030-0720

02 35000000원을 모두 100만 원짜리 수표로 바꾸면 100만 원짜리 수표는 모두 몇 장이 되는지 구해 보세요.

(   )

251030-0721

03 은행에서 팔억 구천구백만 원을 천만 원짜리와 백만 원짜리 수표만으로 바꾸려고 합니다. 수표의 수를 가장 적게 하려면 천만 원짜리와 백만 원짜리 수표를 각각 몇 장씩 바꿔야 하는지 구해 보세요.

천만 원짜리 수표 (   )

백만 원짜리 수표 (   )

유형 2 각 자리의 숫자가 나타내는 값 구하기

251030-0722

04 백만의 자리 숫자가 3인 수를 찾아 써 보세요.

| 62506341 | 40635940 |
| 73264708 | 81304675 |

(   )

> **비법** 57340000에서 각 자리의 숫자와 나타내는 값
>
> | | 천만의 자리 | 백만의 자리 | 십만의 자리 | 만의 자리 |
> |---|---|---|---|---|
> | 숫자 | 5 | 7 | 3 | 4 |
> | 나타내는 값 | 50000000 | 7000000 | 300000 | 40000 |

251030-0723

05 다음에서 밑줄 친 숫자 1이 각각 나타내는 수의 차는 얼마인지 구해 보세요.

125417803

(   )

251030-0724

06 [조건]을 모두 만족하는 수를 구해 보세요.

> **조건**
> • 다섯 자리 수입니다.
> • 십의 자리 숫자와 일의 자리 숫자는 0입니다.
> • 천의 자리 숫자와 백의 자리 숫자는 3입니다.
> • 숫자 5는 50000을 나타냅니다.

(   )

유형 3 뛰어 세기

251030-0725

07 얼마씩 뛰어 세었는지 써 보세요.

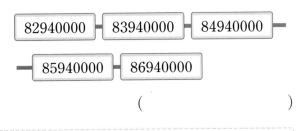

( )

> **비법** ●의 자리 수가 1씩 커지면 ●씩 뛰어 센 것입니다.

251030-0726

08 얼마씩 뛰어 세었는지 써 보세요.

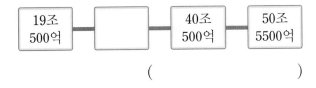

( )

251030-0727

09 왼쪽의 수를 **100배** 한 수를 오른쪽에 쓴 것입니다. ㉠에 알맞은 수를 구해 보세요.

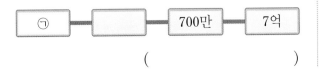

( )

유형 4 두 번째로 큰(작은) 수, 만들기

251030-0728

10 수 카드를 모두 한 번씩 사용하여 두 번째로 큰 다섯 자리 수를 만들어 보세요.

( )

> **비법** 두 번째로 큰 수 만들기: 높은 자리부터 큰 수를 차례로 놓아 가장 큰 수를 만든 후, 가장 낮은 자리와 두 번째로 낮은 자리의 숫자를 서로 바꿉니다.
> 두 번째로 작은 수 만들기: 높은 자리부터 작은 수를 차례로 놓아 가장 작은 수를 만든 후, 가장 낮은 자리와 두 번째로 낮은 자리의 숫자를 서로 바꿉니다. (단, 0은 가장 높은 자리에 올 수 없습니다.)

251030-0729

11 수 카드를 모두 한 번씩 사용하여 두 번째로 작은 여섯 자리 수를 만들어 보세요.

7 4 0 2 1 6

( )

251030-0730

12 수 카드를 모두 한 번씩 사용하여 만의 자리 숫자가 **6**인 두 번째로 큰 일곱 자리 수와 두 번째로 작은 일곱 자리 수를 각각 만들어 보세요.

두 번째로 큰 수 ( )

두 번째로 작은 수 ( )

1
단원

01 251030-0731

연필을 한 상자에 100자루씩 담아 모두 100상자를 만들려고 합니다. 연필을 8900자루 담았다면 몇 상자를 더 담아야 하는지 풀이 과정을 쓰고 답을 구해 보세요.

풀이

_____

_____

답 _____

02 251030-0732

주혁이가 1년 동안 모은 돈입니다. 모두 얼마인지 풀이 과정을 쓰고 답을 구해 보세요.

10000원짜리 지폐	13장
1000원짜리 지폐	22장
100원짜리 동전	43개
10원짜리 동전	8개

풀이

_____

_____

답 _____

03 251030-0733

설명에 알맞은 수는 얼마인지 풀이 과정을 쓰고 답을 구해 보세요.

- 1부터 5까지의 수를 모두 한 번씩만 사용하여 만든 수입니다.
- 52000보다 큰 수입니다.
- 52300보다 작은 수입니다.
- 일의 자리 수는 4입니다.

풀이

_____

_____

답 _____

04 251030-0734

억이 1020개, 만이 503개, 일이 70개인 수를 12자리 수로 나타내려고 합니다. 0은 모두 몇 번 써야 하는지 풀이 과정을 쓰고 답을 구해 보세요.

풀이

_____

_____

답 _____

05 251030-0735

다음 수의 조의 자리 숫자는 얼마인지 풀이 과정을 쓰고 답을 구해 보세요.

380억을 1000배 한 수

풀이

_____

_____

답 _____

06 251030-0736

규칙에 따라 빈칸에 알맞은 수는 얼마인지 풀이 과정을 쓰고 답을 구해 보세요.

5470300	5570300	5670300

	5870300	5970300

풀이

_____

_____

답 _____

251030-0737

07 어떤 바이러스가 매시간마다 **10000**배씩 늘어난다고 합니다. 어느 날 오전 **10**시에 이 바이러스가 **1570**마리였다면 같은 날 오후 **1**시에는 몇 마리가 되는지 풀이 과정을 쓰고 답을 구해 보세요.

풀이 ▶

_____

_____

_____

답 ▶ _____

251030-0738

08 수직선에서 ㉠이 나타내는 수를 구하려고 합니다. 풀이 과정을 쓰고 답을 구해 보세요.

77억 4000만   78억 4000만   ㉠

풀이 ▶

_____

_____

_____

답 ▶ _____

251030-0739

09 **0**부터 **9**까지의 수 중 □ 안에 들어갈 수 있는 가장 큰 수는 얼마인지 풀이 과정을 쓰고 답을 구해 보세요.

$$36\ \boxed{}\ 90815 < 36768106$$

풀이 ▶

_____

_____

_____

답 ▶ _____

251030-0740

10 서원이와 영우는 다음 수 카드를 각각 한 번씩만 사용하여 조건을 만족하는 수를 만들려고 합니다. 서원이와 영우는 각각 어떤 수를 만들어야 하는지 풀이 과정을 쓰고 답을 구해 보세요.

| 1 | 9 | 0 | 8 | 7 | 5 |

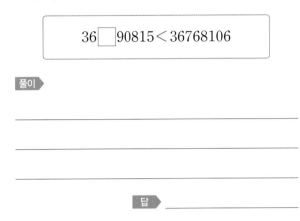

나는 만의 자리 숫자가 5인 가장 큰 여섯 자리 수를 만들 거야.

나는 백의 자리 숫자가 9인 가장 작은 여섯 자리 수를 만들어야지.

서원   영우

풀이 ▶

_____

_____

_____

답 ▶ 서원: _____ , 영우: _____

1. 큰 수 **7**

01 규칙에 따라 빈칸에 알맞은 수를 써넣으세요.
251030-0741

(1) 8000 ─ 8500 ─ 9000 ─ 9500 ─ ☐

(2) 9800 ─ 9850 ─ 9900 ─ 9950 ─ ☐

02 서희는 서점에서 책을 사고 **10000원**짜리 지폐 **1**장과 **1000원**짜리 지폐 **8**장, **500원**짜리 동전 **1**개를 냈습니다. 구입한 책의 가격을 구해 보세요.
251030-0742

(   )

03 ☐ 안에 알맞은 수를 써넣으세요.
251030-0743

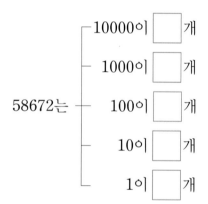

58672는 ┌ 10000이 ☐ 개
       ├ 1000이 ☐ 개
       ├ 100이 ☐ 개
       ├ 10이 ☐ 개
       └ 1이 ☐ 개

04 [보기]와 같이 수를 각 자리의 숫자가 나타내는 값의 합으로 나타내 보세요.
251030-0744

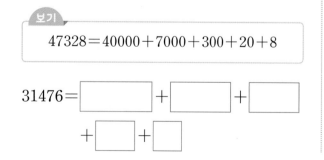

[보기]
47328 = 40000 + 7000 + 300 + 20 + 8

31476 = ☐ + ☐ + ☐
        + ☐ + ☐

05 다음을 수로 나타내었을 때 0은 모두 몇 개인지 써 보세요.
251030-0745

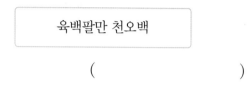

육백팔만 천오백

(   )

06 ☐ 안에 알맞은 수를 써넣으세요.
251030-0746

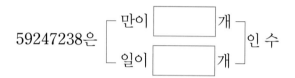

59247238은 ┌ 만이 ☐ 개 ┐
             └ 일이 ☐ 개 ┘ 인 수

07 천만에 가장 가까운 수를 찾아 기호를 써 보세요.
251030-0747

㉠ 9800000
㉡ 10000100
㉢ 10230000

(   )

08 백만의 자리 숫자가 나머지와 다른 하나를 찾아 기호를 써 보세요.
251030-0748

㉠ 14395680
㉡ 4527800
㉢ 47361829

(   )

251030-0749

09 ㉠+㉡은 얼마인지 구해 보세요.

> • 420만은 10000이 ㉠개인 수입니다.
> • 5700만은 100000이 ㉡개인 수입니다.

( )

251030-0750

10 수 카드를 모두 한 번씩만 사용하여 만들 수 있는 가장 큰 수를 쓰고 읽어 보세요.

| 0 | 1 | 2 | 3 | 5 | 6 | 7 | 8 |

쓰기 ( )

읽기 ( )

251030-0751

11 ㉠이 나타내는 값은 ㉡이 나타내는 값의 몇 배인지 써 보세요.

4 3 2 8 4 0 0 8 5 0 0
㉠ ㉡

( )

251030-0752

12 설명에 알맞은 수를 써 보세요.

> • 억이 50개인 수보다 큽니다.
> • 60억보다 작은 수입니다.
> • 천만의 자리 숫자는 3, 만의 자리 숫자는 2이고, 각 자리의 숫자의 합은 10입니다.

( )

251030-0753

13 조의 자리 숫자가 7인 수를 찾아 기호를 써 보세요.

> ㉠ 4572052160051215
> ㉡ 297051633461475
> ㉢ 241746970218510

( )

251030-0754

14 5170524000000000에 대해 잘못 설명한 학생을 찾아 이름을 써 보세요.

> 서호: 백억의 자리 숫자는 5입니다.
> 영서: 십조의 자리 숫자는 7입니다.
> 지나: 4가 나타내는 값은 400000000입니다.

( )

15 251030-0755

뛰어 세는 규칙을 찾아 빈칸에 알맞은 수를 써넣으세요.

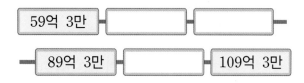

59억 3만 — [ ] — [ ] —

— 89억 3만 — [ ] — 109억 3만 —

16 251030-0756

다음 수직선에서 ㉠에 알맞은 수를 구해 보세요.

364억 ————↑———— 464억
         ㉠

( )

17 251030-0757 서술형

어떤 수에서 100억씩 4번 뛰어 세었더니 1230억이 되었습니다. 어떤 수는 얼마인지 풀이 과정을 쓰고 답을 구해 보세요.

? —(100억)→ [ ] —(100억)→ [ ] —(100억)→ [ ] —(100억)→ 1230억

풀이

＿＿＿＿＿＿＿＿＿＿＿＿＿＿＿

＿＿＿＿＿＿＿＿＿＿＿＿＿＿＿

＿＿＿＿＿＿＿＿＿＿＿＿＿＿＿

답 ＿＿＿＿＿＿＿＿

18 251030-0758

두 수의 크기를 비교하여 ○ 안에 >, =, <를 알맞게 써넣으세요.

103580000000000 ◯ 십삼조 이천팔억

19 251030-0759

세 수의 크기를 비교하여 작은 수부터 순서대로 기호를 써 보세요.

㉠ 조가 41개, 억이 4842개인 수
㉡ 사십일조 팔천오백십억
㉢ 5379억에서 1000억씩 10번 뛰어 센 수

( )

20 251030-0760 서술형

0부터 9까지의 수 중에서 □ 안에 들어갈 수 있는 수를 모두 구하려고 합니다. 풀이 과정을 쓰고 답을 구해 보세요.

8□01637 < 8310492

풀이

＿＿＿＿＿＿＿＿＿＿＿＿＿＿＿

＿＿＿＿＿＿＿＿＿＿＿＿＿＿＿

＿＿＿＿＿＿＿＿＿＿＿＿＿＿＿

답 ＿＿＿＿＿＿＿＿

기본 문제 복습   2. 각도

정답과 풀이 68쪽

251030-0761

01 두 각 중 더 큰 각의 기호를 써 보세요.

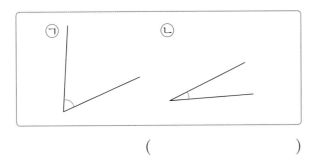

(   )

251030-0762

02 각도기를 이용하여 각도를 바르게 잰 것의 기호를 써 보세요.

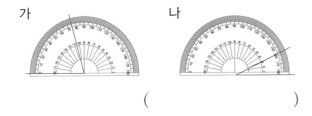

(   )

251030-0763

03 각도를 재어 보세요.

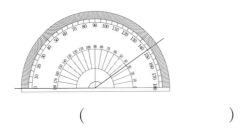

(   )

251030-0764

04 각도를 바르게 읽은 것을 찾아 기호를 써 보세요.

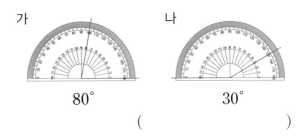

가   80°   나   30°

(   )

251030-0765

05 각도기를 사용하여 각도를 재어 보세요.

(   )

251030-0766

06 시계의 긴바늘과 짧은바늘이 이루는 작은 쪽의 각이 예각인 것에 ○표 하세요.

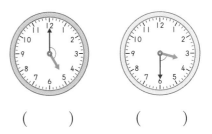

(   )   (   )

251030-0767

07 예각을 모두 찾아 써 보세요.

160°   85°   90°   10°   120°

(   )

2
단원

2. 각도 **11**

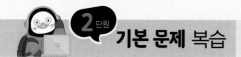
251030-0768

08 각도를 어림하고, 각도기로 재어 확인해 보세요.

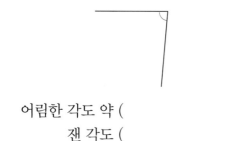

어림한 각도 약 (   )

잰 각도 (   )

251030-0769

09 두 각도의 합과 차를 구해 보세요.

165°   95°

합 (   )

차 (   )

251030-0770

10 ☐ 안에 알맞은 수를 써넣으세요.

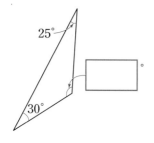

251030-0771

11 삼각형에서 ㉠과 ㉡의 각도의 차를 구해 보세요.

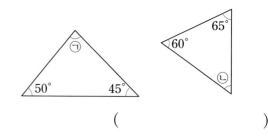

(   )

251030-0772

12 ☐ 안에 알맞은 수를 써넣으세요.

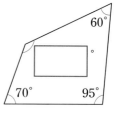

251030-0773

13 사각형에서 ㉠과 ㉡의 각도의 합을 구해 보세요.

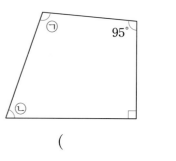

(   )

2 단원

유형 1 각도의 합과 차

251030-0774

01 관계있는 것끼리 이어 보세요.

$75° + 25°$ •	• $95°$
$80°$보다 $15°$ 큰 각 •	• $100°$
$150°$보다 $65°$ 작은 각 •	• $85°$

비법 자연수의 덧셈, 뺄셈과 같은 방법으로 계산한 후 (°)를 붙여 줍니다.

251030-0775

02 각도를 비교하여 ○ 안에 >, =, <를 알맞게 써넣으세요.

$$65° + 65° \bigcirc 183° - 55°$$

251030-0776

03 ㉠은 몇 도인지 구해 보세요.

$$15° + ㉠ = 70° - 20°$$

(   )

유형 2 각도 구하기

251030-0777

04 □ 안에 알맞은 수를 써넣으세요.

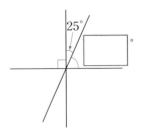

비법 직선이 이루는 각의 크기는 180°입니다.

251030-0778

05 각 ㄱㄷㅁ의 크기는 몇 도인지 구해 보세요.

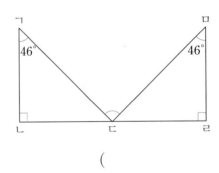

(   )

251030-0779

06 ㉠의 각도를 구해 보세요.

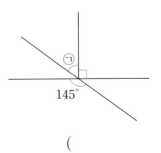

(   )

유형 **3**   삼각형의 세 각의 크기의 합

251030-0780

07 □ 안에 알맞은 수를 써넣으세요.

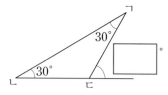

비법 ▶ 삼각형의 세 각의 크기의 합은 180°입니다.

251030-0781

08 ㉠, ㉡, ㉢의 각도의 합을 구해 보세요.

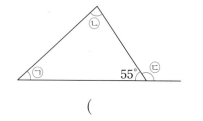

( )

251030-0782

09 ㉠과 ㉡의 각도의 차를 구해 보세요.

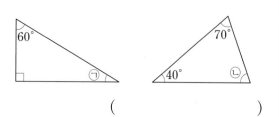

( )

유형 **4**   사각형의 네 각의 크기의 합

251030-0783

10 사각형의 네 각 중에서 세 각의 크기가 각각 45°, 75°, 95°일 때 나머지 한 각의 크기를 구해 보세요.

( )

비법 ▶ 사각형의 네 각의 크기의 합은 360°입니다.

251030-0784

11 ㉠의 각도를 구해 보세요.

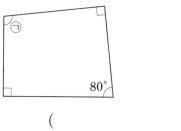

( )

251030-0785

12 ㉠의 각도를 구해 보세요.

( )

2단원

01 직각을 크기가 같은 각 5개로 나누었습니다. 각 ㄷㅇㅂ은 몇 도인지 풀이 과정을 쓰고 답을 구해 보세요.

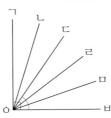

풀이

답

251030-0786

02 다음은 삼각형과 사각형을 이어 붙인 도형입니다. ㉠은 몇 도인지 풀이 과정을 쓰고 답을 구해 보세요.

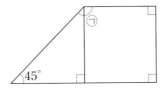

풀이

답

251030-0787

03 ㉠과 ㉡의 각도의 합은 몇 도인지 풀이 과정을 쓰고 답을 구해 보세요.

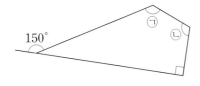

풀이

답

251030-0788

04 ㉠, ㉡, ㉢, ㉣의 각도의 합은 몇 도인지 풀이 과정을 쓰고 답을 구해 보세요.

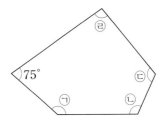

풀이

답

251030-0789

05 ㉠은 몇 도인지 풀이 과정을 쓰고 답을 구해 보세요.

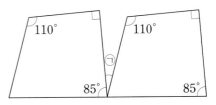

풀이

답

251030-0790

2단원

2 단원
서술형 수행 평가

251030-0791

06 직사각형 ㄱㄴㄷㄹ에서 각 ㄷㄱㅁ은 몇 도인지 풀이 과정을 쓰고 답을 구해 보세요.

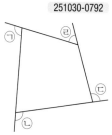

풀이 ▶

답 ▶ _____

251030-0792

07 ㉠, ㉡, ㉢, ㉣의 각도의 합은 몇 도인지 풀이 과정을 쓰고 답을 구해 보세요.

풀이 ▶

답 ▶ _____

251030-0793

08 시곗바늘이 이루는 작은 쪽의 각도의 차는 몇 도인지 풀이 과정을 쓰고 답을 구해 보세요.

풀이 ▶

답 ▶ _____

251030-0794

09 직사각형 모양의 종이를 그림과 같이 접었을 때, ㉠은 몇 도인지 풀이 과정을 쓰고 답을 구해 보세요.

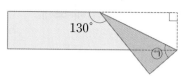

풀이 ▶

답 ▶ _____

251030-0795

10 각 ㄹㄷㅁ과 각 ㄴㄷㅁ의 크기가 같을 때, ㉠은 몇 도인지 풀이 과정을 쓰고 답을 구해 보세요.

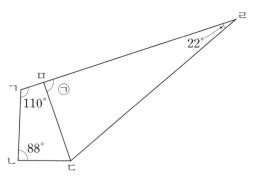

풀이 ▶

답 ▶ _____

251030-0796

01 가장 크게 벌어진 가위를 찾아 ○표 하세요.

( )   ( )   ( )

251030-0797

02 가장 큰 각을 찾아 기호를 써 보세요.

( )

251030-0798

03 시계의 긴바늘과 짧은바늘이 이루는 작은 쪽의 각이 가장 작은 각을 찾아 기호를 써 보세요.

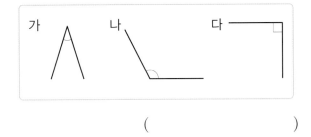

( )

251030-0799

04 각도기로 각을 재는 순서대로 기호를 써 보세요.

> ㉠ 나머지 각의 변이 닿은 눈금을 읽습니다.
> ㉡ 각도기의 밑금을 각의 한 변에 맞춥니다.
> ㉢ 각도기의 중심을 각의 꼭짓점에 맞춥니다.

( )

251030-0800

05 각도를 재어 보세요.

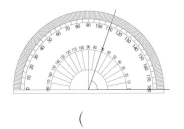

( )

251030-0801

06 각도기를 이용하여 각도를 재어 보세요.

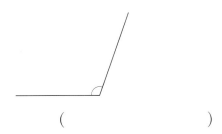

( )

251030-0802

07 예각을 찾아 기호를 써 보세요.

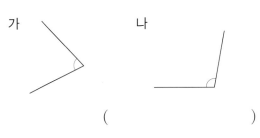

( )

251030-0803

08 색종이를 한 번 접어서 두 겹으로 포개어 만들어진 각과 각도가 같은 각을 그려 보세요.

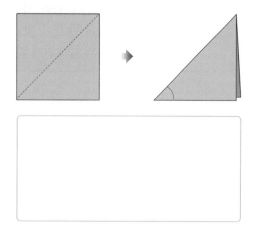

251030-0804

09 다음 도형에서 찾을 수 있는 둔각과 예각의 개수의 차를 구해 보세요.

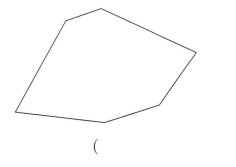

( )

251030-0805

10 다음은 쿠웨이트의 국기입니다. 이 나라의 국기에 있는 둔각은 모두 몇 개인가요?

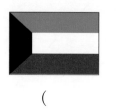

( )

251030-0806

11 각도를 어림하고, 각도기로 재어 확인해 보세요.

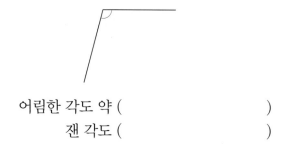

어림한 각도 약 ( )

잰 각도 ( )

251030-0807

12 준하와 윤주가 각도를 어림했습니다. 각도를 재어 누가 어림을 더 잘했는지 써 보세요.

- 준하: 120°쯤 되는 것 같아.
- 윤주: 135°쯤 되는 것 같은데…….

( )

251030-0808

13 ㉠은 예각인지 둔각인지 써 보세요.

$$25° + ㉠ = 120°$$

( )

251030-0809

14 ㉠의 각도를 구해 보세요.

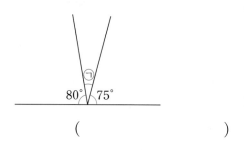

( )

251030-0810

15 삼각형의 세 각 중 한 각이 그림과 같이 가려져 있을 때 가려진 각의 크기를 구해 보세요.

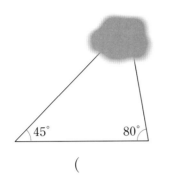

(   )

251030-0811

16 ㉠과 ㉡의 각도의 합을 구해 보세요.

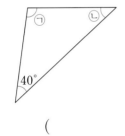

(   )

251030-0812

17 도형에서 표시된 모든 각의 크기의 합을 구하려고 합니다. 풀이 과정을 쓰고 답을 구해 보세요.

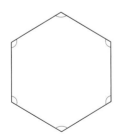

풀이

_____

_____

_____

답 ▶ _____

251030-0813

18 ㉠과 ㉡의 각도의 합을 구해 보세요.

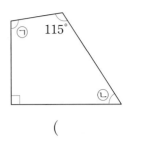

(   )

251030-0814

19 ㉠은 몇 도인지 풀이 과정을 쓰고 답을 구해 보세요.

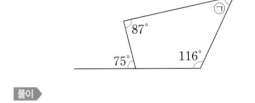

풀이

_____

_____

_____

답 ▶ _____

251030-0815

20 다음과 같은 삼각자 2개를 겹쳐 놓았습니다. □ 안에 알맞은 수를 써넣으세요.

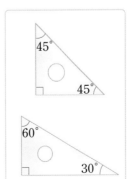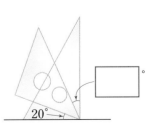

01 □ 안에 알맞은 수를 써넣으세요.

251030-0816

$$352 \times 4 = 1408 \implies 352 \times 40 = \boxed{}$$

02 계산해 보세요.

251030-0817

(1)
```
    6 1 0
  ×   2 0
```

(2)
```
    8 5 2
  ×   7 3
```

03 ㉠이 실제로 나타내는 값은 얼마인가요?

251030-0818

```
      4 3 2
    ×   5 6
    ─────────
    2 5 9 2
    2 1 6 0  ← ㉠
    ─────────
    2 4 1 9 2
```

(   )

04 계산에서 잘못된 부분을 찾아 바르게 계산해 보세요.

251030-0819

```
      6 3 8
    ×   5 7
    ─────────
    4 4 6 6
    3 1 9 0
    ─────────
    7 6 5 6
```
➡
```
      6 3 8
    ×   5 7
```

05 가장 큰 수와 작은 수의 곱을 구해 보세요.

251030-0820

| 375 | 39 | 892 | 60 |

(   )

06 길이가 380 cm인 테이프 39장을 겹치는 부분 없이 길게 이어 붙이면 전체 길이는 몇 cm가 될까요?

251030-0821

(   )

07 계산을 하고 계산 결과가 맞는지 확인해 보세요.

251030-0822

$$37 \overline{)265}$$

확인 _____

08 몫이 같은 것끼리 이어 보세요.
251030-0823

254÷60 •	• 400÷80
498÷70 •	• 350÷50
163÷30 •	• 280÷70

09 계산해 보세요.
251030-0824

(1)
$$21)\overline{123}$$

(2)
$$46)\overline{687}$$

10 몫의 크기를 비교하여 ○ 안에 >, =, <를 알맞게 써넣으세요.
251030-0825

$$812÷32 \bigcirc 619÷29$$

11 나눗셈의 나머지가 가장 큰 것에 ○표 하세요.
251030-0826

$$385÷63 \qquad 493÷35 \qquad 948÷58$$

( ) ( ) ( )

12 어떤 수를 30으로 나누었더니 몫이 7이고 나머지가 7이었습니다. 어떤 수를 구해 보세요
251030-0827

( )

13 다음 문제를 어림셈을 활용하여 계산하려고 합니다. □ 안에 알맞은 수를 써넣으세요.
251030-0828

(1)
> 지훈이는 매일 125개씩 한자를 외우고 있습니다. 지훈이가 22일 동안 외운 한자는 모두 몇 개인지 구해 보세요.

① 125를 □ (으)로 어림하기

② 22를 □ (으)로 어림하기

③ 식: □ × □

④ 약 □ 개

(2)
> 음료수 595개를 상자에 담아 포장하려고 합니다. 음료수를 한 상자에 28개씩 포장한다면 상자는 몇 개 필요한지 구해 보세요.

① 595를 □ (으)로 어림하기

② 28을 □ (으)로 어림하기

③ 식: □ ÷ □

④ 약 □ 개

3
단원

유형 1 바르게 계산한 값 구하기

251030-0829

01 어떤 수에 23을 곱해야 할 것을 잘못하여 나누었더니 몫이 6이고 나머지가 11이 되었습니다. 바르게 계산한 값을 구해 보세요.

(   )

> **비법** 잘못 계산한 나눗셈식을 만듭니다.
> ➡ (어떤 수)÷(나누는 수)=(몫)…(나머지)

251030-0830

02 648에 어떤 수를 곱해야 할 것을 잘못하여 어떤 수를 더했더니 678이 되었습니다. 바르게 계산한 값을 구해 보세요.

(   )

251030-0831

03 어떤 수에 23을 곱해야 할 것을 잘못하여 23을 뺐더니 267이 되었습니다. 바르게 계산한 값을 구해 보세요.

(   )

유형 2 수 카드로 조건에 맞는 곱셈식 만들기

251030-0832

04 수 카드 중에서 2장을 골라 □ 안에 한 번씩만 써넣어 계산 결과가 가장 작은 곱셈을 만들고, 곱을 구해 보세요.

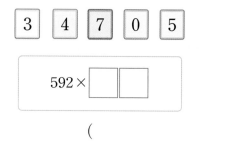

(   )

> **비법** 계산 결과가 가장 작으려면 가장 작은 두 자리 수를 만들어 곱해야 합니다.

251030-0833

05 수 카드 중에서 2장을 골라 □ 안에 한 번씩만 써넣어 계산 결과가 가장 큰 곱셈을 만들고, 곱을 구해 보세요.

| 3 | 4 | 7 | 0 | 5 |

592 × □□

(   )

251030-0834

06 수 카드를 한 번씩만 사용하여 가장 큰 세 자리 수와 가장 작은 두 자리 수를 만들었습니다. 만든 두 수의 곱을 구해 보세요.

| 3 | 9 | 7 | 5 | 6 |

(   )

유형 **3** 나누는 수와 나머지의 관계

251030-0835

07 어떤 자연수를 15로 나누었을 때 나머지가 될 수 없는 수를 모두 찾아 써 보세요.

> 1   9   11   15   17

(   )

> 비법 ① 나머지는 나누는 수보다 항상 작습니다.
> ➡ (나머지)<(나누는 수)
> ② 나눗셈에서 나머지가 될 수 있는 수 중 가장 큰 수는 나누는 수보다 1만큼 더 작은 수입니다.

251030-0836

08 어떤 자연수를 27로 나누었을 때 나올 수 있는 나머지 중에서 가장 큰 수를 구해 보세요.

(   )

251030-0837

09 17로 나누었을 때 나머지가 9가 되는 가장 큰 두 자리 수를 구해 보세요.

(   )

유형 **4** 곱셈과 나눗셈을 활용하여 해결하기

251030-0838

10 어느 마트에 한 상자에 30개씩 들어 있는 귤이 65상자 있습니다. 이 귤을 한 봉지에 25개씩 포장하면 몇 봉지가 되는지 구해 보세요.

(   )

> 비법 ① 귤이 모두 몇 개인지 계산합니다.
> ② 귤을 다시 포장했을 때 몇 봉지가 되는지 구합니다.

251030-0839

11 예은이네 학교 4학년 학생들은 한 반에 27명씩 11개 반입니다. 4학년 학생들이 12명씩 앉을 수 있는 의자에 모두 앉으려면 의자는 적어도 몇 개 필요한지 구해 보세요.

(   )

251030-0840

12 체육 대회에 693명의 학생이 참가했습니다. 이 학생들을 33명씩 팀으로 나누고, 각 팀마다 45개씩 응원 도구를 나누어 주려고 합니다. 필요한 응원 도구는 모두 몇 개인지 구해 보세요.

(   )

251030-0841

01 주은이는 5월 한 달 동안 매일 줄넘기를 125번씩 넘었습니다. 주은이가 5월에 넘은 줄넘기는 모두 몇 번인지 풀이 과정을 쓰고 답을 구해 보세요.

풀이

답

251030-0842

02 문구점에서 파는 볼펜과 지우개의 값이 다음과 같습니다. 볼펜 26자루와 지우개 31개를 사려면 모두 얼마가 필요한지 풀이 과정을 쓰고 답을 구해 보세요.

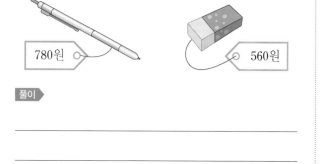

780원

560원

풀이

답

251030-0843

03 진수는 매일 220 mL짜리 우유를 마십니다. 진수가 8주 동안 마신 우유는 모두 몇 mL인지 풀이 과정을 쓰고 답을 구해 보세요.

풀이

답

251030-0844

04 어떤 수를 63으로 나누어야 할 것을 잘못하여 36으로 나누었더니 몫이 6이고 나머지가 19였습니다. 바르게 계산했을 때의 몫은 얼마인지 풀이 과정을 쓰고 답을 구해 보세요.

풀이

답

251030-0845

05 다음 나눗셈식에서 □가 될 수 있는 가장 큰 수는 얼마인지 풀이 과정을 쓰고 답을 구해 보세요.

$$\square \div 27 = 30 \cdots \bullet$$

풀이

답

251030-0846

06 길이가 810 m인 산책로의 한쪽에 처음부터 끝까지 54 m 간격으로 깃발을 설치하려고 합니다. 필요한 깃발은 모두 몇 개인지 풀이 과정을 쓰고 답을 구해 보세요. (단, 깃발의 두께는 생각하지 않습니다.)

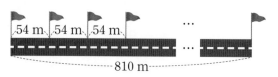

54 m 54 m 54 m ...

...

810 m

풀이

답

251030-0847

07 주원이네 아파트에는 모두 88세대가 살고 있습니다. 한 세대에서 사용하지 않는 플러그를 뽑아 하루에 절약할 수 있는 전기 요금은 77원입니다. 주원이네 아파트에서 사용하지 않는 플러그 뽑기로 일주일 동안 절약할 수 있는 전기 요금은 얼마인지 풀이 과정을 쓰고 답을 구해 보세요.

풀이 ▶

답 ▶ _____

251030-0849

09 400보다 크고 500보다 작은 수 중에서 40으로 나누었을 때 나머지가 32가 되는 수를 모두 구하려고 합니다. 풀이 과정을 쓰고 답을 구해 보세요.

풀이 ▶

답 ▶ _____

251030-0848

08 민우 어머니는 마트에서 당근, 감자, 고구마를 각각 3 kg씩 사려고 합니다. 다음은 당근, 감자, 고구마의 100 g당 가격입니다. 당근, 감자, 고구마를 사는 데 필요한 돈은 모두 얼마인지 풀이 과정을 쓰고 답을 구해 보세요.

채소	당근	감자	고구마
가격(100 g당)	280원	260원	370원

풀이 ▶

답 ▶ _____

251030-0850

10 서윤이네 과수원에서는 수확한 복숭아를 포장하고 있습니다. 복숭아 1000개를 24개씩 들어가는 상자 18개에 포장하고, 남는 복숭아는 30개씩 들어가는 상자에 남김없이 담으려고 합니다. 30개씩 들어가는 상자는 적어도 몇 개 필요한지 풀이 과정을 쓰고 답을 구해 보세요.

풀이 ▶

답 ▶ _____

01 251030-0851
□ 안에 알맞은 수를 써넣으세요.

$493 \times 2 = 986$

$493 \times 20 = \boxed{}$ ← $\boxed{}$ 배

02 251030-0852
700×30을 계산할 때, $7 \times 3 = 21$의 1을 어느 자리에 써야 하나요? (　　　)

```
      7 0 0
  ×     3 0
  ① ② ③ ④ ⑤
```

03 251030-0853
빈칸에 두 수의 곱을 써넣으세요.

368	42

04 251030-0854
곱의 크기를 비교하여 ○ 안에 >, =, <를 알맞게 써넣으세요.

582×60 ◯ 704×49

05 251030-0855
곱이 가장 큰 것과 가장 작은 것을 찾아 두 곱의 합을 구해 보세요.

> ㉠ 451×54
> ㉡ 269×87
> ㉢ 547×36

(　　　　　　　　　)

06 251030-0856
□ 안에 알맞은 수를 써넣으세요.

```
      □ 4 □
  ×     □ 2
  ───────────
    1 2 □ 4
  3 2 1 0
  ───────────
  3 3 3 8 4
```

07 251030-0857
주아는 매일 책을 175쪽씩 읽습니다. 주아가 7월 한 달 동안 읽은 책은 모두 몇 쪽인지 구해 보세요.

(　　　　　　　　　)

08 251030-0858
슬기는 문구점에서 한 권에 550원 하는 공책 20권과 한 자루에 380원 하는 색연필 35자루를 사고 30000원을 냈습니다. 거스름돈으로 얼마를 받아야 하는지 구해 보세요.

(　　　　　　　　　)

09 나눗셈의 몫을 구해 보세요.

$$560 \div 80$$

(   )

10 왼쪽 곱셈식을 이용하여 ㉠, ㉡, ㉢에 알맞은 수를 구해 보세요.

$67 \times 7 = 469$
$67 \times 8 = 536$
$67 \times 9 = 603$

$$67 \overline{)555}$$

㉠
㉡
㉢

㉠ (   ), ㉡ (   ), ㉢ (   )

11 나머지가 큰 것부터 순서대로 1, 2, 3을 써 보세요.

$90 \overline{)395}$ $23 \overline{)89}$ $48 \overline{)310}$

(   )   (   )   (   )

12 □ 안에 알맞은 식을 찾아 기호를 써넣으세요.

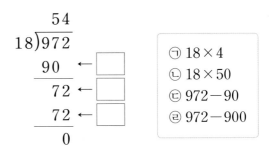

$$\begin{array}{r} 54 \\ 18\overline{)972} \\ 90 \\ \hline 72 \\ 72 \\ \hline 0 \end{array}$$

90 ← □
72 ← □
72 ← □

㉠ 18×4
㉡ 18×50
㉢ $972 - 90$
㉣ $972 - 900$

13 계산을 하고 계산 결과가 맞는지 확인해 보세요.

$$47 \overline{)597}$$

확인

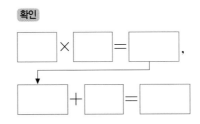

□ × □ = □ ,

□ + □ = □

14 다음 나눗셈의 나머지가 될 수 있는 수 중에서 가장 큰 수를 구해 보세요.

$$\square \div 71$$

(   )

15 다음과 같이 나눗셈식이 적힌 종이가 찢어졌습니다. 찢어진 부분의 수는 얼마인지 구해 보세요.

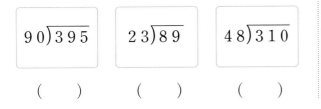

$$\div 44 = 7 \cdots 21$$

(   )

정답과 풀이 **74**쪽

251030-0866

16 □ 안에 들어갈 수 있는 가장 작은 자연수를 구해 보세요.

$$59 \times \square > 687$$

(   )

251030-0867

17 둘레가 **858 m**인 원 모양의 호수 주변에 **39 m** 간격으로 의자를 놓으려고 합니다. 필요한 의자는 모두 몇 개인지 구해 보세요. (단, 의자의 길이는 생각하지 않습니다.)

(   )

251030-0868

18 꽃 모양 장식 한 개를 만드는 데 철사가 **27 cm** 필요합니다. **713 cm**의 철사로 꽃 모양 장식을 몇 개 만들 수 있는지 어림셈으로 구하려고 합니다. □ 안에 알맞은 수를 써넣으세요.

전체 철사의 길이를 [   ] cm로, 꽃 모양 장식 한 개를 만드는 데 필요한 철사의 길이를 [   ] cm로 어림하여 계산하면 꽃 모양 장식은 약 [   ] 개 만들 수 있습니다.

251030-0869

19 지민이는 1년 동안 매일 아침에 **30분**씩 걷기 운동과 **15분**씩 달리기 운동을 했습니다. 지민이가 1년 동안 걷기 운동과 달리기 운동을 한 시간은 모두 몇 분인지 풀이 과정을 쓰고 답을 구해 보세요. (단, 1년은 **365일**입니다.)

서술형

풀이

답

251030-0870

20 초콜릿 **215개**를 학생 **26명**에게 똑같이 나누어 주었더니 몇 개가 모자랐습니다. 남는 초콜릿이 없이 똑같이 나누어 주려면 적어도 몇 개의 초콜릿이 더 필요한지 풀이 과정을 쓰고 답을 구해 보세요.

서술형

풀이

답

251030-0871

01 점 ㄱ을 어떻게 움직이면 점 ㄴ의 위치로 옮길 수 있는지 □ 안에 알맞은 수나 말을 써넣으세요.

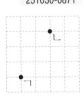

점 ㄱ을 위쪽으로 □ 칸, □ 쪽으로 □ 칸 이동합니다.

251030-0872

02 도형을 오른쪽으로 **7 cm** 밀었을 때의 도형을 그려 보세요.

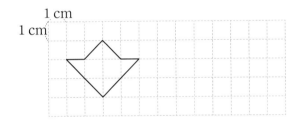

251030-0873

03 도형을 오른쪽으로 5번 밀고 위쪽으로 3번 밀었을 때의 도형을 그려 보세요.

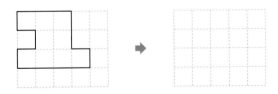

251030-0874

04 글자 '나'를 왼쪽으로 뒤집었을 때의 모양을 그려 보세요.

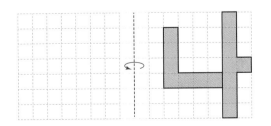

251030-0875

05 도형을 위쪽으로 뒤집은 다음 오른쪽으로 뒤집었을 때의 도형을 각각 그려 보세요.

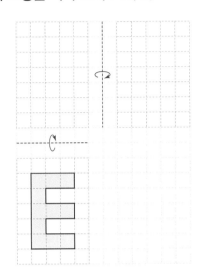

251030-0876

06 위쪽으로 뒤집은 모양이 처음 도형과 같은 것을 찾아 기호를 써 보세요.

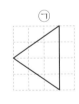

( )

251030-0877

07 도형을 시계 반대 방향으로 **180°**만큼 돌렸을 때의 도형을 그려 보세요.

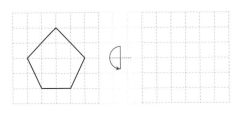

251030-0878

08 도형을 주어진 각도만큼 돌렸을 때의 도형을 찾아 이어 보세요.

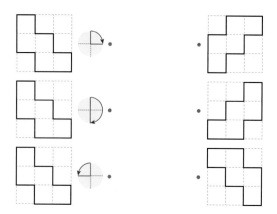

[09~10] 오른쪽 도형을 보고 물음에 답하세요.

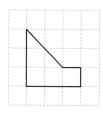

251030-0879

09 도형을 시계 반대 방향으로 90°만큼 돌렸을 때의 도형을 그려 보세요.

251030-0880

10 09에서 만든 도형을 시계 반대 방향으로 90°만큼 돌리고 오른쪽으로 뒤집었을 때의 도형을 찾아 ○표 하세요.

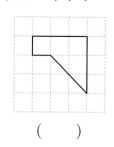 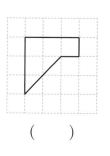

( )   ( )

251030-0881

11 도형을 여러 방향으로 뒤집어도 모양이 처음과 같은 도형을 모두 찾아 기호를 써 보세요.

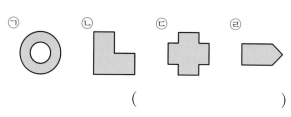

( )

[12~13] 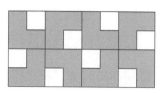 모양으로 규칙적인 무늬를 만들려고 합니다. 물음에 답하세요.

251030-0882

12 뒤집기를 이용하여 규칙적인 무늬를 만들어 보세요.

251030-0883

13 무늬를 만든 규칙을 설명해 보세요.

모양을 시계 방향으로 ☐ °만큼 돌리는 것을 반복해서 모양을 만들고, 그 모양을 ☐ 쪽으로 밀어서 무늬를 만들었습니다.

유형 1 도형을 움직인 방법 설명하기

251030-0884

01 ㉮ 도형은 ㉯ 도형을 어떻게 이동한 것인지 설명해 보세요.

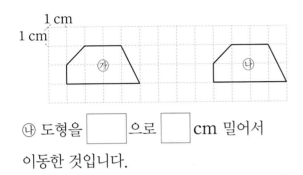

㉯ 도형을 [ ]으로 [ ]cm 밀어서 이동한 것입니다.

> **비법** 도형의 한 변을 기준으로 어느 방향으로 몇 cm 이동했는지 확인합니다.

251030-0885

02 ㉡ 도형은 ㉠ 도형을 어떻게 이동한 것인지 설명해 보세요.

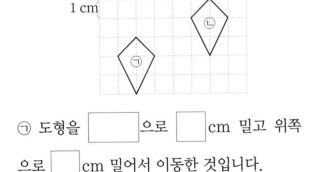

㉠ 도형을 [ ]으로 [ ]cm 밀고 위쪽으로 [ ]cm 밀어서 이동한 것입니다.

251030-0886

03 규칙에 따라 도형을 밀어서 무늬를 만들었습니다. 어떻게 이동한 것인지 설명해 보세요.

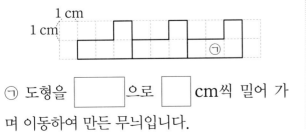

㉠ 도형을 [ ]으로 [ ]cm씩 밀어 가며 이동하여 만든 무늬입니다.

유형 2 처음 도형 그리기

251030-0887

04 오른쪽은 어떤 도형을 시계 방향으로 90°만큼 돌렸을 때의 도형입니다. 처음 도형을 그려 보세요.

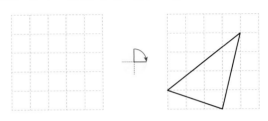

> **비법** 움직이기 전의 도형은 순서와 방향을 반대로 생각합니다.

251030-0888

05 오른쪽은 어떤 도형을 왼쪽으로 뒤집고 아래쪽으로 뒤집었을 때의 도형입니다. 처음 도형을 그려 보세요.

   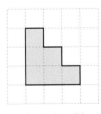

처음 도형   움직인 도형

251030-0889

06 오른쪽은 어떤 도형을 시계 방향으로 90°만큼 돌리고 왼쪽으로 뒤집었을 때의 도형입니다. 처음 도형을 그려 보세요.

   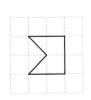

처음 도형   움직인 도형

유형 3 조각으로 사각형 완성하기

251030-0890

07 밀기를 이용하여 왼쪽 사각형을 완성하려고 합니다. 빈칸에 오른쪽 조각이 들어갈 자리를 표시해 보세요.

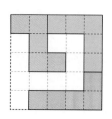 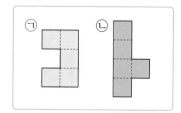

비법 ▶ 조각을 밀기, 뒤집기, 돌리기 하여 사각형을 완성해 봅니다.

251030-0891

08 한 조각을 빈칸으로 옮기려고 합니다. 어떤 조각을 사용하여 어떻게 움직이면 되는지 설명해 보세요.

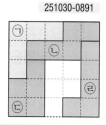

(㉠ , ㉡ , ㉢ , ㉣) 조각을 시계 방향으로 (90°, 180°, 270°, 360°)만큼 돌려 빈칸으로 옮깁니다.

251030-0892

09 조각을 밀기, 뒤집기, 돌리기 하여 오른쪽 사각형을 완성하려고 합니다. 필요한 조각 2개를 찾아 기호를 써 보세요.

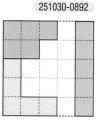

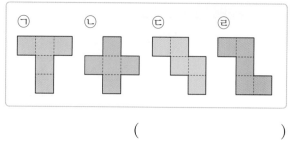

( )

유형 4 글자 카드를 규칙에 따라 움직이기

251030-0893

10 글자 카드를 일정한 규칙에 따라 움직였습니다. 넷째에 알맞은 모양을 그려 보세요.

첫째   둘째   셋째   넷째

비법 ▶ 움직인 규칙을 찾고 규칙에 알맞은 모양을 그립니다.

251030-0894

11 글자 카드를 일정한 규칙에 따라 움직였습니다. 아홉째에 알맞은 모양을 그려 보세요.

첫째   둘째   셋째   아홉째

251030-0895

12 보기 와 같은 규칙으로 글자 카드를 움직이려고 합니다. 빈칸에 알맞은 모양을 각각 그려 보세요.

보기

첫째   둘째   셋째   넷째

첫째   둘째   셋째   넷째

251030-0896

01 점을 점 ㄱ에서 점 ㄴ으로 이동하였습니다. 어떻게 이동한 것인지 설명해 보세요.

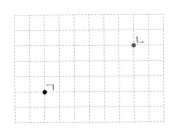

설명 _____

_____

251030-0897

02 오른쪽 도형은 왼쪽 도형을 어떻게 이동한 것인지 설명해 보세요.

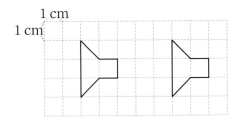

설명 _____

_____

251030-0898

03 오른쪽 도형은 왼쪽 도형을 어떻게 이동한 것인지 설명해 보세요.

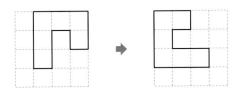

설명 _____

_____

251030-0899

04 조각을 밀기, 뒤집기하여 오른쪽 사각형을 완성하려고 합니다. ㉠, ㉡ 조각이 들어갈 자리를 표시해 보고, 어떻게 움직여야 하는지 설명해 보세요.

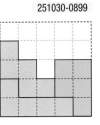

설명 _____

_____

251030-0900

05 왼쪽 도형을 최소한의 횟수로 뒤집기를 사용하여 움직인 결과 오른쪽 도형이 되었습니다. 어떻게 이동하였는지 설명해 보세요.

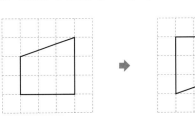

설명 _____

_____

251030-0901

06 왼쪽 도형을 시계 방향으로 90°만큼 10번 돌렸을 때의 도형을 그리려고 합니다. 최소한의 횟수로 움직여서 같은 도형을 그리려면 어떻게 움직여야 하는지 설명해 보세요.

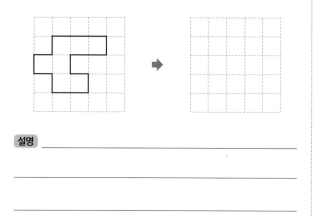

설명 _____

_____

_____

251030-0902

07 수 카드 중에서 3장을 골라 한 번씩만 사용하여 가장 큰 세 자리 수를 만들었습니다. 만든 세 자리 수를 한꺼번에 시계 방향으로 180°만큼 돌리면 어떤 수가 되는지 풀이 과정을 쓰고 답을 구해 보세요. (단, 수 카드를 한 장씩 돌리지 않습니다.)

풀이 _____

_____

_____

답 _____

251030-0903

08 계산식을 오른쪽으로 뒤집은 후 계산한 결과는 얼마인지 풀이 과정을 쓰고 답을 구해 보세요.

풀이 _____

_____

답 _____

251030-0904

09 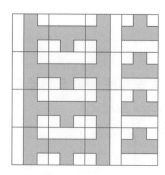 모양을 어떻게 이동하여 아래와 같은 무늬를 만들었는지 설명해 보세요.

설명 _____

_____

251030-0905

10 일정한 규칙에 따라 만든 무늬입니다. 다음 낱말 중 2가지를 사용하여 무늬를 만든 규칙을 설명해 보세요.

| 밀기 | 뒤집기 | 돌리기 |

설명 _____

_____

01 251030-0906

점을 오른쪽으로 7 cm 이동하고 아래쪽으로 2 cm 이동했을 때의 위치입니다. 이동하기 전의 점의 위치를 표시해 보세요.

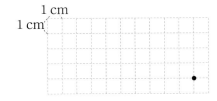

02 251030-0907

왼쪽 도형을 위쪽으로 밀었을 때의 도형을 찾아 ○표 하세요.

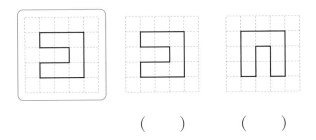

( ) ( )

03 251030-0908

도형을 아래쪽으로 2 cm 밀고 오른쪽으로 3 cm 밀었을 때의 도형을 그려 보세요.

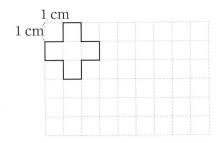

04 251030-0909

도형을 왼쪽으로 뒤집었을 때의 도형을 그려 보세요.

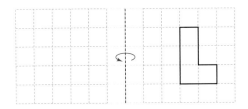

05 251030-0910

모양을 아래쪽으로 뒤집었을 때의 모양이 처음 모양과 같은 것을 찾아 기호를 써 보세요.

( )

06 251030-0911

오른쪽 모양은 글자를 도장에 새겨 종이에 찍은 모양입니다. 도장에 새긴 모양을 왼쪽에 그려 보세요.

도장에 새긴 모양

종이에 찍은 모양

07 251030-0912

뒤집기를 이용하여 ㉮ 도형을 ㉯ 도형이 되도록 움직였습니다. 바르게 설명한 것을 찾아 기호를 써 보세요.

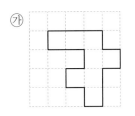

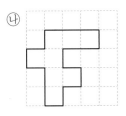

㉠ ㉮ 도형을 위쪽으로 2번 뒤집었습니다.
㉡ ㉮ 도형을 왼쪽으로 3번 뒤집었습니다.
㉢ ㉮ 도형을 오른쪽으로 4번 뒤집었습니다.
㉣ ㉮ 도형을 아래쪽으로 5번 뒤집었습니다.

( )

08 서술형 251030-0913

뒤집기를 이용하여 왼쪽 도형을 오른쪽 도형이 되도록 움직였습니다. 어떻게 움직인 것인지 설명해 보세요.

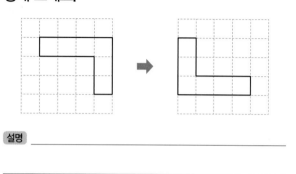

설명 _____

_____

09 251030-0914

도형을 시계 반대 방향으로 $90°$, $180°$, $270°$ 만큼 돌렸을 때의 도형을 각각 그려 보세요.

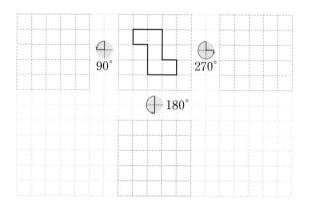

10 251030-0915

□ 안에 알맞은 수를 써넣으세요.

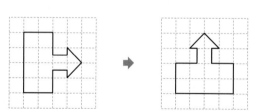

왼쪽 도형을 시계 방향으로 ☐° 만큼 돌리면 오른쪽 도형이 됩니다.

11 251030-0916

오른쪽 도형을 다음과 같이 돌렸습니다. 돌린 모양이 다른 하나는 어느 것인가요? ( )

① 시계 방향으로 $90°$만큼 돌리기
② 시계 방향으로 $180°$만큼 돌리기
③ 시계 방향으로 $270°$만큼 돌리기
④ 시계 반대 방향으로 $90°$만큼 돌리기
⑤ 시계 반대 방향으로 $270°$만큼 돌리기

12 서술형 251030-0917

카드를 일정한 규칙에 따라 움직였습니다. 열째에 알맞은 모양을 그리려고 합니다. 풀이 과정을 쓰고 알맞은 모양을 그려 보세요.

♣	♣	♣	♣	…	
첫째	둘째	셋째	넷째		열째

풀이 ▶ _____

_____

_____

13 251030-0918

세 자리 수를 시계 방향으로 $180°$만큼 돌렸을 때 만들어지는 수와 처음 수의 차를 구해 보세요.

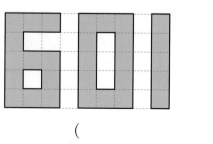

( )

251030-0919

14 모양 조각을 오른쪽으로 뒤집고 시계 방향으로 **90°** 만큼 돌렸습니다. 알맞은 것에 ○표 하세요.

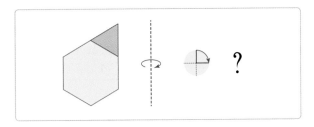

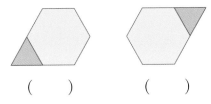

(   )   (   )

251030-0920

15 시계 방향으로 **180°**만큼 돌리고 오른쪽으로 뒤 집었을 때의 모양이 처음과 같은 알파벳은 모두 몇 개인지 구해 보세요.

(   )

251030-0921

16 도형을 왼쪽으로 6번 뒤집고 아래쪽으로 5번 뒤 집었을 때의 도형을 그려 보세요.

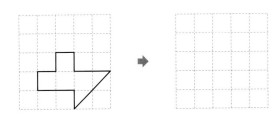

251030-0922

17 오른쪽은 어떤 도형을 시계 방향으로 **90°**만큼 11번 돌렸을 때의 도형입니다. 처음 도형을 그려 보세요.

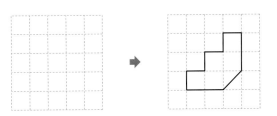

251030-0923

18 뒤집기만을 이용하여 만들 수 있는 무늬를 찾아 기호를 써 보세요.

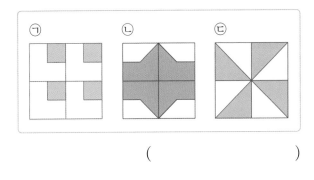

(   )

251030-0924

19 돌리기를 이용하여 규칙적인 무늬를 만들려고 합 니다. 빈칸을 채워 무늬를 완성해 보세요.

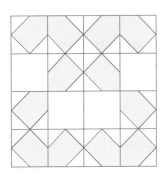

251030-0925

20 모양으로 만든 무늬입니다. 무늬 만들기에

사용되지 <u>않은</u> 방법에 ○표 하세요.

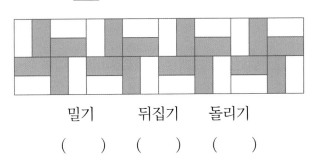

밀기   뒤집기   돌리기

(   )   (   )   (   )

[01~04] 태우네 반 학생들의 혈액형을 조사하여 나타낸 표와 막대그래프입니다. 물음에 답하세요.

혈액형별 학생 수

혈액형	A형	B형	O형	AB형	합계
학생 수(명)	6	8	9	7	30

혈액형별 학생 수

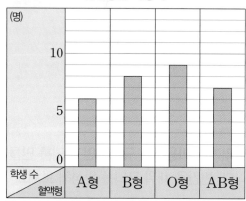

251030-0926

01 무엇을 조사하였나요?

( )

251030-0927

02 막대그래프에서 막대의 길이는 무엇을 나타내나요?

( )

251030-0928

03 가장 많은 학생의 혈액형을 한눈에 알아보기에 더 편리한 것은 표와 막대그래프 중 어느 것일까요?

( )

251030-0929

04 위의 막대그래프를 가로로 나타낸다면 가로와 세로는 각각 무엇을 나타내야 하나요?

가로 ( )

세로 ( )

[05~07] 나은이네 반 학생들이 가고 싶어 하는 나라를 조사하여 나타낸 표입니다. 물음에 답하세요.

가고 싶어 하는 나라별 학생 수

나라	미국	일본	중국	프랑스	합계
학생 수(명)	7	8	4		24

251030-0930

05 프랑스에 가고 싶은 학생은 몇 명일까요?

( )

251030-0931

06 표를 보고 막대그래프로 나타내 보세요.

가고 싶어 하는 나라별 학생 수

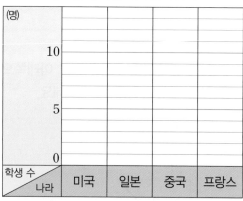

251030-0932

07 가장 적은 학생이 가고 싶어 하는 나라를 써 보세요.

( )

[08~10] 7월 한 달 간의 강수량을 조사하여 나타낸 막대그래프입니다. 물음에 답하세요.

주별 강수량

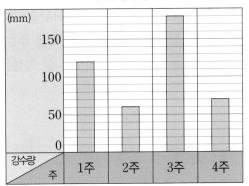

251030-0933

08 세로 눈금 한 칸은 몇 mm를 나타내나요?

(   )

251030-0934

09 7월 1주에 내린 비는 7월 2주에 내린 비의 몇 배일까요?

(   )

251030-0935

10 비가 가장 많이 내린 주와 가장 적게 내린 주의 강수량의 차는 몇 mm일까요?

(   )

[11~13] 상미네 반 학생들이 기르고 싶은 동물을 조사한 것입니다. 물음에 답하세요.

개	고양이	금붕어	토끼	금붕어
금붕어	개	고양이	개	개
개	고양이	금붕어	금붕어	토끼
고양이	개	개	금붕어	금붕어
금붕어	토끼	금붕어	토끼	고양이

251030-0936

11 상미네 반 학생들이 기르고 싶은 동물을 표로 나타내 보세요.

기르고 싶은 동물별 학생 수

동물	개	고양이	토끼	금붕어	합계
학생 수 (명)					

251030-0937

12 표를 보고 막대그래프로 나타내 보세요.

기르고 싶은 동물별 학생 수

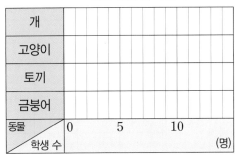

251030-0938

13 위 자료에 대한 설명으로 틀린 것은 어느 것인가요? (   )

① 막대그래프에서 가로 눈금 한 칸은 1명을 나타냅니다.

② 가로는 학생 수, 세로는 기르고 싶은 동물을 나타냅니다.

③ 두 번째로 많은 학생이 기르고 싶은 동물은 고양이입니다.

④ 표와 막대그래프 중 조사한 전체 학생 수를 한눈에 알기 쉬운 것은 표입니다.

⑤ 고양이와 토끼를 기르고 싶은 학생 수는 금붕어를 기르고 싶은 학생 수와 같습니다.

유형 1 막대그래프에서 막대의 칸 수 구하기

251030-0939

01 수영장 이용자 수를 요일별로 조사하여 나타낸 표입니다. 세로 눈금 한 칸이 10명인 막대그래프로 나타내 보세요.

요일별 수영장 이용자 수

요일	월	화	수	목	금
이용자 수(명)	110	150	80	120	70

요일별 수영장 이용자 수

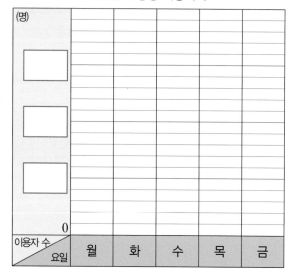

비법 눈금 한 칸이 10명을 나타내므로 2칸이면 20명, 3칸이면 30명, ...을 나타냅니다.

251030-0940

02 재엽이네 모둠 학생들의 줄넘기 기록을 나타낸 표를 보고 눈금 한 칸의 크기가 4번인 막대그래프로 나타내려고 합니다. 눈금은 적어도 몇 칸이 필요할까요?

재엽이네 모둠 학생들의 줄넘기 기록

이름	재엽	동혁	지수	영민
기록(번)	60	80	76	52

(   )

유형 2 찢어진 막대그래프 알아보기

251030-0941

03 25명의 학생이 가입한 동아리를 조사하여 나타낸 막대그래프의 일부분이 찢어졌습니다. 독서 동아리 학생 수는 댄스 동아리 학생 수보다 1명 더 많습니다. 사진 동아리에 가입한 학생은 몇 명일까요?

동아리별 학생 수

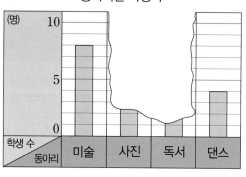

(   )

비법 독서 동아리 학생 수를 구한 다음, 전체 학생 수에서 미술, 독서, 댄스 동아리 학생 수를 뺍니다.

251030-0942

04 학생들이 좋아하는 음료를 조사하여 나타낸 막대그래프의 일부분이 찢어졌습니다. 탄산 음료를 좋아하는 학생 수는 주스를 좋아하는 학생 수의 3배이고, 우유를 좋아하는 학생 수는 물을 좋아하는 학생 수의 2배입니다. 탄산 음료와 우유를 좋아하는 학생 수의 합은 몇 명일까요?

좋아하는 음료별 학생 수

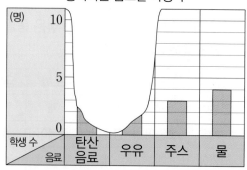

(   )

유형 3 합계를 이용하여 막대그래프 완성하기

251030-0943

05 교실에 있는 책의 수를 종류별로 조사하여 나타낸 막대그래프입니다. 교실에 있는 책은 모두 몇 권일까요?

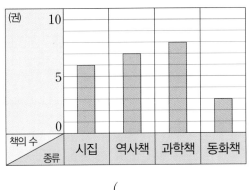

종류별 책의 수

(   )

> **비법** 종류별 책의 수를 더합니다.

251030-0944

06 주리가 다양한 작품을 만들면서 사용한 블록의 수를 나타낸 막대그래프입니다. 모두 200개의 블록을 사용했다면 비행기를 만드는 데 사용한 블록은 몇 개일까요?

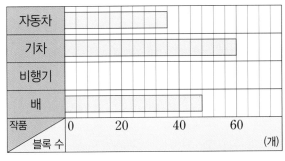

작품별 사용한 블록의 수

(   )

유형 4 막대가 2개인 막대그래프 알아보기

251030-0945

07 세 가게에서 판매한 호박과 당근의 수를 조사하여 나타낸 막대그래프입니다. 세 가게에서 판매한 호박 수의 합과 당근 수의 합이 같을 때 다 가게에서 판매한 당근은 몇 개일까요?

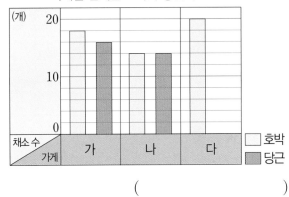

가게별 판매한 호박과 당근 수

(   )

> **비법** 세 가게에서 판매한 호박 수의 합을 먼저 구합니다.

251030-0946

08 4학년 3개 반의 남녀 학생 수를 조사하여 나타낸 막대그래프입니다. 3반에 남학생이 1명 전학을 와서 1반 여학생의 2배가 되고, 세 반의 학생 수가 모두 같아졌습니다. 이제 3반의 남학생과 여학생은 각각 몇 명이 되었나요?

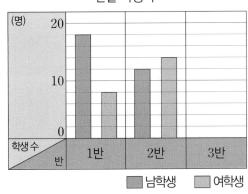

반별 학생 수

3반 남학생 수 (   )
3반 여학생 수 (   )

01 251030-0947

유민이네 반 학생 **30**명이 타고 싶은 놀이기구를 조사하여 나타낸 막대그래프입니다. 학생들에게 가장 인기 있는 놀이기구부터 타기로 했을 때, 어떤 순서로 타면 되는지 풀이 과정을 쓰고 답을 구해 보세요.

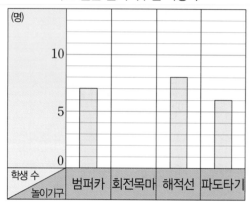

타고 싶은 놀이기구별 학생 수

풀이 ▶

_____

_____

답 ▶ _____

02 251030-0948

서준이네 모둠 학생들이 한 달 동안 읽은 책의 수를 조사하여 나타낸 막대그래프입니다. 막대그래프를 보고 알 수 있는 사실을 2가지 써 보세요.

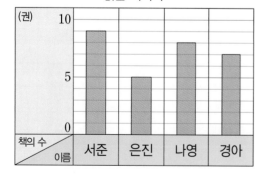

읽은 책의 수

답 ▶

_____

_____

03 251030-0949

학교 체육관에 있는 공의 개수를 조사하여 나타낸 막대그래프입니다. 가장 많은 공의 개수는 가장 적은 공의 개수보다 몇 개 더 많은지 풀이 과정을 쓰고 답을 구해 보세요.

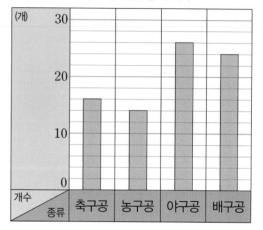

체육관에 있는 공의 개수

풀이 ▶

_____

_____

답 ▶ _____

04 251030-0950

진경이네 학교 4학년 학생들이 좋아하는 체육 활동을 조사하여 나타낸 표를 보고 막대그래프로 나타내려고 합니다. 세로 눈금 한 칸이 2명을 나타낸다면 세로 눈금은 적어도 몇 칸이 있어야 하는지 풀이 과정을 쓰고 답을 구해 보세요.

좋아하는 체육 활동별 학생 수

체육 활동	달리기	뜀틀	줄넘기	피구	합계
학생 수(명)	16	10	12	22	60

풀이 ▶

_____

_____

답 ▶ _____

251030-0951

05 어느 과자점에서 만든 과자를 조사하여 나타낸 막대그래프입니다. 과자를 한 상자에 **20**개씩 종류별로 골고루 섞어서 포장한다면 몇 상자가 되는지 풀이 과정을 쓰고 답을 구해 보세요.

종류별 과자의 개수

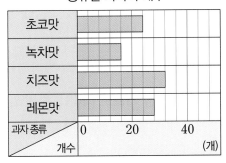

풀이 ▶

_____

_____

답 ▶ _____

251030-0952

06 유라가 **5**월부터 **8**월까지 우유를 마신 날수를 조사하여 나타낸 막대그래프입니다. **7**월과 **8**월에 우유를 마시지 않은 날은 모두 며칠인지 풀이 과정을 쓰고 답을 구해 보세요.

월별 우유를 마신 날수

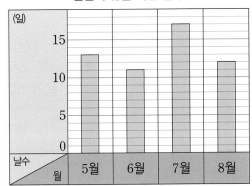

풀이 ▶

_____

_____

답 ▶ _____

251030-0953

07 투호 놀이에서 병에 넣은 화살의 수를 나타낸 막대그래프입니다. 병에 넣은 화살 수의 합이 더 많은 사람이 이길 때 수경이는 **3**회에 적어도 몇 개의 화살을 병에 넣어야 이길 수 있는지 풀이 과정을 쓰고 답을 구해 보세요.

병에 넣은 화살 수

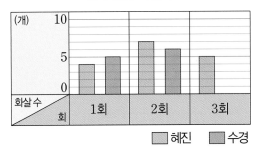

풀이 ▶

_____

_____

답 ▶ _____

251030-0954

08 **44**명의 학생들이 배우고 싶은 운동을 조사하여 나타낸 막대그래프의 일부분이 찢어졌습니다. 양궁을 배우고 싶은 학생 수는 탁구를 배우고 싶은 학생 수의 **2**배일 때 수영을 배우고 싶은 학생은 몇 명인지 풀이 과정을 쓰고 답을 구해 보세요.

배우고 싶은 운동별 학생 수

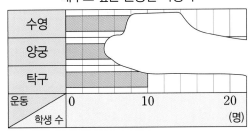

풀이 ▶

_____

_____

답 ▶ _____

[01~03] 상민이네 반 학생들이 조사한 위인을 나타낸 막대그래프입니다. 물음에 답하세요.

조사한 위인별 학생 수

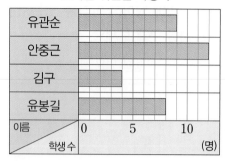

251030-0955

01 가로와 세로는 각각 무엇을 나타내나요?

가로 (   )

세로 (   )

251030-0956

02 가장 많은 학생이 조사한 위인은 누구인가요?

(   )

251030-0957

03 유관순에 대해 조사한 학생 수는 윤봉길에 대해 조사한 학생 수보다 몇 명 더 많을까요?

(   )

[04~07] 어느 주차장에 있는 자동차 74대의 색깔을 조사하여 나타낸 막대그래프입니다. 물음에 답하세요.

색깔별 자동차 수

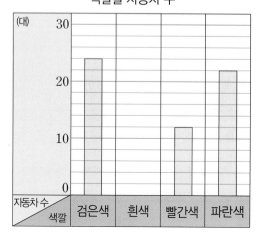

251030-0958

04 눈금 한 칸은 몇 대를 나타내나요?

(   )

251030-0959

05 흰색 자동차는 몇 대일까요?

(   )

251030-0960

06 막대그래프를 가로로 나타내 보세요.

색깔별 자동차 수

251030-0961

07 가장 많은 자동차부터 순서대로 한눈에 알아보기에 표와 막대그래프 중 어느 것이 더 편리한가요?

(   )

251030-0962

08 3월부터 5월까지 비가 온 날수를 조사하여 나타낸 막대그래프입니다. 3개월 동안 비가 오지 않은 날은 며칠일까요?

월별 비가 온 날수

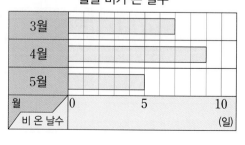

(   )

[09~10] 25명의 학생들이 발표회 때 연주할 악기를 조사하여 나타낸 막대그래프의 일부분이 찢어졌습니다. 물음에 답하세요.

악기별 학생 수

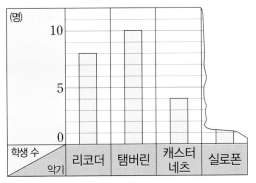

251030-0963

09 실로폰을 연주할 학생은 몇 명일까요?

( )

251030-0964

10 3명의 학생이 전학을 왔고, 3명 모두 캐스터네츠를 연주하기로 했습니다. 연주할 학생이 적은 악기부터 순서대로 써 보세요.

( )

[11~14] 보람이와 친구들의 키를 조사하여 나타낸 막대그래프입니다. 물음에 답하세요.

네 사람의 키

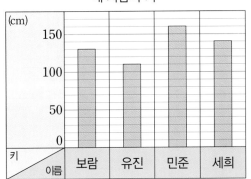

251030-0965

11 세희의 키는 몇 cm인가요?

( )

251030-0966

12 보람이보다 키가 더 큰 친구는 몇 명인가요?

( )

251030-0967

13 키가 가장 큰 학생과 가장 작은 학생의 키의 차는 몇 cm일까요?

( )

251030-0968

14 보람이네 동네 수영장은 키가 120 cm보다 작을 경우 보호자가 반드시 있어야 합니다. 네 사람 중 반드시 보호자와 함께 수영장에 가야 하는 사람은 누구일까요?

( )

251030-0969

15 서술형 어느 가게에서 오늘 판매한 아이스크림 수를 조사하여 나타낸 막대그래프입니다. 아이스크림이 한 개당 700원일 때, 오늘 아이스크림 판매 금액은 얼마인지 풀이 과정을 쓰고 답을 구해 보세요.

아이스크림 맛별 판매량

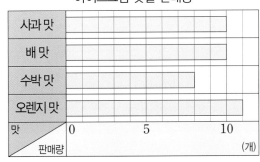

풀이 ▶

_____

_____

_____

 답 ▶ _____

[16~18] 현서는 마을 사람들이 좋아하는 운동을 조사했습니다. 현서가 쓴 글을 읽고 물음에 답하세요.

> 달리기를 좋아하는 사람은 20명이다. 수영을 좋아하는 사람은 달리기를 좋아하는 사람보다 4명 더 적고, 등산을 좋아하는 사람 수의 2배이다. 요가를 좋아하는 사람은 등산을 좋아하는 사람보다 2명 더 많다.

251030-0970

16 표로 나타내 보세요.

마을 사람들이 좋아하는 운동

운동	달리기	수영	등산	요가	합계
사람 수 (명)					

251030-0971

17 막대그래프로 나타내 보세요.

마을 사람들이 좋아하는 운동

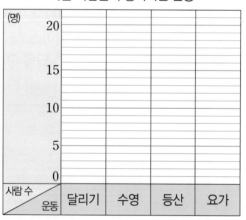

251030-0972

18 17의 막대그래프를 세로 눈금 한 칸이 2명인 막대그래프로 나타낸다면 수영을 좋아하는 사람 수는 세로 눈금 몇 칸으로 나타내야 하나요?

( )

251030-0973

19 연희네 집에서 은행까지 가는 데 걸리는 시간을 나타낸 막대그래프입니다. 오후 4시에 은행 문을 닫는다면 연희가 오후 3시 50분에 집에서 출발했을 때 들어갈 수 있는 은행을 모두 써 보세요.

은행까지 가는 데 걸리는 시간

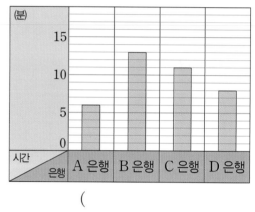

( )

251030-0974

20 음식을 가장 많이 판매한 가게가 다 식당이라고 할 때, 다 식당은 짜장면을 적어도 몇 그릇을 판매했을지 풀이 과정을 쓰고 답을 구해 보세요.

서술형

식당별 음식 판매량

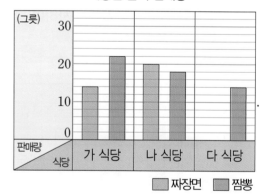

풀이

_____

_____

_____

답 _____

[01~02] 양팔 저울을 보고 물음에 답하세요.

251030-0975

01 왼쪽에서 큐브를 몇 개 덜어내야 양팔 저울이 수평이 되는지 써 보세요.

(   )

251030-0976

02 수평이 된 양팔 저울 양쪽에 놓인 큐브의 개수가 같음을 뺄셈식으로 나타내 보세요.

식 ▶ _____

[03~04] 수 배열표를 보고 물음에 답하세요.

1234	1244	1254	1264	
1334	1344	1354	1364	
1434	1444	1454	1464	
1534	1544	1554	1564	
1634	1644	1654	1664	1674

251030-0977

03 수 배열의 규칙에 따라 빈칸에 알맞은 수를 써넣으세요.

251030-0978

04 색칠된 칸에서 규칙을 찾아 써 보세요.

규칙 [   ] 방향으로 [   ]씩 커집니다.

[05~06] 도형의 배열을 보고 물음에 답하세요.

첫째   둘째   셋째   넷째

251030-0979

05 도형의 배열에서 규칙을 찾아 써 보세요.

규칙 _____

_____

251030-0980

06 다섯째 도형의 배열에서 사각형은 몇 개일까요?

(   )

251030-0981

07 규칙적인 계산식을 보고 다섯째 칸에 알맞은 식을 써 보세요.

순서	계산식
첫째	$2+20=22$
둘째	$2+20+200=222$
셋째	$2+20+200+2000=2222$
넷째	$2+20+200+2000+20000=22222$
다섯째	

08 뺄셈식을 보고 알맞은 말에 ○표 하세요.
251030-0982

$$259-123=136$$
$$359-223=136$$
$$459-323=136$$
$$559-423=136$$

같은 자리 숫자가 똑같이 커지는 두 수의 차는 항상 (일정합니다 , 일정하지 않습니다).

09 규칙적인 계산식을 보고 다섯째 빈칸에 알맞은 계산식을 써 보세요.
251030-0983

순서	계산식
첫째	$101 \times 11 = 1111$
둘째	$101 \times 22 = 2222$
셋째	$101 \times 33 = 3333$
넷째	$101 \times 44 = 4444$
다섯째	

10 나눗셈식을 보고 □ 안에 알맞은 수나 말을 써넣으세요.
251030-0984

$$12 \div 12 = 1$$
$$24 \div 12 = 2$$
$$36 \div 12 = 3$$

일의 자리 숫자가 십의 자리 숫자의 □ 배인 두 자리 수를 12로 나누면 몫은 나누어지는 수의 □ 의 자리 숫자와 같습니다.

11 사물함 번호를 보고 조건을 만족하는 수를 찾아 보세요.
251030-0985

11	15	19	23	27
12	16	20	24	28
13	17	21	25	29
14	18	22	26	30

· ➕ 안에 있는 수 중의 하나입니다.
· ➕ 안에 있는 5개의 수의 합을 5로 나눈 몫과 같습니다.

(   )

12 달력에서 찾은 계산식입니다. □ 안에 알맞은 수를 써넣으세요.
251030-0986

일	월	화	수	목	금	토
		1	2	3	4	5	6
7	8	9	10	11	12	13
14	15	16	17	18	19	20
21	22	23	24	25	26	27
28	29	30				

$$9+17+25=11+17+23$$
$$10+18+26=12+18+24$$
$$11+\boxed{}+27=13+\boxed{}+25$$

유형 1   찢어진 수 배열표에서 규칙 찾기

251030-0987

01 수 배열표의 일부가 찢어졌습니다. 수 배열의 규칙에 따라 ■, ⭐에 알맞은 수를 구해 보세요.

5126	5136		■
5226	5236	5246	5256
5326	5336		5356
5426	⭐		5456

■ (   ), ⭐ (   )

비법 ▶ 찢어진 부분의 주변 수의 배열에서 오른쪽, 아래쪽, ╲ 방향 등으로 규칙을 찾습니다.

251030-0988

02 수 배열의 일부가 찢어졌습니다. 수 배열의 규칙에 따라 ⭐에 알맞은 수를 구해 보세요.

			1659	1859
		⭐	1649	1849
1039	1239	1439	1639	1839
1029	1229			1829

(   )

251030-0989

03 일부만 보이는 수 배열표입니다. 수 배열의 규칙에 따라 ◆, ▲에 알맞은 수를 구해 보세요.

8567	7567	6567	5567
8467	7467	6467	5467
8367	7367	6367	5367
8267	7267	6267	5267

▲   ◆

▲ (   ), ◆ (   )

유형 2   도형의 배열에서 규칙 찾기

251030-0990

04 도형의 배열을 보고 다섯째에 알맞은 도형에서 ●은 몇 개인지 구해 보세요.

첫째   둘째   셋째   넷째

(   )

비법 ▶ 도형의 수가 어느 방향으로 몇 개씩 늘어나는지 규칙을 찾습니다.

251030-0991

05 도형의 배열을 보고 다섯째에 알맞은 도형에서 □은 몇 개인지 구해 보세요.

첫째   둘째   셋째   넷째

(   )

251030-0992

06 도형의 배열을 보고 일곱째에 알맞은 도형에서 ■은 몇 개인지 구해 보세요.

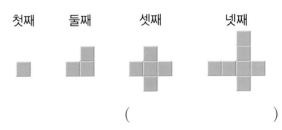

첫째   둘째   셋째   넷째

(   )

유형 3 설명에 맞는 계산식 찾기

251030-0993

07 설명에 맞는 계산식에 ○표 하세요.

> 더해지는 수는 백의 자리 수가 1씩 커지고, 더하는 수는 일의 자리 수가 1씩 커지면 계산 결과는 101씩 커집니다.

$123+415=538$	$123+405=528$
$223+416=639$	$223+415=638$
$323+417=740$	$323+425=748$

(   )   (   )

> **비법** 규칙에 맞는 계산식을 찾습니다.

[08~09] 계산식을 보고 물음에 답하세요.

ㄱ
$244+203=447$
$254+303=557$
$264+403=667$

ㄴ
$531+156=687$
$431+256=687$
$331+356=687$

ㄷ
$653-461=192$
$553-361=192$
$453-261=192$

ㄹ
$885-203=682$
$885-303=582$
$885-403=482$

251030-0994

08 설명에 맞는 계산식을 찾아 기호를 써 보세요.

> 100씩 작아지는 수에 100씩 커지는 수를 더하면 계산 결과는 항상 일정합니다.

(   )

251030-0995

09 다음에 올 계산식이 $885-503=382$인 계산식을 찾아 기호를 써 보세요.

(   )

유형 4 합을 이용하여 규칙 찾기

251030-0996

10 달력에서 ⬚ 안에 있는 9개의 수를 모두 더하면 90입니다. 이와 같은 모양으로 9개의 수를 모두 더한 합이 126일 때 9개의 수 중 한가운데 수를 구해 보세요.

일	월	화	수	목	금	토
						1
2	3	4	5	6	7	8
9	10	11	12	13	14	15
16	17	18	19	20	21	22
23	24	25	26	27	28	29
30	31					

(   )

> **비법** 9개의 수 중 한가운데 수를 ⬚라고 하여 식을 만듭니다.
>
> | ⬚-8 | ⬚-7 | ⬚-6 |
> | ⬚-1 | ⬚ | ⬚$+1$ |
> | ⬚$+6$ | ⬚$+7$ | ⬚$+8$ |

251030-0997

11 10의 달력에 있는 ⬚ 모양과 같은 모양으로 9개의 수를 더했을 때, 189가 되는 9개의 수 중 가장 큰 수를 구해 보세요.

(   )

251030-0998

12 10의 달력에 있는 ⬚ 모양과 같은 모양으로 9개의 수를 더했을 때, 171이 되는 9개의 수 중 가장 작은 수를 구해 보세요.

(   )

01 251030-0999

59에서 48을 뺀 수는 66을 어떤 수로 나눈 몫과 같습니다. 어떤 수를 구하는 풀이 과정을 쓰고 답을 구해 보세요. (단, 66은 어떤 수로 나누어 떨어집니다.)

풀이▸

_____

_____

답▸ _____

02 251030-1000

□ 안에 ＋, －, ×, ÷ 중에서 알맞은 기호를 써넣어 등호를 사용한 식을 완성하려고 합니다. 풀이 과정을 쓰고 답을 구해 보세요.

$$31 \square 25 = 7 \square 8$$

풀이▸

_____

_____

_____

답▸ _____

03 251030-1001

수의 배열에서 빈칸에 들어갈 수를 구하는 풀이 과정을 쓰고 답을 구해 보세요.

| 972 | | 108 | 36 | 12 |

풀이▸

_____

_____

답▸ _____

[04~05] 수 배열표의 일부가 보이지 않습니다. 물음에 답하세요.

222	233	244	255	266
333	344	355		377
444	455			488
555	566			599

251030-1002

04 □로 표시된 칸에서 규칙을 찾아보세요.

규칙 _____

_____

251030-1003

05 □로 표시된 칸에서 규칙을 찾아보세요.

규칙 _____

_____

251030-1004

06 규칙에 따라 바둑돌을 놓고 있습니다. 다섯째에 올 모양에는 바둑돌을 몇 개 놓아야 하는지 풀이 과정을 쓰고 답을 구해 보세요.

첫째   둘째   셋째

풀이▸

_____

_____

답▸ _____

07 251030-1005

규칙에 따라 다섯째에 알맞은 도형을 그리고 규칙을 찾아보세요.

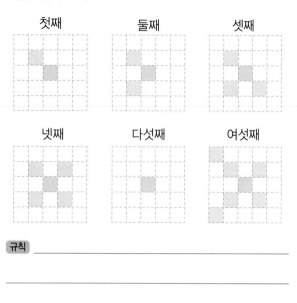

첫째   둘째   셋째

넷째   다섯째   여섯째

규칙 _____

09 251030-1007

규칙적인 계산식을 보고 규칙에 따라 계산 결과가 **999998000001**이 되는 계산식을 구하는 풀이 과정을 쓰고, 답을 구해 보세요.

$$9 \times 9 = 81$$
$$99 \times 99 = 9801$$
$$999 \times 999 = 998001$$
$$9999 \times 9999 = 99980001$$

풀이 ▶ _____

답 ▶ _____

08 251030-1006

규칙에 따라 다섯째에 알맞은 도형의 모양은 어떠할지 도형의 배열에서 규칙을 찾아 설명해 보세요.

첫째   둘째   셋째   넷째

규칙 _____

10 251030-1008

계산식에서 규칙을 찾아 8을 10번 곱했을 때의 일의 자리 숫자를 구하려고 합니다. 규칙을 설명하여 풀이 과정을 쓰고 답을 구해 보세요.

$$8$$
$$8 \times 8 = 64$$
$$8 \times 8 \times 8 = 512$$
$$8 \times 8 \times 8 \times 8 = 4096$$
$$8 \times 8 \times 8 \times 8 \times 8 = 32768$$

풀이 ▶ _____

답 ▶ _____

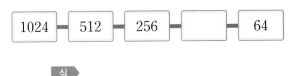
01 수평이 된 모습을 등호를 사용한 식으로 표현하고자 합니다. □ 안에 알맞은 수를 써 넣으세요.

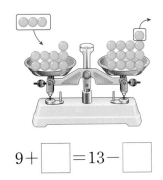

251030-1009

$9 + \boxed{} = 13 - \boxed{}$

251030-1010

02 육각형의 개수를 곱셈식으로 나타내려고 합니다. □ 안에 알맞은 수를 써넣으세요.

첫째   둘째   셋째   넷째

첫째: $1 \times 1 = 1$ 둘째: $2 \times 2 = 4$

셋째: $3 \times \boxed{} = 9$ 넷째: $4 \times \boxed{} = 16$

251030-1011

03 그림을 보고 등호를 사용한 식으로 잘못 나타낸 것을 찾아 기호를 써 보세요.

☆ ☆ ☆ ☆   ☆ ☆ ☆ ☆
☆ ☆ ☆ ☆   ☆ ☆ ☆ ☆
☆ ☆ ☆ ☆   ☆ ☆ ☆ ☆

ㄱ $4 \times 3 = 3 \times 4$
ㄴ $12 \div 3 = 12 \div 4$
ㄷ $4 + 4 + 4 = 3 + 3 + 3 + 3$

(   )

251030-1012

04 수 배열을 보고 규칙에 따라 빈칸에 들어갈 수를 써넣고, 그 수를 구하기 위한 식을 써 보세요.

| 1024 | 512 | 256 | | 64 |

식 _____

[05~06] 수 배열표를 보고 물음에 답하세요.

				■
3751	3752	3753	3754	3755
4751	4752	4753	4754	4755
5751	5752	5753	5754	5755
6751	6752	6753	6754	6755
7751	7752	7753	7754	7755

251030-1013

05 조건을 만족하는 규칙적인 수의 배열을 찾아 색칠해 보세요.

• 가장 큰 수는 7751입니다.
• ↗ 방향으로 다음 수는 앞의 수보다 999씩 작아집니다.

251030-1014

06 수 배열의 규칙에 따라 ■에 알맞은 수를 구해 보세요.

(   )

251030-1015

07 도형의 배열에서 규칙에 따라 다섯째에 올 모형을 그려 보세요.

첫째   둘째   셋째

⬜   🟥⬜   🟥⬜🟥   …

다섯째

251030-1016

08 도형의 배열에서 색칠된 정사각형 개수의 규칙을 찾아 □ 안에 알맞은 수를 써넣으세요.

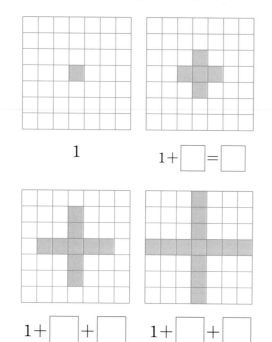

1

$1+\square=\square$

$1+\square+\square$
$=\square$

$1+\square+\square$
$\square+\square=\square$

[09~10] 바둑돌의 배열을 보고 물음에 답하세요.

첫째   둘째   셋째   넷째

251030-1017

09 일곱째에 알맞은 바둑돌의 수를 구해 보세요.

(   )

251030-1018

10 바둑돌을 27개 사용했을 때는 몇째인지 구해 보세요.

(   )

[11~12] 규칙적인 계산식을 보고 물음에 답하세요.

$$101+898=999$$
$$202+797=999$$
$$303+696=999$$
$$404+595=999$$

251030-1019

11 바르게 말한 학생을 찾아 이름을 써 보세요.

민정: 더해지는 수와 더하는 수가 각각 101씩 커지면 계산 결과는 모두 같아.

동윤: 더해지는 수가 101씩 커지고 더하는 수가 101씩 작아지면 계산 결과는 모두 같아.

(   )

251030-1020

12 규칙에 따라 다음에 올 계산식을 써 보세요.

계산식 _____

251030-1021

13 규칙에 따라 다음에 올 수 있는 계산식을 찾아 ○ 표 하세요.

$$965-132=833$$
$$865-132=733$$
$$765-132=633$$

$565-132=533$	$665-132=533$

251030-1022

14 계산식 배열의 규칙에 맞게 빈칸에 알맞은 식을 써넣으세요.

$$37037\times3=111111$$
$$37037\times6=222222$$
$$37037\times9=333333$$

| |

251030-1023

15 곱셈식의 규칙을 이용하여 ㉠, ㉡, ㉢에 알맞은 수를 각각 구해 보세요.

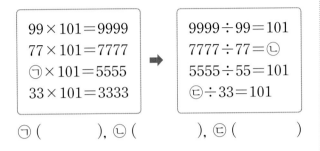

$$99 \times 101 = 9999$$
$$77 \times 101 = 7777$$
$$㉠ \times 101 = 5555$$
$$33 \times 101 = 3333$$

→

$$9999 \div 99 = 101$$
$$7777 \div 77 = ㉡$$
$$5555 \div 55 = 101$$
$$㉢ \div 33 = 101$$

㉠ (   ), ㉡ (   ), ㉢ (   )

251030-1024

16 규칙에 따라 모양을 만들었습니다. 넷째에 올 모양에서 ◆는 몇 개인지 써 보세요.

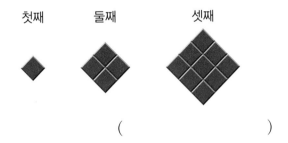

첫째   둘째   셋째

(   )

251030-1025

17 <small>서술형</small> 달력의 색칠된 부분에서 규칙을 찾아 계산식을 만들고, 규칙을 써 보세요.

일	월	화	수	목	금	토
			1	2	3	4
5	6	7	8	9	10	11
12	13	14	15	16	17	18
19	20	21	22	23	24	25
26	27	28	29	30		

$$6 + 14 + 22 = 14 \times 3$$
$$7 + 15 + 23 = 15 \times 3$$

규칙 _____

[18~19] 승강기 버튼의 수 배열을 보고 물음에 답하세요.

251030-1026

18 승강기 버튼의 수 배열에서 규칙적인 계산식을 찾은 것입니다. 빈칸에 알맞은 수를 써넣으세요.

$$12 + 7 = \boxed{} + 6$$

$$\boxed{} + 14 = 20 + \boxed{}$$

251030-1027

19 승강기 버튼의 수를 이용하여 빈칸에 알맞은 계산식을 써넣으세요.

$$5 + 6 = 11 + 12 - 12$$
$$7 + 8 = 13 + 14 - 12$$

251030-1028

20 <small>서술형</small> 달력의 ↘ 방향에서 규칙적인 계산식을 1개 더 쓰고 규칙을 찾아보세요.

일	월	화	수	목	금	토
			1	2	3	4
5	6	7	8	9	10	11
12	13	14	15	16	17	18
19	20	21	22	23	24	25
26	27	28	29	30	31	

$$5 + 21 = 13 \times 2, \ 6 + 22 = 14 \times 2,$$

규칙 _____

6
단원

memo

EBS

4-1

EBS

우리 아이 문해력 수준,
어느 정도일까?

초│등│부│터 EBS

내 문해력은 **4학년 상위 몇 %일까?**

문해력 등급 평가

등 급 으 로 확 인 하 는 진 짜 문 해 력 수 준

초등 1학년 ~ 중학 1학년
(학년별 3회분 평가 수록)

《 문해력 등급 평가 》

문해력 전 영역 수록

어휘, 쓰기, 독해부터
디지털독해까지 종합 평가

정확한 수준 확인

문해력 수준을 수능과
동일한 9등급제로 확인

평가 결과표 양식 제공

부족한 부분은 스스로 진단하고
친절한 해설로 보충 학습

문해력 본학습 전에 수준을 진단하거나 본학습 후에 평가하는 용도로 활용해 보세요.

BOOK 3
풀이책

BOOK 3 풀이책으로 채점해 보고,
틀린 문제의 풀이도 확인해 보세요.

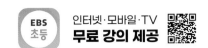

초 | 등 | 부 | 터 **EBS**

새 교육과정 반영

만점왕 수학 플러스

교과서 기본과 응용 문제를 한 번에 잡는 **교과서 기본 + 응용**

BOOK 3
풀이책

'한눈에 보는 정답' 보기
& 풀이책 내려받기

4-1

만점왕 수학 플러스

교과서 기본과 응용 문제를 한 번에 잡는 **교과서 기본+응용**

BOOK 3
풀이책

4-1

한눈에 보는 정답

1단원 큰 수

교과서 개념 다지기
8~10쪽

01 10000(1만), 만(일만) 02 2000원

03 (1) 5 (2) 8 04 (1) 1000 (2) 9999

05 79382

06 4, 5673, 사만 오천육백칠십삼

07 50000, 600, 3 08 (1) 이 (2) 사

09 (교차 연결선)

10 23570000(2357만), 이천삼백오십칠만

11 (1) 6, 5, 2, 8, 0, 0, 0, 0 (2) 2, 6, 0, 3, 0, 0, 0, 0

12 30000000, 200000

교과서 넘어 보기
11~14쪽

01 ④

02 (1) 9990 (2) 9996, 10000

03 50 04 2000원

05 (1) 60 (2) 40 06 45207, 사만 오천이백칠

07 (위에서부터) 50000, 30000, 40000

08 (위에서부터) 8, 2 / 400, 1

09 74693, 육만 구천백오, 29035

10 (1) 만, 80000 (2) 십, 90

11 ④ 12 38900원

13 20347, 이만 삼백사십칠 14 (1) ⓒ (2) ㉠ (3) ⓛ

15 1, 4 / 50000000, 300000

16 500000, 5000000 17 36129000

18 ( )(○)( ) 19 ㉣

20 97654310, 구천칠백육십오만 사천삼백십

21 45570원 22 356000원

23 8장 24 796521

25 103269 26 5643100, 1600345

교과서 개념 다지기
15~18쪽

01 1억, 10억, 100억 02 (1) 1000만 (2) 100만

03 513843790000 04 654억 3465만

05 100, 1000 06 8762000000000000

07 구백오십칠조

08 9, 2, 6, 7, 4, 5, 3, 8 / 구천이백육십칠조 사천오백삼십팔억

09 (위에서부터) 754만, 454만

10 (위에서부터) 420만, 4억 2000만

11 백만, 100만

12 > 13 <

교과서 넘어 보기
19~22쪽

01 (교차 연결선) 02 3, 5, 0, 7

03 1270000000 / 2004000000, 이십억 사백만

04 3000000000(30억) 05 9000, 500, 10, 2

06 1000억, 1조, 100조

07 205032600000000 / 이백오조 삼백이십육억

08 (1) 십조, 80000000000000
   (2) 백조, 900000000000000

09 ⓒ

10 1023456789/ 십억 이천삼백사십오만 육천칠백팔십구

11 82289000, 84289000 12 100조씩

13 (위에서부터) 4억 3657만, 5억 3557만, 7억 3557만,
   7억 3657만

14 8

15 (수직선)

    56710   56750   56800

예 56760(㉠), 56730(ⓒ), 큽니다에 ○표

16 (1) > (2) < 17 [△|○|]

18 수빈 19 목성, 토성, 금성

20 대한민국, 이탈리아, 독일 21 149597870

22 2401189400000000

23 753434000, 553557000000

24 ( ) 25 ⓒ, ⓛ, ㉠
   (△) 26 ⓛ, ㉠, ⓒ
   (○)

응용력 높이기
23~27쪽

대표 응용1 백만, 2000000, 만, 20000 / 100

1-1 500000000, 50000, 10000

1-2 ㉣

대표 응용2 4 / 498652

2-1 5974210 2-2 60123789

| 대표 응용 3 | 5, 2 / 34125 |
| | |

3-1 12453　　　　　　　　　**3-2** 8597634210

| 대표 응용 4 | 10만 / 10만 / 8410만, 8420만, 8430만, 8430만 |

4-1 4, 5000, 7, 5000　　　　**4-2** 40만

| 대표 응용 5 | 5 / 0, 1, 2, 3, 4 |

5-1 7, 8, 9　　　　　　　　　**5-2** ㉡, ㉠, ㉢

단원 평가 LEVEL ❶ 　　　　　　　　28~30쪽

01 800, 50, 2　　　　　　**02**

03 8000, 600, 9　　　　　**04** 50장

05 29361, 이만 구천삼백육십일　**06** 8, 4, 0

07 9023만 7629, 구천이십삼만 칠천육백이십구

08 ⑤　　　　　　　　　　**09** 6

10 999999997, 구억 구천구백구십구만 구천구백구십칠

11 ㉢　　　　　　　　　**12** 50조, 500조, 5000조

13 십조　　　　　　　　**14** 4억 500만(405000000)

15 가 나라　　　　　　　**16** (1) > (2) <

17 6, 7, 8, 9　　　　　　**18** 40265789

19 풀이 참조, 8개　　　　**20** 풀이 참조, 52360500

단원 평가 LEVEL ❷ 　　　　　　　　31~33쪽

01 ②　　　　　　　　　**02** 삼만 구천오백팔십 원

03 ㉣　　　　　　　　　**04** 83655

05 9, 2, 8 / 9000000, 200000, 80000

06 30　　　　　　　　　**07** 400장

08 0　　　　　　　　　　**09** 10253467

10 6조 2000억　　　　　**11** 9460000000000

12 ㉡　　　　　　　　　**13** 20조씩

14 (위에서부터) 5740억, 5750억 / 6730억
　　／ 7750억, 7760억 / 8730억, 8760억

15 ㉢, ㉠, ㉡

16 (1) > (2) = (3) <　**17** 5

18 350701　　　　　　**19** 풀이 참조, 3조 300억

20 풀이 참조, 7

---

2 단원　각도

교과서 개념 다지기 　　　　　　　36~37쪽

01 ( )(○)　　　　**02** 가　　　　　　**03** 3, 4

04 나　　　　　　　**05** ㉠　　　　　　**06** ③

07 120　　　　　　**08** 80

교과서 넘어 보기 　　　　　　　38~39쪽

01 나　　**02** ( )(○)　　**03** 3

04 혜미　　**05** ⑤　　　　　**06** (1) 20 (2) 110

07 나　　**08** 130°　　　　**09** 120°

10 105°　　**11** 3, 2, 나　　**12** 2개

교과서 개념 다지기 　　　　　　　40~42쪽

01 (1) 예각 (2) 둔각　　**02**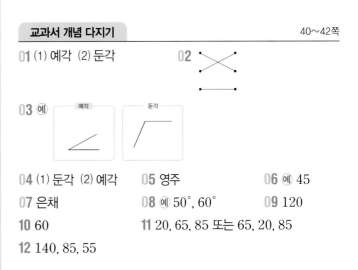

03

04 (1) 둔각 (2) 예각　　**05** 영주　　　**06** 예 45

07 은채　　**08** 예 50°, 60°　　**09** 120

10 60　　　**11** 20, 65, 85 또는 65, 20, 85

12 140, 85, 55

교과서 넘어 보기 　　　　　　　43~45쪽

01 ( )(○)　**02** 가, 다 / 나　　**03** 3개

04 3개　　**05** 나　　　　　**06** 가

07 예 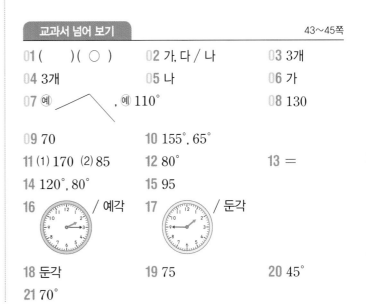 , 예 110°　　　**08** 130

09 70　　**10** 155°, 65°

11 (1) 170 (2) 85　　**12** 80°　　　　**13** =

14 120°, 80°　　　**15** 95

16 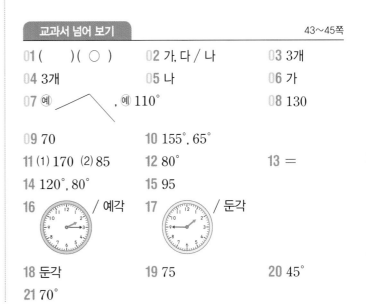 / 예각　　**17** 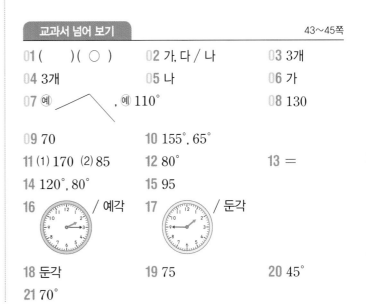 / 둔각

18 둔각　　**19** 75　　　　　**20** 45°

21 70°

교과서 개념 다지기 46~47쪽

01 180

02 60, 75, 180 또는 75, 60, 180

03 180°

04 50

05 360

06 예 75, 95, 100 / 360

07 180, 360

08 360, 155

교과서 넘어 보기 48~50쪽

01 65°, 55° / 65, 55, 180

02 90°

03 나리

04 70

05 나

06 105°

07 55°

08 105°, 70° / 105, 70, 360

09 민우

10 110°

11 95°

12 205°

13 180°

14 125

15 30

16 75°

17 95

18 75°

19 85

응용력 높이기 51~55쪽

대표 응용 1 ㉠, ㉣, 2 / ㉡, ㉢, ㉤, ㉥, 4

1-1 2개, 5개

1-2 5개

대표 응용 2 180 / 180, 3, 60 / 2, 60, 2, 120

2-1 108°

2-2 30°

대표 응용 3 30 / 90, 30, 60

3-1 15

3-2 120

대표 응용 4 360, 360 / 125

4-1 40°

4-2 65°

대표 응용 5 180, 360 / 180, 360, 540

5-1 1080°

5-2 1260°

단원 평가 LEVEL ① 56~58쪽

01 ( )(○)

02 나

03 나

04 20°

05 ●———●
●———●

06 나, 다

07 ⑤

08
예
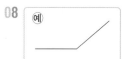

09 ㉡, ㉢, ㉥

10 (1) / 둔각 (2) / 예각

11 예 140°, 140°

12 70, 55

13 100°

14 35°

15 125

16 75°

17 100

18 165°

19 풀이 참조, 105°

20 풀이 참조, 35°

단원 평가 LEVEL ② 59~61쪽

01 (△)( )(○)

02 나, 다

03 지웅

04 각 ㄱㅂㅁ 또는 각 ㅁㅂㄱ

05 45°, 70°

06 130°

07 5개

08 ㉡, ㉢

09 각 ㄱㅁㄷ, 각 ㄴㅁㄷ, 각 ㄴㅁㄹ

10 85°, 100°

11 서윤

12 55°

13 ㉣

14 50°

15 30°

16 45°

17 80°

18 115°

19 풀이 참조, 105°

20 풀이 참조, 45°

3단원 곱셈과 나눗셈

교과서 개념 다지기 64~65쪽

01 (위에서부터) 9, 4, 4 / 9, 4, 4, 0

02 (위에서부터) 625, 6250, 10

03 (1) 8, 8 (2) 15, 15 (3) 30, 30

04 (1) 2360, 472, 2832 (2) 10920, 1365, 12285

05 (1) 16050, 17013 (2) 1551, 10340, 11891

교과서 넘어 보기 66~68쪽

01 (왼쪽에서부터) 8420, 10

02 2092, 20920

03 ㉡

04 (1) 7, 3 (2) 5, 0, 6

05 (1) 12960 (2) 35000 (3) 10660 (4) 16000

06 (교차선 그림)

07 3600 cm

08 예빈

09 20580

10 8720, 3924 / 3924, 8720, 12644

11
```
      7 0 9
  ×     6 3
  ─────────
    2 1 2 7
  4 2 5 4
  ─────────
  4 4 6 6 7
```

12 18944

13 6045장

14 23424

15 (위에서부터) 7, 9   **16** (위에서부터) 5, 3

17 (위에서부터) 9, 6, 2   **18** 16110

19 8671   **20** 36608

교과서 개념 다지기   69~70쪽

01 (1) 6 (2) 8   **02** (1) 6, 360, 0 (2) 9, 450, 17

03 7, 210 / 210, 24, 234   **04** 6 / 204

05 (1) 5, 75, 0 (2) 3, 156, 0

06 (1) 3, 75 / 확인 3, 75 / 75

(2) 7, 301, 9 / 확인 7, 301 / 301, 9

교과서 넘어 보기   71~73쪽

01 7, 7   **02** (1) 6 (2) 3   **03** ㉢

04   **05** 9일

06
```
        5     / 5, 26
  60)3 2 6
     3 0 0
        2 6
```
07 3시간 15분

08 (1) 3…1 (2) 4…19

09 (1) 3, 23 / 확인 24, 3, 72 / 72, 23, 95

(2) 8, 7 / 확인 18, 8, 144 / 144, 7, 151

10 3, 11   **11** 1, 7, 9, 19   **12** ㉣

13 ㉢   **14** 4, 30   **15** 102

16 84   **17** 115개   **18** 3, 3

19 6일   **20** 5개

교과서 개념 다지기   74~76쪽

01 17, 19, 133, 133, 0

02 (1) 21, 48, 24, 24, 0 (2) 34, 39, 52, 52, 0

03 (1) 17, 37, 271, 259, 12 (2) 18, 46, 379, 368, 11

04 11, 51, 63, 51, 12 / 51×11＝561, 561+12＝573

05 (1) 예 100, 30, 100, 30, 3000 (2) 예 700, 50, 700, 50, 14

교과서 넘어 보기   77~80쪽

01 640, 960, 1280 / 20, 30   **02** 10에 ○표

03 (1) 14 (2) 21   **04**

05 12일

06 16, 커야에 ○표

07 ㉡, ㉣, ㉠   **08** (1) 14…6 (2) 21…17

---

09 ㉢   **10**
```
           5 6
    17)9 6 5
       8 5
       1 1 5
       1 0 2
          1 3
```

11 (1) 12, 5 (2) 63, 3   **12** 26   **13** 27개

14 42   **15** 예 90, 3600   **16** ㉠

17 현수   **18** 예 690, 23   **19** ②

20 예슬   **21** (1) × (2) ○   **22** 521

23 545   **24** 4   **25** 11, 27

26 3420   **27** 22834

응용력 높이기   81~85쪽

대표 응용 1 24 / 24, 3216

1-1 9, 6, 4 / 54948   **1-2** 23030

대표 응용 2 20, 20, 20, 21, 10, 21

2-1 6, 4, 3 / 14, 41   **2-2** 58

대표 응용 3 12, 26 / 12 / 13

3-1 8   **3-2** 26, 27, 28

대표 응용 4 15, 22, 330 / 330, 10, 10, 10, 10 / 10, 22

4-1 2개   **4-2** 24개, 48개

대표 응용 5 20, 39 / 39

5-1 65개   **5-2** 49개

단원 평가 LEVEL ❶   86~88쪽

01 ㉡   **02** 35000

03   **04** (1) 7392 (2) 42483

05 ㉡   **06** 3, 5 / 5355

07 (위에서부터) 7, 3   **08** 6210 m   **09** 5…37

10 ㉠   **11** (1) 9 (2) 8…27

12 6, 348, 8 확인 58, 6, 348 / 348, 8, 356

13 ㉡, ㉣, ㉠   **14** ㉠   **15** 16장

16 935   **17** 60

18 예 300, 20, 6000   **19** 풀이 참조, 16813

20 풀이 참조, 5병

단원 평가 LEVEL ❷

89～91쪽

01 20490

02 채아

03 1630, 6520, 8150

04 396, 22968

05
```
      2 7 3
  ×   5 3
  ─────────
      8 1 9
  1 3 6 5
  ─────────
  1 4 4 6 9
```

06 ㉡

07 4480대

08 99900 mL

09 8

10 (1) 3…8 (2) 9…28

11 ㉠

12 17대

13 21개

14 18, 26, 468 / 468, 14, 482

15 ①, ③

16 5개

17 93

18 예 300, 20, 15

19 풀이 참조, 25개

20 풀이 참조, 3개

4단원 평면도형의 이동

교과서 개념 다지기

94～95쪽

01 (1)   (2)

02 ㉠

03 (1)

(2)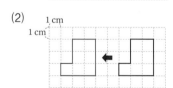

04 (1) 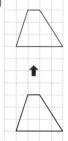 (2)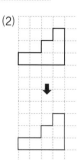

교과서 넘어 보기

96～97쪽

01 아래쪽, 3

02

03 ㄷ

04

05 나연

06 (　) (○) (　)

07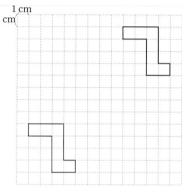

08 왼, 6

09 ⑤

10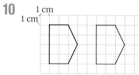

11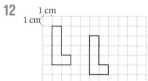

12

교과서 개념 다지기

98～100쪽

01 (1)   (2)

02 (1)   (2)

03 (　) (○) (　)

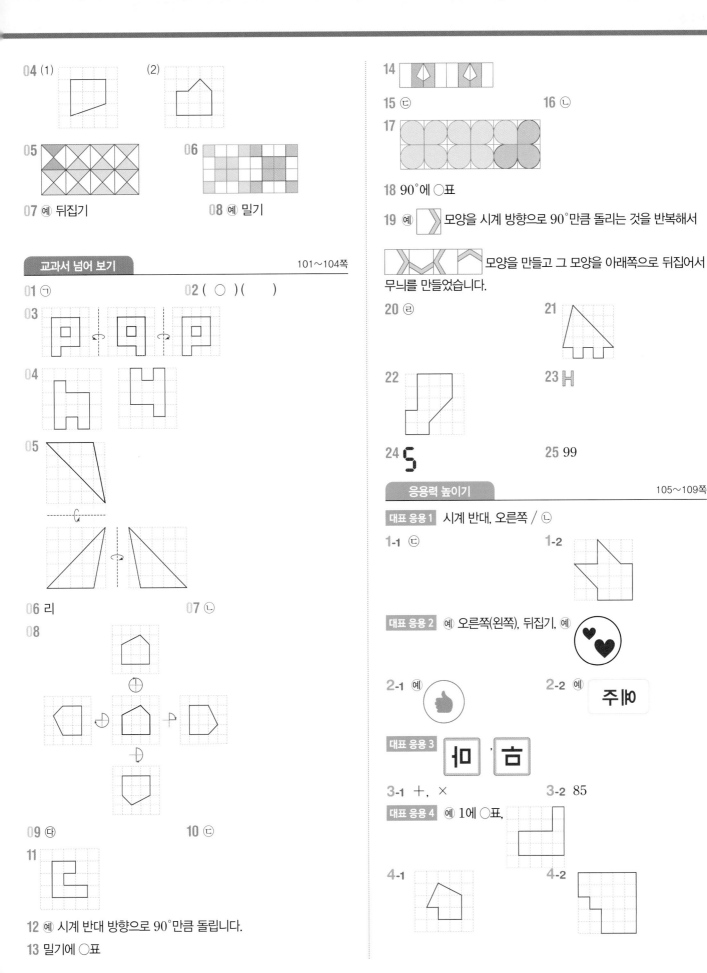

04 (1)　　　　　(2)

05　　　　　**06**

07 예 뒤집기　　　　　**08** 예 밀기

교과서 넘어 보기　　101~104쪽

01 ㉠　　　　　**02** (◯)(　　)

03

04

05

06 ㄹ　　　　　**07** ㉡

08

09 ㉢　　　　　**10** ㉢

11

12 예 시계 반대 방향으로 90°만큼 돌립니다.

13 밀기에 ◯표

14

15 ㉢　　　　　**16** ㉡

17

18 90°에 ◯표

19 예　　모양을 시계 방향으로 90°만큼 돌리는 것을 반복해서

　　모양을 만들고 그 모양을 아래쪽으로 뒤집어서
무늬를 만들었습니다.

20 ㉣　　　　　**21**

22　　　　　**23** H

24 S　　　　　**25** 99

응용력 높이기　　105~109쪽

대표 응용 1 시계 반대, 오른쪽 / ㉡

1-1 ㉢　　　　　**1-2**

대표 응용 2 예 오른쪽(왼쪽), 뒤집기, 예

2-1 예　　　　　**2-2** 예 한복

대표 응용 3 응, 응

3-1 +, ×　　　　　**3-2** 85

대표 응용 4 예 1에 ◯표,

4-1　　　　　**4-2**

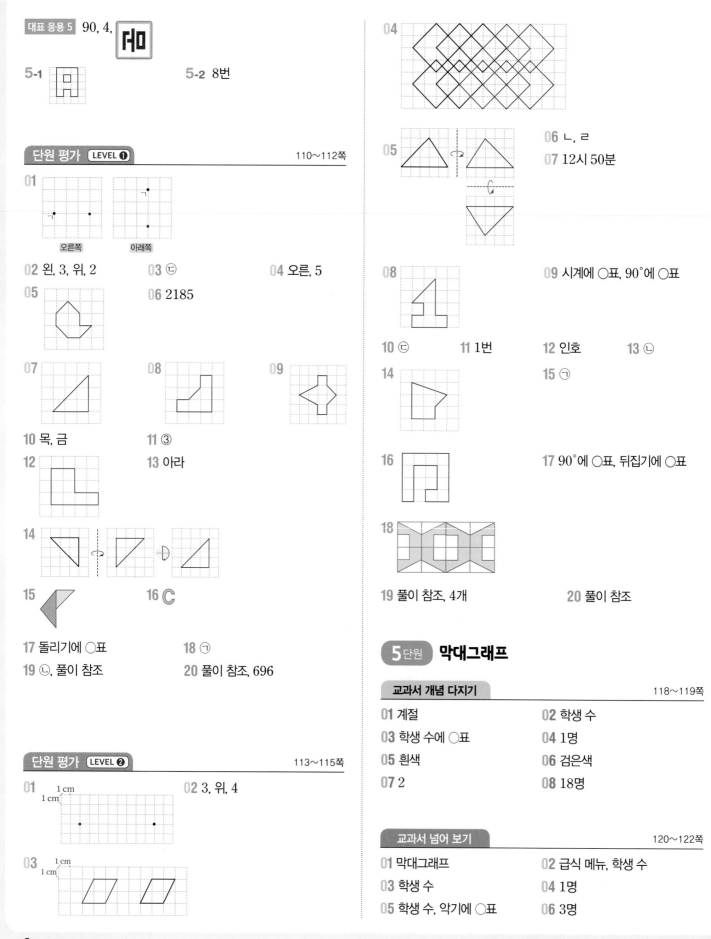

대표 응용 5 90, 4,

5-1

5-2 8번

단원 평가 LEVEL ❶ 110~112쪽

01 오른쪽 / 아래쪽

02 왼, 3, 위, 2 **03** ㉢ **04** 오른, 5

05 **06** 2185

07 **08** **09**

10 목, 금 **11** ③

12 **13** 아라

14

15 **16** ㉢

17 돌리기에 ○표 **18** ㉠

19 ㉡, 풀이 참조 **20** 풀이 참조, 696

단원 평가 LEVEL ❷ 113~115쪽

01 1 cm / 1 cm **02** 3, 위, 4

03 1 cm / 1 cm

04

05 **06** ㄴ, ㄹ

07 12시 50분

08 **09** 시계에 ○표, 90°에 ○표

10 ㉢ **11** 1번 **12** 인호 **13** ㉡

14 **15** ㉠

16 **17** 90°에 ○표, 뒤집기에 ○표

18

19 풀이 참조, 4개 **20** 풀이 참조

5단원 막대그래프

교과서 개념 다지기 118~119쪽

01 계절 **02** 학생 수
03 학생 수에 ○표 **04** 1명
05 흰색 **06** 검은색
07 2 **08** 18명

교과서 넘어 보기 120~122쪽

01 막대그래프 **02** 급식 메뉴, 학생 수
03 학생 수 **04** 1명
05 학생 수, 악기에 ○표 **06** 3명

07 표

08 막대그래프

09 향나무

10 8그루

11 소나무

12 ⓔ 나무 수의 많고 적음을 한눈에 비교할 수 있습니다.

13 8명

14 보드게임

15 (위에서부터) ○, ×, ○

16 시소, 그네, 미끄럼틀, 철봉

17 2

18 8 m

19 30개

20 24000원

21 1000원

교과서 개념 다지기
123~125쪽

01 학생 수

02 7칸

03
좋아하는 주스별 학생 수
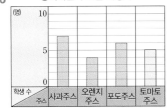

04 8, 5, 8, 4, 25

05 간식

06
좋아하는 간식별 학생 수
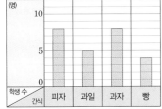

07 23명

08 고무줄놀이

09 딱지치기, 9, 연날리기

교과서 넘어 보기
126~128쪽

01 7표

02 이름

03
학생별 득표 수
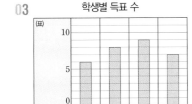

04 6칸

05
가고 싶은 나라별 학생 수
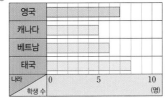

06 10칸

07 28개

08
종류별 동전 수
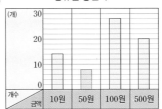

09 400, 2800, 13340

10 ⓔ 100원

11
요일별 사용한 용돈
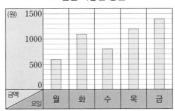

12
요일별 사용한 용돈

13 5, 4, 2, 3, 14

14
날씨별 날수
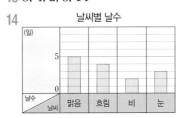

15 민서

16 80회

17 60회

18 ⓔ 줄넘기 기록이 4주보다 더 늘어날 것입니다.

응용력 높이기
129~133쪽

대표 응용 1 작은에 ○표 / 2

1-1 토끼

1-2 공룡

대표 응용 2 1, 10, 5, 8, 4, 4, 2 /

동물별 수

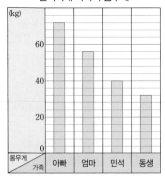

2-1 민석이네 가족의 몸무게

2-2 8칸

대표 응용 3 4, 13, 8 / 4, 13, 8, 5

3-1 9점

대표 응용 4 8, 8, 4 / 2, 9

4-1 3명, 5명

4-2 태어난 계절별 학생 수

대표 응용 5 6 / 84, 84, 87

5-1 24일

5-2 4월

단원 평가 LEVEL ①
134~136쪽

01 8, 7, 5, 5, 25

02 하루 동안의 빵 판매량

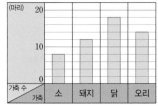

03 종류, 판매량

04 1개

05 28명

06 4명

07 종류별 가축 수

08 닭, 오리, 돼지, 소

09 ④

10 (1) ◯ (2) ×

11 3배

12 7900원

13 59 kg

14 (◯) ( )

15 예 1인당 쌀 소비량이 점점 줄어들 것입니다.

16 6명

17 4학년 1반 학생들이 좋아하는 영화별 학생 수

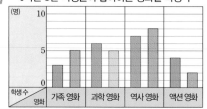

18 3명

19 풀이 참조, 3회

20 풀이 참조,

학생별 훌라후프 기록

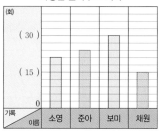

단원 평가 LEVEL ②
137~139쪽

01 12명

02 52명

03 막대그래프

04 20칸

05 3, 6 /

받고 싶은 선물별 학생 수

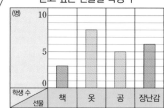

06 2배

07 옷, 장난감, 공, 책

08 받고 싶은 선물별 학생 수

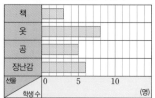

09 5, 3, 4, 4, 2, 18

10 모

11 33개

12 6명

13 28℃

14 3일

15 ㉔ 기온이 점점 높아질 것입니다.

16 25송이   **17** 5송이

18 24명   **19** 풀이 참조, 25000원

20 풀이 참조 / 남준, 민아

6단원 규칙 찾기

교과서 개념 다지기   142~144쪽

01 2개   **02** ㉔ $4+3=5+2$

03 5, 3   **04** $3\times3=9$

05 ㉔ $36+6=42$, $48-6=42$

06 8 / 32, 2   **07** 100, 10

08 535   **09** 1

10 25개   **11** 1

12 (   )(○)(   )

교과서 넘어 보기   145~147쪽

01 1개   **02** ㉔ $5+1=6$

03 7, 4, 16   **04** $4\times4=16$

05 2에 ○표

06

07 D4   **08** C7

09 (1) 655 (2) 189   **10** ㉣

11

12 ㉔ 7002부터 ↘ 방향으로 900씩 작아집니다.

13 $1+2+3+4$ **14** 15개

15

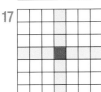

16 ㉔ 사각형의 수가 1개에서 시작하여 2개씩 늘어납니다.

17

18 6개, 4개

19 15개, 21개

교과서 개념 다지기   148~150쪽

01 1, 20 / $56+71=127$

02 101, 101 / $999-494=505$

03 111, 11100 / $666\times100=66600$

04 100, 1 / $200\div100=2$

05 7, 16   **06** 17, 24

07 2, 6 / 5, 15 / 8, 24   **08** 9

교과서 넘어 보기   151~154쪽

01 10, 10   **02** $400+180=580$

03 ㉓   **04** $3500-3000=500$

05 $1100+800-500=1400$

06 $1400+1100-800=1700$

07 11, 5500, ㉔ 곱해지는 수가 100씩 커지고 곱하는 수가 11로 일정하면 계산 결과는 1100씩 커집니다.

08 (1)에 ○표   **09** $37\times12=444$

10 ㉔ $125\div5\div5\div5=1$ / ㉔ $625\div5\div5\div5\div5=1$

11 $60000006\div6=10000001$

12 일곱째   **13** 100, 100, 200, 200

14 ㉔ 연속하는 세 수의 합은 가운데 있는 수의 3배와 같습니다.

15 21   **16** ㉔ $7+9=8\times2$

17 ㉔ $1+8=2+7$ **18** 11

19 ㉔ 400, 200, 200 / 600, 300, 300 / 800, 400, 400

20 ㉔ 1208, 302, 4 / 12008, 3002, 4 / 120008, 30002, 4

21 ㉔ $14+15+30+31=90$ 또는 $16+17+28+29=90$

22 270, 450

응용력 높이기   155~159쪽

대표 응용 1 2 / 353, 355, 357, 359, 359

1-1 78733, 68734   **1-2** 1145700

대표 응용 2 2 / 2, 8

2-1 15개   **2-2** 24개

대표 응용 3 4 / 3 / 3, 3, 3, 3, 16

3-1 15개   **3-2** 12개

대표 응용 4 3 / 303, 3 / 303, 303

4-1 3, 15, 5, 28   **4-2** 58, 65, 68, 77

대표 응용 5 2, 3, 4 / 1 / 5, 15

5-1 ㉔ $16+9=25$

5-2 ㉔ $35+16=51$ 또는 $22+13+16=51$

단원 평가 LEVEL ❶

160~162쪽

01 1, 2

02 세아

03 ×, ÷, −

04 (1) 1843 (2) 75

05 (위에서부터) 2398, 3398, 4398, 5398

06 ㉹ 2318, 1020

07 565

08 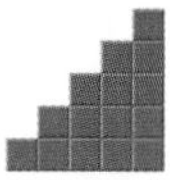

09 ㉹ 왼쪽과 아래쪽으로 한 개씩 늘어나고 ■와 ■이 번갈아 놓입니다.

10 6개, 5개

11 10, 5

12 3, 6, 1

13 $37037 \times 15 = 555555$

14 $37037 \times 21 = 777777$

15 27

16 1, ↙ (또는 ↗)

17 30

18 19개

19 풀이 참조, 70109

20 풀이 참조

단원 평가 LEVEL ❷

163~165쪽

01 ㉹ $9+7=16$, $1+2+3+4+3+2+1=16$

02 $6 \times 6 = 36$

03 (2)에 ○표

04 4024, 7027

05 (1) ↓, 1에 ○표 (2) →에 ○표

06 1000에 ○표, 커집니다에 ○표

07 63834

08 시계 반대 방향에 ○표

09 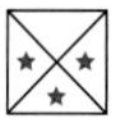

10 2, 3, 4

11 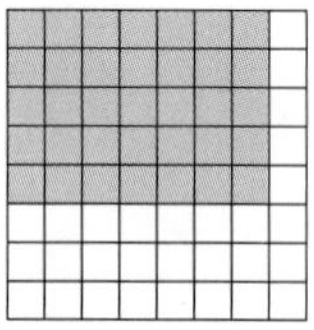 , 7×5

12 $540+660=1200$

13 $840+960=1800$

14 6666667

15 15, 15 225

16 $6666666602 \div 123456789 = 54$

17 $4+12=20-4$

18 14

19 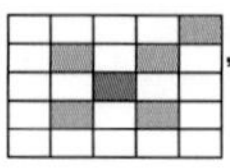, 풀이 참조

20 풀이 참조, 17개

BOOK 2

1단원 큰 수

기본 문제 복습
2~3쪽

01 100, 10, 1
02 43098, 사만 삼천구십팔
03 (위에서부터) 40000, 6, 700, 8, 2
04 10만, 100만, 1000만
05 9000000, 700000
06 8
07 (1) 100000000 또는 1억 (2) 1000000000000 또는 1조
08 710, 5892, 칠백십억 오천팔백구십이만
09 38조 5124억 7381만
　삼십팔조 오천백이십사억 칠천삼백팔십일만
10 ㉠
11 4조 8800억, 5조 800억
12 ⑤
13 다

응용 문제 복습
4~5쪽

01 48장
02 35장
03 89장, 9장
04 73264708
05 99990000 또는 9999만
06 53300
07 1000000(100만)씩
08 10조 5000억씩
09 700
10 98635
11 102476
12 9867301, 1063798

서술형 수행 평가
6~7쪽

01 풀이 참조, 11상자
02 풀이 참조, 156380원
03 풀이 참조, 52134
04 풀이 참조, 7번
05 풀이 참조, 8
06 풀이 참조, 5770300
07 풀이 참조, 1570000000000000(1570조)마리
08 풀이 참조, 79억 2000만
09 풀이 참조, 6
10 풀이 참조, 958710, 105978

단원 평가
8~10쪽

01 (1) 10000 (2) 10000
02 18500원
03 5, 8, 6, 7, 2
04 30000, 1000, 400, 70, 6
05 3개
06 5924, 7238
07 ㉡
08 ㉢
09 990
10 87653210 / 팔천칠백육십오만 삼천이백십
11 10000배
12 5030020000

13 ㉡
14 영서
15 69억 3만, 79억 3만, 99억 3만
16 414억
17 풀이 참조, 830억
18 >
19 ㉢, ㉠, ㉡
20 풀이 참조, 0, 1, 2, 3

2단원 각도

기본 문제 복습
11~12쪽

01 ㉠
02 가
03 145°
04 가
05 140°
06 ( ) (○)
07 85°, 10°
08 예 80°, 85°
09 260°, 70°
10 125
11 30°
12 135
13 175°

응용 문제 복습
13~14쪽

01 (선 연결)
02 >
03 35°
04 65
05 92°
06 55°
07 60
08 250°
09 40°
10 145°
11 135°
12 100°

서술형 수행 평가
15~16쪽

01 풀이 참조, 54°
02 풀이 참조, 135°
03 풀이 참조, 240°
04 풀이 참조, 465°
05 풀이 참조, 20°
06 풀이 참조, 16°
07 풀이 참조, 360°
08 풀이 참조, 120°
09 풀이 참조, 65°
10 풀이 참조, 88°

단원 평가
17~19쪽

01 ( ) (○) ( )
02 나
03 나
04 ㉢, ㉡, ㉠
05 70°
06 110°
07 가
08 예
09 2개
10 4개
11 예 100°, 105°
12 준하
13 둔각
14 25°
15 55°
16 140°
17 풀이 참조, 720°
18 155°
19 풀이 참조, 52°
20 25

3단원 덧셈과 뺄셈

기본 문제 복습
20~21쪽

01 14080

02 (1) 12200 (2) 62196

03 21600

04
```
      6 3 8
  ×     5 7
  ─────────
    4 4 6 6
  3 1 9 0
  ─────────
  3 6 3 6 6
```

05 34788

06 14820 cm

07
```
           7
  37 ) 2 6 5
       2 5 9
  ─────────
           6
```
확인 37×7=259,
259+6=265

08

09 (1) 5…18 (2) 14…43

10 >

11 ( )( )(○)

12 217

13 (1) 예 100, 20, 100, 20, 2000 (2) 예 600, 30, 600, 30, 20

응용 문제 복습
22~23쪽

01 3427
02 19440
03 6670

04 3, 6 / 12600
05 7, 5 / 44400
06 34160

07 15, 17
08 26
09 94

10 78봉지
11 25개
12 945개

서술형 수행 평가
24~25쪽

01 풀이 참조, 3875번
02 풀이 참조, 37640원

03 풀이 참조, 12320 mL
04 풀이 참조, 3

05 풀이 참조, 836
06 풀이 참조, 16개

07 풀이 참조, 47432원
08 풀이 참조, 27300원

09 풀이 참조, 432, 472
10 풀이 참조, 19개

단원 평가
26~28쪽

01 9860, 10
02 ②
03 15456

04 >
05 44046

06 (위에서부터) 6, 2, 5, 8
07 5425쪽

08 5700원
09 7
10 8, 536, 19

11 1, 3, 2
12 ⓒ, ⓔ, ⓕ

13
```
         1 2
  47 ) 5 9 7
       4 7
  ─────────
       1 2 7
         9 4
  ─────────
         3 3
```
확인 47×12=564,
564+33=597

14 70
15 329
16 12

17 22개
18 예 700, 30, 23

19 풀이 참조, 16425분
20 풀이 참조, 19개

4단원 평면도형의 이동

기본 문제 복습
29~30쪽

01 3, 오른, 2

02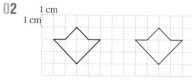

03
04

05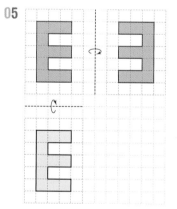

06 ㉠
07

08
09

10 ( )(○)
11 ㉠, ㉢

12 예

13 90, 오른(왼)

01 왼쪽, 8

02 오른쪽, 4, 2

03 왼쪽, 3

04

05

06

07

08 ㉢, 180°에 ○표

09 ㉠, ㉢

10

11 녹

12 넥 / 눅
첫째 / 넷째

01 풀이 참조

02 풀이 참조

03 풀이 참조

04 풀이 참조

05 풀이 참조

06 풀이 참조

07 풀이 참조, 296

08 풀이 참조, 883

09 풀이 참조

10 풀이 참조

01

02 (○)(   )

03

04

05 ㉣

06 예

07 ㉡

08 풀이 참조

09

10 270

11 ②

12 풀이 참조, ♣

13 492

14 (   )(○)

15 3개

16

17

18 ㉡

19

20 (   )(○)(   )

5단원 막대그래프

01 예 혈액형별 학생 수

02 예 학생 수

03 막대그래프

04 학생 수, 혈액형

05 5명

06

가고 싶은 나라별 학생 수

07 중국

08 10 mm

09 2배

10 120 mm

11 7, 5, 4, 9, 25

12

기르고 싶은 동물별 학생 수

13 ③

01

요일별 수영장 이용자 수

02 20칸

03 8명

04 17명

05 24권

06 56개

07 22개

08 16명, 10명

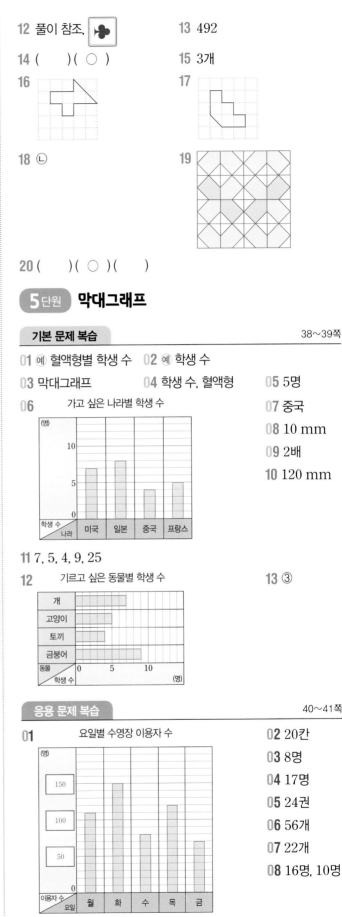

서술형 수행 평가   42~43쪽

01 풀이 참조, 회전목마, 해적선, 범퍼카, 파도타기
02 풀이 참조
03 풀이 참조, 12개
04 풀이 참조, 11칸
05 풀이 참조, 5상자
06 풀이 참조, 33일
07 풀이 참조, 6개
08 풀이 참조, 14명

단원 평가   44~46쪽

01 학생 수, 위인의 이름
02 안중근
03 1명
04 2대
05 16대
06

색깔별 자동차 수

| 검은색 |
| 흰색 |
| 빨간색 |
| 파란색 |
| 색 \ 자동차 수 | 0 | 10 | 20 | (대) |

07 막대그래프
08 71일
09 3명

10 실로폰, 캐스터네츠, 리코더, 탬버린
11 140 cm
12 2명
13 50 cm
14 유진
15 풀이 참조, 27300원
16 20, 16, 8, 10, 54
17

마을 사람들이 좋아하는 운동

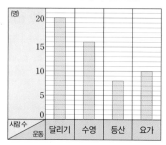

18 8칸
19 A 은행, D 은행
20 풀이참조, 25그릇

6단원 규칙 찾기

기본 문제 복습   47~48쪽

01 2개
02 예 8－2＝6
03 (위에서부터) 1274, 1374, 1474, 1574
04 예 ＼, 110
05 예 사각형의 수가 1개에서 시작하여 아래쪽으로 2개, 3개, 4개, ...씩 늘어납니다.
06 15개
07 2＋20＋200＋2000＋20000＋200000＝222222
08 일정합니다에 ○표
09 101×55＝5555
10 2, 십
11 21
12 19, 19

응용 문제 복습   49~50쪽

01 5156, 5436
02 1449
03 9167, 4167
04 15개
05 10개
06 13개
07 (○)( )
08 ㉡
09 ㉣
10 14
11 29
12 11

서술형 수행 평가   51~52쪽

01 풀이 참조, 6
02 풀이 참조, ＋, ×
03 풀이 참조, 324
04 풀이 참조
05 풀이 참조
06 풀이 참조, 25개
07   , 풀이 참조
08 풀이 참조
09 풀이 참조, 999999×999999＝999998000001
10 풀이 참조, 4

단원 평가   53~55쪽

01 3, 1
02 3, 4
03 ㉡
04 예 256÷2＝128, 또는 64×2＝128
05

					■
3751	3752	3753	3754	3755
4751	4752	4753	4754	4755
5751	5752	5753	5754	5755
6751	6752	6753	6754	6755
7751	7752	7753	7754	7755

06 2756
07 ▨□▨■▨■
08 4, 5 / 4, 4, 9 / 4, 4, 4, 13
09 21개
10 아홉째
11 동윤
12 505＋494＝999
13 □ | ○
14 37037×12＝444444
15 55, 101, 3333
16 16개
17 8＋16＋24＝16×3, 풀이 참조
18 13 / 19, 13
19 예 9＋10＝15＋16－12
20 예 7＋23＝15×2, 풀이 참조

1단원 큰 수

교과서 **개념** 다지기   8~10쪽

개념 1

01 10000(1만), 만(일만)   02 2000원

03 (1) 5 (2) 8   04 (1) 1000 (2) 9999

개념 2

05 79382

06 4, 5673, 사만 오천육백칠십삼

07 50000, 600, 3   08 (1) 이 (2) 사

개념 3

09 ＼／ ／＼ (선 연결)

10 23570000(2357만), 이천삼백오십칠만

11 (1) 6, 5, 2, 8, 0, 0, 0, 0 (2) 2, 6, 0, 3, 0, 0, 0, 0

12 30000000, 200000

교과서 **넘어** 보기   11~14쪽

01 ④

02 (1) 9990 (2) 9996, 10000

03 50   04 2000원

05 (1) 60 (2) 40   06 45207, 사만 오천이백칠

07 (위에서부터) 50000, 30000, 40000

08 (위에서부터) 8, 2 / 400, 1

09 74693, 육만 구천백오, 29035

10 (1) 만, 80000 (2) 십, 90

11 ④   12 38900원

13 20347, 이만 삼백사십칠   14 (1) ⓒ (2) ㉠ (3) ㉡

15 1, 4 / 5000000, 300000

16 500000, 50000000   17 36129000

---

18 (   )(○)(   )   19 ②

20 97654310, 구천칠백육십오만 사천삼백십

교과서 속 **응용 문제**

21 45570원   22 356000원

23 8장   24 796521

25 103269   26 5643100, 1600345

---

01 ④ 9900보다 1만큼 더 큰 수는 9901입니다.

02 (1) 9980보다 10만큼 더 큰 수는 9990, 9990보다 10
만큼 더 큰 수는 10000입니다.

   (2) 9994보다 2만큼 더 큰 수는 9996, 9996보다 2만
큼 더 큰 수는 9998, 9998보다 2만큼 더 큰 수는
10000입니다.

03 수직선의 한 칸은 10을 나타내고 9950에서 10000까
지 5칸 뛰어 세면 50입니다.
10000은 9950보다 50만큼 더 큰 수입니다.

04 은재와 태린이가 가지고 있는 돈은 모두
3000＋5000＝8000(원)입니다.
따라서 10000원이 되려면 2000원이 더 있어야 합니다.

05 (1) 9940에서 20씩 3번 커지면 10000이 되므로
9940보다 60만큼 더 큰 수는 10000입니다.

   (2) 9960에서 20씩 2번 커지면 10000이 되므로
9960은 10000보다 40만큼 더 작은 수입니다.

06 10000이 4개, 1000이 5개, 100이 2개, 1이 7개인
수는 45207입니다.

07 60000이 되려면 10000에는 50000이 더 필요하고,
30000에는 30000이 더 필요하고, 20000에는
40000이 더 필요합니다.

08 98421에서 만의 자리 숫자는 9이고 90000을, 천의
자리 숫자는 8이고 8000을, 백의 자리 숫자는 4이고
400을, 십의 자리 숫자는 2이고 20을, 일의 자리 숫자

는 1이고 1을 나타냅니다.

09
- 칠만 사천육백구십삼 ➡ 7만 4693 ➡ 74693
- 69105 ➡ 6만 9105 ➡ 육만 구천백오
- 이만 구천삼십오 ➡ 2만 9035 ➡ 29035

10 (1) 81500에서 8은 만의 자리 숫자이므로 80000을 나타냅니다.

(2) 15390에서 9는 십의 자리 숫자이므로 90을 나타냅니다.

11 숫자 3이 나타내는 값은 다음과 같습니다.

① 65231 ➡ 30

② 61354 ➡ 300

③ 72413 ➡ 3

④ 31465 ➡ 30000

⑤ 63452 ➡ 3000

따라서 숫자 3이 나타내는 값이 가장 큰 것은 ④입니다.

12 10000원이 3장이므로 30000원, 1000원이 8장이므로 8000원, 100원이 9개이므로 900원입니다.

따라서 지호가 모은 돈은 모두

30000＋8000＋900＝38900(원)입니다.

13 0은 만의 자리에 올 수 없으므로 0을 제외한 가장 작은 수 2를 만의 자리에 쓰고 0을 천의 자리에 씁니다.

작은 수부터 순서대로 나열하면 2, 0, 3, 4, 7이므로 만들 수 있는 가장 작은 수는 20347입니다.

14 (1) 10만의 100배인 수는 1000만(천만)입니다.

(2) 10000이 10개인 수는 10만(십만)입니다.

(3) 900000보다 100000만큼 더 큰 수는 100만(백만)입니다.

15 51340000

＝50000000＋1000000＋300000＋40000

16 ㉠은 십만의 자리 숫자이므로 나타내는 값은 500000입니다.

㉡은 천만의 자리 숫자이므로 나타내는 값은 50000000입니다.

17 30000000＋6000000＋100000＋20000＋9000

＝36129000

18 2637901에서 6은 십만의 자리 숫자입니다.

46005298에서 6은 백만의 자리 숫자입니다.

61107234에서 6은 천만의 자리 숫자입니다.

19 수로 나타냈을 때 0의 개수는 다음과 같습니다.

㉠ 602500 ➡ 3개

㉡ 3007042 ➡ 3개

㉢ 53000000 ➡ 6개

㉣ 4029000 ➡ 4개

20 큰 수부터 높은 자리에 순서대로 쓰면 가장 큰 수는 97654310입니다.

97654310은 구천칠백육십오만 사천삼백십이라고 읽습니다.

21 10000원짜리 지폐 3장은 30000원, 1000원짜리 지폐 14장은 14000원, 100원짜리 동전 15개는 1500원, 10원짜리 동전 7개는 70원입니다. 따라서 지윤이가 가지고 있는 돈은 모두 45570원입니다.

22 50000원짜리 지폐 2장은 100000원, 10000원짜리 지폐 23장은 230000원, 1000원짜리 지폐 16장은 16000원, 500원짜리 동전 20개는 10000원입니다.

➡ 100000＋230000＋16000＋10000

＝356000(원)

23 50000원짜리 지폐 8장은 400000원,

10000원짜리 지폐 4장은 40000원,

5000원짜리 지폐 6장은 30000원입니다.

➡ 400000＋40000＋30000＝470000(원)

478000원을 찾으려면 8000원이 더 필요합니다. 그러므로 1000원짜리 지폐는 8장입니다.

24 만의 자리 숫자가 9인 여섯 자리 수는 □9□□□□로 나타낼 수 있습니다. 가장 큰 수를 만들려면 높은 자리부터 큰 수를 순서대로 놓으면 됩니다.

7＞6＞5＞2＞1이므로 만의 자리 숫자가 9인 가장

큰 수는 796521입니다.

25 천의 자리 숫자가 3인 여섯 자리 수는 □□3□□□로 나타낼 수 있습니다. 가장 작은 수를 만들려면 높은 자리부터 작은 수를 순서대로 놓으면 됩니다.

0<1<2<6<9이고 0은 맨 앞자리에 놓을 수 없으므로 천의 자리 숫자가 3인 가장 작은 수는 103269입니다.

26 가장 큰 수는 십만의 자리에 6을 놓고, 높은 자리부터 순서대로 큰 수를 놓은 5643100입니다.

가장 작은 수는 십만의 자리에 6을 놓고, 높은 자리부터 순서대로 작은 수를 놓아야 합니다. 단, 0은 백만의 자리에 올 수 없으므로 그 다음 높은 자리인 만의 자리에 놓아야 합니다. 따라서 가장 작은 수는 1600345입니다.

교과서 **개념** 다지기
15~18쪽

개념 4

01 1억, 10억, 100억

02 (1) 1000만 (2) 100만

03 513843790000

04 654억 3465만

개념 5

05 100, 1000

06 8762000000000000

07 구백오십칠조

08 9, 2, 6, 7, 4, 5, 3, 8
/ 구천이백육십칠조 사천오백삼십팔억

개념 6

09 (위에서부터) 754만, 454만

10 (위에서부터) 420만, 4억 2000만

11 백만, 100만

개념 7

12 >　　　　　**13** <

교과서 **넘어** 보기
19~22쪽

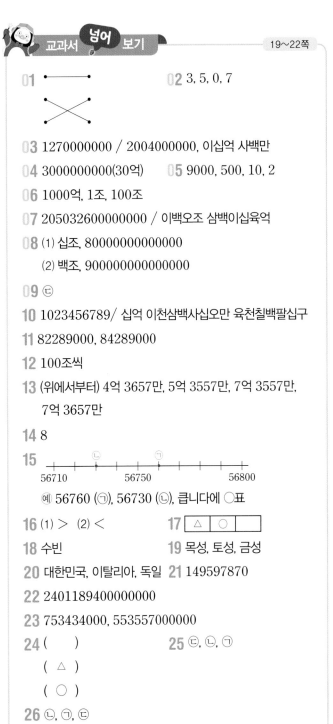

01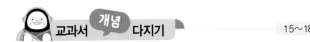

02 3, 5, 0, 7

03 1270000000 / 2004000000, 이십억 사백만

04 3000000000(30억)　　**05** 9000, 500, 10, 2

06 1000억, 1조, 100조

07 205032600000000 / 이백오조 삼백이십육억

08 (1) 십조, 80000000000000
(2) 백조, 900000000000000

09 ㉢

10 1023456789/ 십억 이천삼백사십오만 육천칠백팔십구

11 82289000, 84289000

12 100조씩

13 (위에서부터) 4억 3657만, 5억 3557만, 7억 3557만, 7억 3657만

14 8

15

| 56710 | | 56750 | | 56800 |

예 56760 (㉠), 56730 (㉡), 큽니다에 ○표

16 (1) >　(2) <　　　**17** △ ○ □

18 수빈　　　　　**19** 목성, 토성, 금성

20 대한민국, 이탈리아, 독일　**21** 149597870

22 2401189400000000

23 753434000, 553557000000

24 (　　)
(　△　)
(　○　)

25 ㉢, ㉡, ㉠

26 ㉡, ㉠, ㉢

01 (1) 10000이 10000개인 수는 억입니다.
(2) 1000만이 1000개인 수는 백억입니다.
(3) 100만이 1000개인 수는 십억입니다.

02 350700000000은 3507억입니다.

03 12억 7000만 ➡ 1270000000 ➡ 십이억 칠천만

20억 400만 ➡ 2004000000 ➡ 이십억 사백만

04 63820415000의 밑줄 친 숫자 3은 십억의 자리 숫자이므로 3000000000(30억)을 나타냅니다.

05 9512조＝9000조＋500조＋10조＋2조

06 100억을 10배 하면 1000억, 1000억을 10배 하면 1조, 1조를 10배 하면 10조, 10조를 10배 하면 100조입니다.

07 조가 205개이고 억이 326개인 수는 205조 326억이므로 205032600000000입니다.
➡ 205032600000000은 이백오조 삼백이십육억이라고 읽습니다.

08 (1) 386000000000000에서 8은 십조의 자리 숫자이므로 80000000000000를 나타냅니다.
(2) 4931000000000000에서 9는 백조의 자리 숫자이므로 900000000000000를 나타냅니다.

09 조의 자리 숫자는 다음과 같습니다.
㉠ 5419000000000000 ➡ 9
㉡ 248500000000000 ➡ 8
㉢ 37120000000000 ➡ 7
따라서 조의 자리 숫자가 가장 작은 것은 ㉢입니다.

10 십억의 자리에는 0이 올 수 없으므로 십억의 자리에 1을 놓고 억의 자리부터 남은 수 중 작은 수부터 순서대로 놓습니다.
만들 수 있는 가장 작은 수는 1023456789입니다.

11 1000000(100만)씩 뛰어 세면 백만의 자리 수가 1씩 커집니다.

12 백조의 자리 수가 1씩 커지므로 100조씩 뛰어 세었습니다.

13 위와 아래, 왼쪽과 오른쪽의 수의 관계를 살펴보고 뛰어 세는 규칙을 찾아 문제를 해결합니다.
가로는 100만씩 뛰어 세고, 세로는 1억씩 뛰어 센 것입니다.

14 6720조에서 10조씩 6번 뛰어 세기 한 수는 6780조입니다. 따라서 십조의 자리 숫자는 8입니다.

15 ㉠ 50000＋6000＋700＋60＝56760
㉡ 50000＋6000＋700＋30＝56730
수직선에서 눈금 한 칸의 크기가 10이므로
㉠은 56750에서 눈금 한 칸을, ㉡은 56710에서 눈금 2칸을 더 간 곳에 표시합니다.
수직선의 오른쪽에 있을수록 더 큰 수이므로 ㉠은 ㉡보다 큽니다.

16 (1) 1498520 > 1490477
└─ 8>0 ─┘
(2) 9541350 < 74602771
7자리 수   8자리 수

17

52456628850 ➡ 524억 5662만 8850	5조 4800억	451270135952 ➡ 4512억 7013만 5952
가장 작은 수	가장 큰 수	

18 1600억 < 천조이므로 수의 크기를 잘못 비교한 사람은 수빈입니다.

19 142984와 120536은 여섯 자리 수이고, 12103은 다섯 자리 수이므로 12103이 가장 작습니다.
142984와 120536의 만의 자리 수를 비교하면 4>2이므로 142984>120536입니다.
따라서 큰 행성부터 순서대로 쓰면 목성, 토성, 금성입니다.

20 이탈리아: 5929만 1000
독일: 8356만 7000
대한민국: 5175만
모두 여덟 자리 수이므로 천만의 자리 수부터 비교해 보면 5175만 < 5929만 1000 < 8356만 7000입니다.

21 일억 사천구백오십구만 칠천팔백칠십을 수로 나타내면 149597870입니다.

22 이천사백일조 천팔백구십사억을 수로 나타내면 2401189400000000입니다.

23 칠억 오천삼백사십삼만 사천 ➡ 753434000
　　　7억　　　　5343만　　4000

오천오백삼십오억 오천칠백만 ➡ 553557000000
　　5535억　　　　5700만

24 세 수는 모두 14자리 수로 자릿수가 같습니다. 자릿수가 같으면 높은 자리 수부터 순서대로 비교합니다.
71701468010009와 71010989899009를 비교하면 천억의 자리 수가 더 큰 71701468010009가 더 큽니다. 71701468010009와 71701468100009를 비교하면 십만의 자리 수가 더 큰 71701468100009가 더 큽니다.
따라서 가장 큰 수는 71701468100009이고 가장 작은 수는 71010989899009입니다.

25 ㉠ 85527340 ➡ 8552만 7340
㉡ 815329026 ➡ 8억 1532만 9026
㉢ 8억 3000만
따라서 ㉢ 8억 3000만 > ㉡ 8억 1532만 9026 > ㉠ 8552만 7340입니다.

26 ㉠ 이백오만 구천팔백 ➡ 205만 9800
㉡ 1752050 ➡ 175만 2050
㉢ 247만 4150
175만 2050 < 205만 9800 < 247만 4150이므로 관객 수가 적은 영화부터 순서대로 기호를 쓰면 ㉡, ㉠, ㉢입니다.

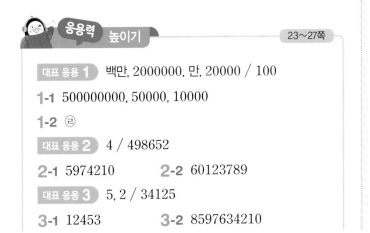

응용력 높이기 　　　　　　　　23~27쪽

대표 응용 1　백만, 2000000, 만, 20000 / 100
1-1　500000000, 50000, 10000
1-2　㉣
대표 응용 2　4 / 498652
2-1　5974210　　　　2-2　60123789
대표 응용 3　5, 2 / 34125
3-1　12453　　　　3-2　8597634210

대표 응용 4　10만 / 10만 / 8410만, 8420만, 8430만, 8430만
4-1　4, 5000, 7, 5000
4-2　40만
대표 응용 5　5 / 0, 1, 2, 3, 4
5-1　7, 8, 9　　　　5-2　㉡, ㉠, ㉢

1-1 ㉠은 억의 자리 숫자이므로 500000000을 나타내고 ㉡은 만의 자리 숫자이므로 50000을 나타냅니다. 500000000은 50000보다 0이 4개 더 많으므로 ㉠이 나타내는 수는 ㉡이 나타내는 수의 10000배입니다.

1-2 700의 100000000배는 70000000000(700억)입니다. 나타내는 값이 700억인 숫자의 기호는 ㉣입니다.

2-1 700만보다 작은 수 중 700만에 가장 가까운 수를 구해야 하므로 백만의 자리에는 7보다 작은 수 중에서 가장 큰 수인 5가 들어가야 합니다.
700만에 가장 가까운 5□□□□□□을 만들려면 십만의 자리부터 5를 제외한 수를 큰 수부터 순서대로 놓아야 합니다. 따라서 700만보다 작은 수 중 700만에 가장 가까운 수는 5974210입니다.

2-2 5000만보다 큰 수 중 5000만에 가장 가까운 수를 구해야 하므로 천만의 자리에는 5 또는 5보다 큰 수 중 가장 작은 수가 들어가야 합니다. 제시된 수 카드에는 5가 없으므로 천만의 자리에는 6이 들어가야 합니다.
5000만에 가장 가까운 6□□□□□□□을 만들려면 백만의 자리부터 6을 제외한 수를 작은 수부터 순서대로 놓아야 합니다. 따라서 5000만보다 큰 수 중 5000만에 가장 가까운 수는 60123789입니다.

3-1 12400보다 크고 12600보다 작은 수이므로 124□□이거나 125□□입니다. 백의 자리 숫자가 짝수이므로 124□□이고, 1부터 5까지의 숫자를 모두 한 번씩만 사용하였으므로 12435이거나 12453입니다. 십의 자리 숫자가 일의 자리 숫자보다 크므로 설명에 알맞은 수는 12453입니다.

3-2 만의 자리 숫자가 3이므로 천만의 자리 숫자는 9이고, 억의 자리 숫자는 6보다 작은 수 중에서 가장 큰 수인 5이므로 □59□□3□□□□입니다. 설명에 알맞은 수 중 가장 큰 수를 구해야 하므로 나머지 자리에 높은 자리부터 남은 수 중에서 큰 수를 순서대로 놓으면 8597634210이 됩니다.

4-1 6조와 8조 사이는 눈금 4칸으로 나누어져 있으므로 눈금 한 칸은 2조를 4로 나눈 5000억을 나타냅니다. 따라서 ㉠에 알맞은 수는 7조 5000억입니다.

4-2 10억 200만과 10억 300만 사이는 눈금 10칸으로 나누어져 있으므로 눈금 한 칸은 10만을 나타냅니다. 따라서 ㉡은 ㉠보다 눈금 4칸인 40만만큼 더 큰 수입니다.

5-1 백만의 자리 수가 같으므로 만의 자리 수를 비교하면 5<8이므로 □ 안에는 7과 같거나 7보다 큰 수가 들어갈 수 있습니다.
따라서 □ 안에 들어갈 수 있는 수는 7, 8, 9입니다.

5-2 ㉠, ㉡, ㉢은 모두 11자리 수입니다. 높은 자리 수부터 비교하면 ㉡은 십억의 자리 숫자가 3이므로 가장 작습니다. ㉢의 천만의 자리에 0에서 9까지 어느 수를 넣어도 ㉠<㉢입니다. 따라서 ㉡<㉠<㉢입니다.

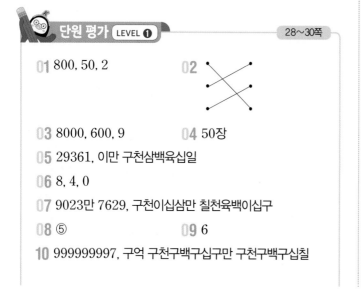

단원 평가 LEVEL ❶   28~30쪽

01 800, 50, 2
02
03 8000, 600, 9   **04** 50장
05 29361, 이만 구천삼백육십일
06 8, 4, 0
07 9023만 7629, 구천이십삼만 칠천육백이십구
08 ⑤   **09** 6
10 999999997, 구억 구천구백구십구만 구천구백구십칠

---

11 ㉢   **12** 50조, 500조, 5000조
13 십조
14 4억 500만(405000000)
15 가 나라   **16** (1) > (2) <
17 6, 7, 8, 9   **18** 40265789
19 풀이 참조, 8개   **20** 풀이 참조, 52360500

---

01 10000은 9200보다 800만큼 더 큰 수, 9950보다 50만큼 더 큰 수, 9998보다 2만큼 더 큰 수입니다.

02 • 10000이 3개, 1000이 1개, 100이 5개, 1이 2개인 수는 31502입니다.
• 10000이 4개, 1000이 1개, 10이 5개, 1이 2개인 수는 41052입니다.
• 10000이 1개, 100이 3개, 10이 5개, 1이 4개인 수는 10354입니다.

03 3 8629 ➡ 38629=30000+8000+600+20+9
     만 일

04 10000은 1000이 10개인 수이고, 50000은 1000이 50개인 수입니다. 따라서 50000원은 1000원짜리 지폐 50장과 같습니다.

05 10000이 2개이면 20000, 1000이 9개이면 9000, 100이 3개이면 300, 10이 6개이면 60, 1이 1개이면 1이므로 이 수는 29361이고, 이만 구천삼백육십일이라고 읽습니다.

06 8445012는 844만 5012입니다. 백만의 자리 숫자는 8, 만의 자리 숫자는 4, 백의 자리 숫자는 0입니다.

07 90237629는 9023만 7629이고, 구천이십삼만 칠천육백이십구라고 읽습니다.

08 ① 75820000 ➡ 7
     ② 12783500 ➡ 1
     ③ 51578600 ➡ 5
     ④ 48357290 ➡ 4
     ⑤ 89023340 ➡ 8

09 567340의 100배는 56734000입니다.
56734000의 백만의 자리 숫자는 6입니다.

10 아홉 자리 수 중 가장 큰 수는 999999999, 두 번째로 큰 수는 999999998, 세 번째로 큰 수는 999999997입니다.
999999997은 구억 구천구백구십구만 구천구백구십칠이라고 읽습니다.

11 ㉠ 514512192187에서 억의 자리 숫자는 5입니다.
㉡ 억이 564개, 만이 5907개인 수는
56459070000이고 억의 자리 숫자는 4입니다.
㉢ 15781309348에서 억의 자리 숫자는 7입니다.
따라서 2364조 5700억에서 억의 자리 숫자가 가장 큰 수는 ㉢입니다.

12 5조를 10배 하면 50조, 50조를 10배 하면 500조, 500조를 10배 하면 5000조입니다.

13 23조 6457억을 100배 하면 2364조 5700억이 됩니다. 따라서 6은 십조의 자리 숫자가 됩니다.

14 4억 8000만에서 1500만씩 거꾸로 뛰어 세기를 5번 하면 처음 수를 구할 수 있습니다.
4억 8000만－4억 6500만－4억 5000만－
4억 3500만－4억 2000만－4억 500만
따라서 처음 수는 4억 500만입니다.

15 8515767＞8507263이므로 면적이 더 넓은 나라는 가 나라입니다.

16 (1) 1407500000은 14억 750만이므로
14억 7500만＞14억 750만입니다.
(2) 300040000000은 3000억 4000만이므로
300억 4000만＜3000억 4000만입니다.

17 6284억 580만은 628405800000이므로
62840□470000＞628405800000에서 십만의 자리 수를 비교하면 4＜8이므로 □ 안에는 5보다 큰 수가 들어갈 수 있습니다.
따라서 □ 안에 들어갈 수 있는 수는 6, 7, 8, 9입니다.

18 천의 자리 숫자가 5이고 십만의 자리 숫자가 2인 여덟 자리 수는 □□2□5□□□로 나타낼 수 있습니다.
가장 작은 수를 만들려면 가장 높은 자리부터 작은 수를 순서대로 놓으면 됩니다.
0＜4＜6＜7＜8＜9이고 0은 맨 앞자리에 놓을 수 없으므로 가장 작은 수는 40265789입니다.

19 예 57조 450억 89만을 수로 나타내면
57045000890000입니다. … 50%
57045000890000에서 0은 모두 8개입니다.
… 50%

20 예 백만의 자리 수가 1씩 커지므로 100만씩 뛰어 센 것입니다. … 40%
49360500에서 100만씩 3번 뛰어 세면
49360500－50360500－51360500－52360500
입니다.
따라서 ㉠에 알맞은 수는 52360500입니다.
… 60%

단원 평가 LEVEL ❷   31~33쪽

01 ②   **02** 삼만 구천오백팔십 원
03 ㉣   **04** 83655
05 9, 2, 8 / 9000000, 200000, 80000
06 30   **07** 400장
08 0   **09** 10253467
10 6조 2000억   **11** 9460000000000
12 ㉡   **13** 20조씩
14 (위에서부터) 5740억, 5750억 / 6730억
/ 7750억, 7760억 / 8730억, 8760억
15 ㉢, ㉠, ㉡
16 (1) ＞ (2) ＝ (3) ＜ **17** 5
18 350701   **19** 풀이 참조, 3조 300억
20 풀이 참조, 7

01 ① 10000 ② 10100 ③ 10000 ④ 10000 ⑤ 10000

02 39580원은 삼만 구천오백팔십 원이라고 읽습니다.

03 ㉠ 90540 ➡ 500   ㉡ 5120 ➡ 5000
㉢ 50780 ➡ 50000   ㉣ 79050 ➡ 50

04 10000이 7개이면 70000, 1000이 12개이면
12000, 100이 15개이면 1500, 10이 13개이면
130, 1이 25개이면 25이므로 83655입니다.

05 49280000
➡ 만의 자리 숫자, 80000
➡ 십만의 자리 숫자, 200000
➡ 백만의 자리 숫자, 9000000
➡ 천만의 자리 숫자, 40000000

06 50000원짜리 지폐 1장이면 50000원, 10000원짜리
지폐 11장이면 110000원, 100원짜리 동전 74개이면
7400원입니다.
➡ 50000＋110000＋7400＝167400(원)
197400원을 찾으려면 30000원이 더 필요합니다.
그러므로 1000원짜리 지폐는 30장입니다.
➡ □＝30

07 100만이 10개이면 1000만이고, 1000만이 10개이면
1억이므로 1억 원을 100만 원짜리 수표로 찾으면 모
두 100장이 됩니다. 따라서 4억 원을 100만 원짜리
수표로 찾으면 모두 400장이 됩니다.

08 870391의 100만 배인 수
➡ 870391000000
따라서 십억의 자리 숫자는 0입니다.

09 만의 자리 숫자가 5인 여덟 자리 수는
□□□5□□□□입니다. 5를 제외한 수를 작은 수부
터 순서대로 높은 자리에 써넣으면 10253467입니다.

10 1000억이 10개이면 1조이고, 60개이면 6조입니다.
따라서 1000억이 62개인 수는 6조 2000억입니다.

11 구조 사천육백억 ➡ 9조 4600억
➡ 9460000000000

12 ㉠ 삼천구백칠억 오천오백만의 10배인 수
➡ 390755000000의 10배
➡ 3907550000000 (0의 개수: 8개)
㉡ 이십오억 구십의 100배인 수
➡ 2500000090의 100배
➡ 250000009000 (0의 개수: 9개)
㉢ 오천사십조 삼천육백오억 육만 구백이
➡ 5040360500060902 (0의 개수: 8개)
따라서 0의 개수가 가장 많은 것은 ㉡입니다.

13 십조의 자리 수가 2씩 커졌으므로 20조씩 뛰어 센 것
입니다.

14 → 방향으로 10억씩 뛰어 센 것입니다.
↓ 방향으로 1000억씩 뛰어 센 것입니다.

5730억	5740억	5750억	5760억
6730억	6740억	6750억	6760억
7730억	7740억	7750억	7760억
8730억	8740억	8750억	8760억

15 ㉠, ㉡, ㉢ 중에서 ㉡의 자릿수가 가장 적으므로 ㉡이
가장 작은 수입니다. ㉠과 ㉢은 자릿수가 같으므로 높
은 자리 수부터 순서대로 비교하면
585407769＜587069424이므로 ㉠＜㉢입니다.
따라서 가장 큰 수부터 순서대로 기호를 쓰면 ㉢, ㉠,
㉡입니다.

16 (1) 97000000000(970억)＞97억
(2) 4억 8500만＝485000000(4억 8500만)
(3) 16500000000 ＜ 105000000000
　　 11자리 수　　　　 12자리 수

17 천만의 자리 숫자가 7인 열네 자리 수는
□□□□□□7□□□□□□□로 나타낼 수 있습니다.
가장 큰 수를 만들려면 가장 높은 자리부터 큰 수를 순
서대로 놓으면 됩니다.
9＞7＞6＞5＞3＞2＞0이고 7은 천만의 자리 외에
한 번만 쓸 수 있으므로 가장 큰 수는
99766575332200입니다.
만든 수 99766575332200의 백만의 자리 숫자는 5

입니다.

18 35만보다 크고 36만보다 작은 여섯 자리 수이므로 35□□□□입니다. 십의 자리 숫자와 천의 자리 숫자가 0이므로 350□0□입니다.
일의 자리 숫자와 백의 자리 숫자의 합이 8이고 일의 자리 숫자가 1이므로 백의 자리 숫자는 8−1=7입니다.
따라서 조건을 모두 만족하는 수는 350701입니다.

19 ⑩ 천억의 자리 수가 1씩 커지므로 1000억씩 뛰어 센 것입니다. … 40 %
3조 3300억에서 1000억씩 거꾸로 3번 뛰어 세면
3조 3300억−3조 2300억−3조 1300억
−3조 300억입니다.
따라서 ㉠에 알맞은 수는 3조 300억입니다. … 60 %

20 ⑩ ㉠은 542조 1305억 674만이고
㉡은 545조 860억 3246만입니다. … 30 %
따라서 더 작은 수는 ㉠이므로 … 30 %
㉠의 십만의 자리 숫자는 7입니다. … 40 %

2단원 각도

개념 1
01 (　　)(○)　　**02** 가
03 3, 4　　**04** 나
개념 2
05 ㉠　　**06** ③
07 120　　**08** 80

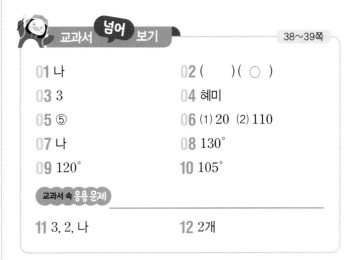

01 나　　**02** (　　)(○)
03 3　　**04** 혜미
05 ⑤　　**06** ⑴ 20 ⑵ 110
07 나　　**08** 130°
09 120°　　**10** 105°

교과서 속 응용 문제
11 3, 2, 나　　**12** 2개

01 왼쪽보다 두 변이 더 많이 벌어진 것은 나입니다.

02 두 시곗바늘이 더 많이 벌어진 각이 더 큰 각입니다.

03 가의 각은 나의 각에 3번 들어갑니다.

04 혜미: 각의 크기는 변의 길이와 관계없이 두 변의 벌어진 정도가 클수록 큽니다.

05 각의 한 변이 각도기의 바깥쪽 눈금 0에 맞추어져 있으므로 150°인 각을 그리려면 나머지 한 변은 점 ㄴ과 ⑤를 이어야 합니다.

06 ⑴ 각의 한 변이 바깥쪽 눈금 0에 맞추어져 있으므로 바깥쪽 눈금을 읽으면 20°입니다.
⑵ 각의 한 변이 안쪽 눈금 0에 맞추어져 있으므로 안쪽 눈금을 읽으면 110°입니다.

07 나는 각의 한 변이 각도기의 바깥쪽 눈금 0에 맞추어져 있으므로 바깥쪽 눈금을 읽으면 각도는 80°입니다.

08 각의 꼭짓점과 각도기의 중심을 맞추고, 각도기의 밑금과 만나는 각의 변에서 시작하여 각의 나머지 변과 만나는 각도기의 눈금을 읽으면 130°입니다.

09 도형의 한 각의 크기를 각도기로 재어 보면 120°입니다.

10 각도기의 바깥쪽 눈금을 읽으면 105°입니다.

11 가의 각이 나에는 3번 들어가고, 다에는 2번 들어갑니다. 나와 다 중 크기가 더 큰 각은 나입니다.

12 각 ㄱㅇㄷ은 각 ㄱㅇㄴ의 2배인 각입니다. 180°는 각 ㄱㅇㄴ의 4배인 각이므로 각 ㄱㅇㄴ의 3배인 각을 찾아 보면 각 ㄱㅇㄹ과 각 ㄴㅇㅁ이므로 모두 2개입니다.

교과서 개념 다지기 40~42쪽

개념3

01 (1) 예각 (2) 둔각

02

03 예
예각 / 둔각

04 (1) 둔각 (2) 예각

개념4

05 영주

06 예 45

07 은채

08 예 50°, 60°

개념5

09 120

10 60

11 20, 65, 85 또는 65, 20, 85

12 140, 85, 55

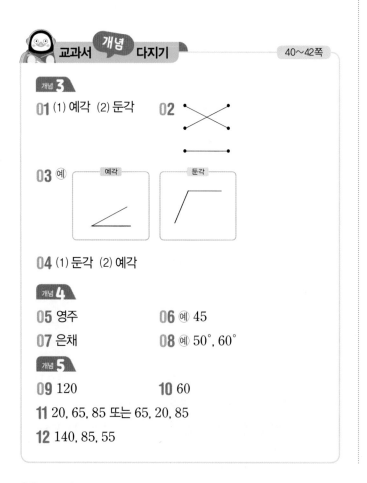

교과서 넘어 보기 43~45쪽

01 ( )(○)

02 가, 다 / 나

03 3개

04 3개

05 나

06 가

07 예 ⟨그림⟩ , 예 110°

08 130

09 70

10 155°, 65°

11 (1) 170 (2) 85

12 80°

13 =

14 120°, 80°

15 95

교과서 속 응용 문제

16 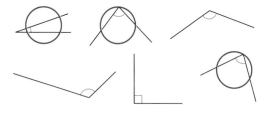 / 예각

17 / 둔각

18 둔각

19 75

20 45°

21 70°

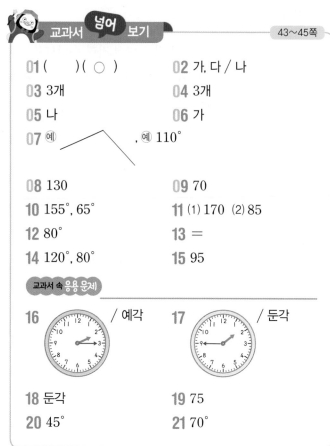

01 둔각은 각도가 90°보다 크고 180°보다 작은 각입니다.

02 예각은 각도가 0°보다 크고 90°보다 작은 각이므로 가와 다입니다. 둔각은 각도가 90°보다 크고 180°보다 작은 각이므로 나입니다.

03 예각은 각도가 0°보다 크고 직각보다 작은 각입니다.

따라서 예각은 3개 있습니다.

참고 둔각은 각도가 직각보다 크고 180°보다 작은 각으로 2개 있습니다.
직각은 90°입니다. 직각은 1개 있습니다.

04  도형에서 둔각은 모두 3개입니다.

05 가는 예각, 나는 둔각, 다는 직각입니다.

06 각도를 재어 보면 가는 30°, 나는 60°, 다는 110°입니다.
따라서 각도를 가장 정확하게 어림한 것은 가입니다.

07 110°는 90°보다 크게 어림하여 그립니다.

08 $55° + 75° = 130°$

09 $110° - 40° = 70°$

10 $110° + 45° = 155°$, $110° - 45° = 65°$

11 (1) $135° + 35° = 170°$ (2) $100° - 15° = 85°$

12 가장 큰 각은 135°, 가장 작은 각은 55°입니다.
따라서 가장 큰 각과 가장 작은 각의 각도의 차는
$135° - 55° = 80°$입니다.

13 $35° + 40° = 75°$, $165° - 90° = 75°$
따라서 $35° + 40° = 165° - 90°$입니다.

14 가는 20°, 나는 50°, 다는 100°이므로 다>나>가입니다.
가장 큰 각과 가장 작은 각의 각도의 합은
$100° + 20° = 120°$,
각도의 차는 $100° - 20° = 80°$입니다.

15 $65° + \square° + 20° = 180°$,
$85° + \square° = 180°$, $\square° = 180° - 85° = 95°$

16  시계의 긴바늘과 짧은바늘이 이루는 작은 쪽의 각의 크기가 0°보다 크고 직각보다 작으므로 예각입니다.

17  시계의 긴바늘과 짧은바늘이 이루는 작은 쪽의 각의 크기가 직각보다 크고 180°보다 작으므로 둔각입니다.

18 시계가 나타내는 시각은
4시 30분이고, 1시간 40분 전의 시각
은 4시 30분−1시간 40분=2시 50분
입니다. 2시 50분에 시계의 긴바늘과 짧은바늘이 이루는 작은 쪽의 각은 각도가 직각보다 크고 180°보다 작

으므로 둔각입니다.

19 직선이 이루는 각의 크기는 180°입니다.
따라서 $\square° = 180° - 80° - 25° = 75°$입니다.

20 직선이 이루는 각의 크기는 180°입니다.
따라서 ㉠$= 180° - 70° - 65° = 45°$입니다.

21 직선이 이루는 각의 크기는 180°입니다.
따라서 ㉠$= 180° - 25° - 50° - 35° = 70°$입니다.

교과서 개념 다지기 46~47쪽

개념 6

01 180

02 60, 75, 180 또는 75, 60, 180

03 180°

04 50

개념 7

05 360

06 예 75, 95, 100 / 360

07 180, 360

08 360, 155

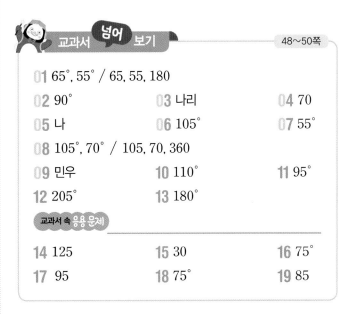

교과서 넘어 보기 48~50쪽

01 65°, 55° / 65, 55, 180

02 90°

03 나리

04 70

05 나

06 105°

07 55°

08 105°, 70° / 105, 70, 360

09 민우

10 110°

11 95°

12 205°

13 180°

교과서 속 응용 문제

14 125

15 30

16 75°

17 95

18 75°

19 85

01 각도를 재어 보면 ㉠$= 65°$, ㉡$= 55°$입니다.
(삼각형의 세 각의 크기의 합)
$= 65° + 55° + 60° = 180°$

02 삼각형을 세 조각으로 잘라 세 꼭짓점이 한 점에 모이도록 이어 붙여 보면 180°가 됩니다.
따라서 ㉠=180°−35°−55°=90°입니다.

03 삼각형의 세 각의 크기의 합이 180°인지 알아봅니다.
재민: 70°+60°+50°=180°
나리: 75°+75°+40°=190°
따라서 각도를 잘못 잰 사람은 나리입니다.

04 □°=180°−90°−20°=70°

05 삼각형의 세 각의 크기의 합은 180°입니다.
(삼각형 가의 세 각의 크기의 합)
=35°+85°+60°=180°
(삼각형 나의 세 각의 크기의 합)
=35°+30°+105°=170°
따라서 삼각형이 될 수 없는 것은 나입니다.

06 ㉠+㉡=180°−75°=105°

07 ㉠=180°−100°−50°=30°,
㉡=180°−30°−65°=85°
➡ ㉡−㉠=85°−30°=55°

08 각도를 재어 보면 ㉠=105°, ㉡=70°입니다.
(사각형의 네 각의 크기의 합)
=105°+70°+90°+95°=360°

09 사각형의 네 각의 크기의 합이 360°인지 알아봅니다.
효진: 85°+75°+130°+70°=360°
민우: 75°+95°+100°+95°=365°
따라서 각도를 잘못 잰 사람은 민우입니다.

10 사각형의 네 각의 크기의 합은 360°입니다.
㉠=360°−125°−85°−95°=55°
㉡=360°−65°−145°−95°=55°
➡ ㉠+㉡=55°+55°=110°

11 나머지 한 각의 크기를 □라 하면
□=360°−25°−150°−90°=95°입니다.

12 ㉠+㉡=360°−80°−75°=205°

13 삼각형의 세 각의 크기의 합은 180°이므로
㉠=180°−37°−23°=120°입니다.
사각형의 네 각의 크기의 합은 360°이므로
(나머지 한 각의 크기)=360°−94°−90°−56°
=120°
➡ ㉡=180°−120°=60°
따라서 ㉠+㉡=120°+60°=180°입니다.

14 삼각형의 세 각의 크기의 합은 180°이므로
㉠=180°−60°−65°=55°입니다.
직선이 이루는 각의 크기는 180°이므로
□°=180°−55°=125°입니다.

15

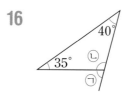

직선이 이루는 각의 크기는 180°이므로
㉠=180°−150°=30°입니다.
삼각형의 세 각의 크기의 합은 180°이므로
□°+120°+30°=180°에서
□°=180°−120°−30°=30°입니다.

16

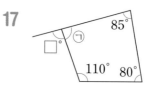

삼각형의 세 각의 크기의 합은 180°이므로
㉡=180°−40°−35°=105°입니다.
직선이 이루는 각의 크기는 180°이므로
㉠=180°−105°=75°입니다.

17

사각형의 네 각의 크기의 합은 360°이므로
㉠=360°−110°−80°−85°=85°입니다.
직선이 이루는 각의 크기는 180°이므로
□°=180°−85°=95°입니다.

18

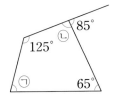

직선이 이루는 각의 크기는 $180°$
이므로 ⓒ$=180°-85°=95°$입니다.
사각형의 네 각의 크기의 합은 $360°$이므로
ⓒ$=360°-125°-65°-95°=75°$입니다.

19 직선이 이루는 각의 크기는 $180°$이므로
ⓒ$=180°-65°=115°$, ⓒ$=180°-110°=70°$입
니다.
따라서 사각형의 네 각의 크기의 합은 $360°$이므로
$□°=360°-115°-70°-90°=85°$입니다.

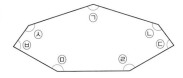

		51~55쪽
대표 응용 1	㉠, ㉣, 2 / ㉡, ㉢, ㉤, ㉥, 4	
1-1 2개, 5개	1-2 5개	
대표 응용 2	180 / 180, 3, 60 / 2, 60, 2, 120	
2-1 108°	2-2 30°	
대표 응용 3	30 / 90, 30, 60	
3-1 15	3-2 120	
대표 응용 4	360, 360 / 125	
4-1 40°	4-2 65°	
대표 응용 5	180, 360 / 180, 360, 540	
5-1 1080°	5-2 1260°	

1-1

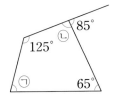

예각은 각도가 $0°$보다 크고 직각보다 작은 각이므로 ㉢,
㉥으로 2개입니다. 둔각은 각도가 직각보다 크고 $180°$
보다 작은 각이므로 ㉠, ㉡, ㉣. ㉤, ㉦으로 5개입니다.

1-2

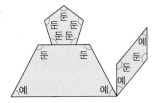

둔각은 각도가 $90°$보다 크고 $180°$보다 작은 각이므로
9개입니다. 예각은 각도가 $0°$보다 크고 직각보다 작은
각이므로 4개입니다. 따라서 둔각과 예각의 개수의 차
는 $9-4=5$(개)입니다.

2-1 직선이 이루는 각의 크기는 $180°$입니다.
직선을 크기가 같은 각 5개로 나누었으므로
작은 각 ㄴㅇㄷ의 크기는 $180°÷5=36°$입니다.
각 ㄴㅇㅁ의 크기는 각 ㄴㅇㄷ의 크기의 3배이므로
(각 ㄴㅇㅁ)$=36°×3=108°$입니다.

2-2 직선이 이루는 각의 크기는 $180°$입니다. 직선을 크기
가 같은 각 12개로 나누었으므로 각 ㄱㅇㄴ의 크기는
$180°÷12=15°$입니다. 각 ㄱㅇㅊ의 크기는 각 ㄱㅇㄴ을
8개 합한 크기와 같고 각 ㅁㅇㅌ의 크기는 각 ㄱㅇㄴ을
6개 합한 크기와 같습니다. 따라서 두 각의 크기의 차
는 각 ㄱㅇㄴ을 2개 합한 크기와 같으므로
$15°×2=30°$입니다.

3-1 $□°$는 $60°$와 $45°$가 겹쳐서 생기는 두 각도의 차입니다.
따라서 $□°=60°-45°=15°$입니다.

3-2 삼각자에서 나머지 한 각의 크기는 $30°$이고 8개의 각
이 한 꼭짓점에 모여 있으므로 $30°×8=240°$입니다.
$□°=360°-240°=120°$입니다.

4-1

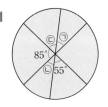

직선이 이루는 각의 크기는 $180°$이므로
ⓒ$=180°-85°-55°=40°$,
ⓒ$=180°-85°-40°=55°$,
㉠$=180°-85°-55°=40°$입니다.

4-2 돌림판 전체 각도의 합은 360°이므로
ㄱ+145°+ㄴ+90°+60°=360°입니다.
따라서 ㄱ+ㄴ=360°-145°-90°-60°=65°입니다.

다른 풀이 직선이 이루는 각의 크기는 180°이므로
ㄱ=180°-145°=35°,
ㄴ=180°-60°-90°=30°입니다.
➡ ㄱ+ㄴ=35°+30°=65°

5-1
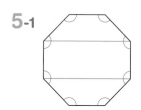

그림과 같이 도형은 사각형 3개로 나눌 수 있습니다.
(도형의 여덟 각의 크기의 합)
=(사각형의 네 각의 크기의 합)×3
=360°×3=1080°

5-2
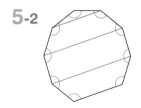

그림과 같이 도형은 사각형 3개와 삼각형 1개로 나눌 수 있습니다.
(도형의 아홉 각의 크기의 합)
=(사각형의 네 각의 크기의 합)×3
　+(삼각형의 세 각의 크기의 합)
=360°×3+180°=1260°

단원 평가 LEVEL ❶　　　　　　56~58쪽

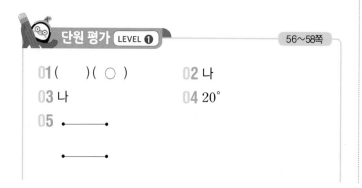

01 (　)(○)　　　02 나
03 나　　　　　　　　04 20°
05

06 나, 다　　　　　　07 ⑤
08
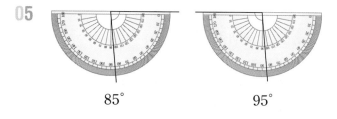

09 ㄴ, ㄷ, ㅂ
10 (1) / 둔각　　(2) / 예각
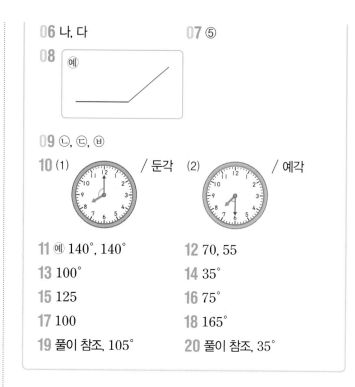

11 예 140°, 140°　　　12 70, 55
13 100°　　　　　　　14 35°
15 125　　　　　　　　16 75°
17 100　　　　　　　　18 165°
19 풀이 참조, 105°　　20 풀이 참조, 35°

01 부채의 양 끝이 가장 많이 벌어진 부채가 더 넓게 펼쳐진 것입니다.

02 **보기**의 각보다 적게 벌어진 것은 나입니다.

03 부챗살이 가는 4번, 나는 3번 들어가므로 크기가 더 작은 각은 나입니다.

04 각도기의 안쪽 각을 읽으면 각도는 20°입니다.

05
85°　　　　　　　　　95°

06 예각은 각도가 0°보다 크고 직각보다 작은 각이므로 나, 다입니다.

07 예각은 각도가 0°보다 크고 90°보다 작은 각이므로 점 ㄱ과 점 ⑤를 선분으로 이어야 합니다.

08 둔각은 각도가 90°보다 크고 180°보다 작은 각입니다.

09 각도가 직각보다 크고 180°보다 작은 각은 둔각입니다. 둔각은 ㄴ, ㄷ, ㅂ입니다.

10 (1) 긴바늘과 짧은바늘이 이루는 작은 쪽의 각의 크기가
   90°보다 크고 180°보다 작으므로 둔각입니다.
   (2) 긴바늘과 짧은바늘이 이루는 작은 쪽의 각의 크기가
   0°보다 크고 90°보다 작으므로 예각입니다.

12 (1) $95° + \square° = 165°$, $\square° = 165° - 95° = 70°$
   (2) $135° - \square° = 80°$, $\square° = 135° - 80° = 55°$

13 직선이 이루는 각의 크기는 180°이므로
   (각 ㄱㅇㄴ) $= 180° -$ (각 ㄴㅇㄹ)
   $\qquad\qquad = 180° - 145° = 35°$
   (각 ㄴㅇㄷ) $=$ (각 ㄱㅇㄷ) $- 35°$
   $\qquad\qquad = 135° - 35° = 100°$

14 직선이 이루는 각의 크기는 180°입니다.
   따라서 ㉠ $= 180° - 45° - 100° = 35°$입니다.

15 $\square° = 180° - 30° - 25° = 125°$

16 ㉠ $= 180° - 70° - 75° = 35°$,
   ㉡ $= 180° - 110° - 30° = 40°$
   ➡ ㉠ $+$ ㉡ $= 35° + 40° = 75°$

17 $\square° = 360° - 115° - 65° - 80° = 100°$

18 ㉠ $+$ ㉡ $= 360° - 75° - 120° = 165°$

19 ㉠ 삼각형의 세 각의 크기의 합은
   180°이므로
   ㉠ $= 180° - 55° - 50° = 75°$입니다.
   ··· 60 %
   일직선이 이루는 각의 크기는 180°이
   므로 $\square° = 180° - 75° = 105°$입니다. ··· 40 %

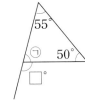

20 ㉠ 직선이 이루는 각의 크기는 180°이므로
   ㉡ $= 180° - 65° = 115°$입니다. ··· 40 %
   사각형의 네 각의 크기의 합은 360°이므로
   ㉠ $= 360° - 115° - 45° - 120° = 80°$입니다.
   ··· 40 %
   따라서 ㉡ $-$ ㉠ $= 115° - 80° = 35°$입니다. ··· 20 %

01 (△)(　　)(○)
02 나, 다　　　　　　　**03** 지웅
04 각 ㄱㅂㅁ 또는 각 ㅁㅂㄱ
05 45°, 70°　　　　　　**06** 130°
07 5개　　　　　　　　**08** ㉡, ㉢
09 각 ㄱㅁㄷ, 각 ㄴㅁㄷ, 각 ㄴㅁㄹ
10 85°, 100°　　　　　**11** 서윤
12 55°　　　　　　　　**13** ㉣
14 50°　　　　　　　　**15** 30°
16 45°　　　　　　　　**17** 80°
18 115°　　　　　　　**19** 풀이 참조, 105°
20 풀이 참조, 45°

01 응원봉의 양 끝이 가장 많이 벌어진 것이 가장 넓게 벌
   어진 것입니다.

02 시계의 긴바늘과 짧은바늘이 가장 많이 벌어진 각이 가장
   큰 각이고 가장 적게 벌어진 각이 가장 작은 각입니다.
   따라서 가장 큰 각은 나이고 가장 작은 각은 다입니다.

03 세 집의 지붕 위쪽의 각의 크기가 큰 것부터 순서대로
   쓰면 다, 가, 나이므로 바르게 말한 사람은 지웅입니다.

04 가장 많이 벌어진 각은 네 개의 작은 각으로 이루어진
   각이므로 각 ㄱㅂㅁ 또는 각 ㅁㅂㄱ입니다.

05 각 ㄱㄴㄹ은 각도기의 바깥쪽 눈금을 읽습니다.
   ➡ (각 ㄱㄴㄹ) $= 45°$
   각 ㄷㄴㅁ은 각도기의 안쪽 각을 읽습니다.
   ➡ (각 ㄷㄴㅁ) $= 70°$

06 가장 큰 각은 각 ㄱㅁㄹ이고 두 번째로 큰 각은 각 ㄱㅁ
   ㄷ입니다. 각도기의 중심을 점 ㅁ에 맞추고 각도기의
   밑금을 변 ㅁㄱ에 맞추어 각도를 재면 130°입니다.

07 예각은 각도가 0°보다 크고 직각보다 작은 각입니다.
   따라서 예각은 각 ㄱㅁㄴ, 각 ㄴㅁㄷ, 각 ㄷㅁㄹ, 각
   ㄱㅁㄷ, 각 ㄴㅁㄹ로 모두 5개입니다.

08 그림을 그려서 알아봅니다.

둔각   예각   예각   둔각

09 둔각은 직각보다 크고 $180°$보다 작은 각이므로
각 ㄱㅁㄷ, 각 ㄴㅁㄷ, 각 ㄴㅁㄹ입니다.

10 예각은 $85°$, $55°$이고 직각($90°$)과의 차는 각각 $5°$, $35°$입니다. 둔각은 $175°$, $100°$이고 직각($90°$)과의 차는 각각 $85°$, $10°$입니다. 따라서 직각과의 차가 더 작은 예각은 $85°$, 둔각은 $100°$입니다.

11 각도기로 각도를 재어 보면 $40°$입니다.
$40°$에 더 가까운 각은 $35°$이므로 서윤이가 더 정확하게 어림했습니다.

12 $\bigcirc=180°-80°-45°=55°$

13 $\bigcirc$ $55°+70°=125°$ $\bigcirc$ $35°+25°=60°$
$\bigcirc$ $15°+55°=70°$ $\textcircled{ㄹ}$ $60°+115°=175°$

14 (각 ㄱㅇㄴ)$+$(각 ㄴㅇㄷ)$=90°$이므로
(각 ㄴㅇㄷ)$=90°-$(각 ㄱㅇㄴ)
$\qquad\qquad\quad=90°-50°=40°$입니다.
(각 ㄴㅇㄷ)$+$(각 ㄷㅇㄹ)$=90°$이므로
(각 ㄷㅇㄹ)$=90°-$(각 ㄴㅇㄷ)
$\qquad\qquad\quad=90°-40°=50°$입니다.

15
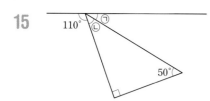
$\bigcirc=180°-90°-50°=40°$,
$\bigcirc=180°-110°-40°=30°$

16 $\bigcirc$은 $90°$와 $45°$가 겹쳐서 생기는 두 각도의 차입니다.
따라서 $\bigcirc=90°-45°=45°$입니다.

17

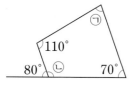

직선이 이루는 각의 크기는 $180°$이므로
$\bigcirc=180°-80°=100°$입니다.
사각형의 네 각의 크기의 합은 $360°$이므로
$\bigcirc=360°-100°-70°-110°=80°$입니다.

18
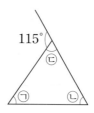

직선이 이루는 각의 크기는 $180°$이므로
$\bigcirc=180°-115°=65°$입니다.
➡ $\bigcirc+\bigcirc=180°-\bigcirc$
$\qquad\qquad\quad=180°-65°=115°$

19 예 삼각형의 세 각의 크기의 합은 $180°$이므로
$\bigcirc=180°-75°-40°=65°$입니다. ⋯ $\boxed{50\,\%}$
사각형의 네 각의 크기의 합은 $360°$이므로
$\bigcirc=360°-65°-75°-115°=105°$입니다.
$\qquad\qquad\qquad\qquad\qquad\qquad$ ⋯ $\boxed{50\,\%}$

20 예 사각형의 네 각의 크기의 합은 $360°$이므로 나머지 한 각의 크기는 $360°-105°-65°-80°=110°$입니다. ⋯ $\boxed{50\,\%}$
따라서 가장 큰 각은 $110°$이고, 가장 작은 각은 $65°$이므로 두 각도의 차는 $110°-65°=45°$입니다.
$\qquad\qquad\qquad\qquad\qquad\qquad$ ⋯ $\boxed{50\,\%}$

3단원 곱셈과 나눗셈

교과서 개념 다지기

64~65쪽

개념 1

01 (위에서부터) 9, 4, 4 / 9, 4, 4, 0

02 (위에서부터) 625, 6250, 10

03 (1) 8, 8 (2) 15, 15 (3) 30, 30

개념 2

04 (1) 2360, 472, 2832 (2) 10920, 1365, 12285

05 (1) 16050, 17013 (2) 1551, 10340, 11891

교과서 넘어 보기

66~68쪽

01 (왼쪽에서부터) 8420, 10 **02** 2092, 20920

03 ㉡

04 (1) 7, 3 (2) 5, 0, 6

05 (1) 12960 (2) 35000 (3) 10660 (4) 16000

06

07 3600 cm **08** 예빈

09 20580

10 8720, 3924 / 3924, 8720, 12644

11
```
      7 0 9
  ×     6 3
    2 1 2 7
  4 2 5 4
  4 4 6 6 7
```

12 18944

13 6045장

14 23424

교과서 속 응용 문제

15 (위에서부터) 7, 9 **16** (위에서부터) 5, 3

17 (위에서부터) 9, 6, 2 **18** 16110

19 8671 **20** 36608

01 (세 자리 수)×(몇십)의 곱은 (세 자리 수)×(몇)의 곱의 10배입니다. 따라서 $421×20$의 곱은 $421×2$의 곱의 10배입니다.

02 $523×40$의 곱은 $523×4$의 곱의 10배입니다.

03 $624×6=3744$이므로 $624×60=37440$입니다.
따라서 숫자 7은 ㉡의 자리에 써야 합니다.

04 (1) $365×2=730$ ➡ $365×20=7300$
(2) $251×6=1506$ ➡ $251×60=15060$

05 (1) $432×3=1296$ ➡ $432×30=12960$
(2) $500×70$은 $5×7$을 계산한 다음 그 값에 곱하는 두 수의 0의 개수만큼 0을 3개 붙입니다.
➡ $500×70=35000$
(3) $533×2=1066$ ➡ $533×20=10660$
(4) $200×80$은 $2×8$을 계산한 다음 그 값에 곱하는 두 수의 0의 개수만큼 0을 3개 붙입니다.
➡ $200×80=16000$

06 $700×80=56000$,
$300×90=27000$,
$60×700=42000$

07 (진우가 가진 리본의 길이)
$=120×30=3600(cm)$

08 (예빈이의 저금통에 들어 있는 돈)
$=500×20=10000(원)$
(승우의 저금통에 들어 있는 돈)
$=100×90=9000(원)$
$10000>9000$이므로 예빈이의 저금통에 들어 있는 돈이 더 많습니다.

09 ㉠은 294와 70의 곱을 나타내므로 ㉠이 실제로 나타내는 값은 $294×70=20580$입니다.

10 $436×29=8720+3924=12644$
　　　　　 $436×20$　$436×9$

11 $709×6=4254$에서 곱하는 수 6은 십의 자리 숫자이므로 곱 4254는 42540을 나타냅니다.
따라서 4254를 십의 자리에 맞추어 써야 합니다.

12 가장 큰 수는 512, 가장 작은 수는 37이므로 두 수의 곱을 구하면 $512×37=18944$입니다.

BOOK 1 본책

13 (문구점에 있는 색종이 수)

$=195 \times 31=6045$(장)

14 2, 4, 6, 7, 9로 만들 수 있는 가장 큰 세 자리 수는
976이고, 가장 작은 두 자리 수는 24입니다.

따라서 두 수의 곱은 $976 \times 24 = 23424$입니다.

15
$$
\begin{array}{r}
4\ 2\ 3 \\
\times \quad \text{㉠}\ 0 \\
\hline
2\ \text{㉡}\ 6\ 1\ 0 \\
\end{array}
$$

$3 \times$㉠을 계산하여 일의 자리 수가 1이 되려면
$3 \times 7 = 21$이므로 ㉠$=7$입니다.

$423 \times 70 = 29610$이므로 ㉡$=9$입니다.

16
$$
\begin{array}{r}
7\ 2\ 3 \\
\times \quad 6\ \text{㉠} \\
\hline
\text{㉡}\ 6\ 1\ 5 \\
4\ 3\ 3\ 8 \\
\hline
4\ 6\ 9\ 9\ 5 \\
\end{array}
$$

$3 \times$㉠의 일의 자리 수가 5이므로 ㉠$=5$입니다.

$723 \times 5 = 3615$이므로 ㉡$=3$입니다.

17
$$
\begin{array}{r}
5\ 1\ 3 \\
\times \quad 4\ \text{㉠} \\
\hline
4\ \text{㉡}\ 1\ 7 \\
\text{㉢}\ 0\ 5\ 2 \\
\hline
2\ 5\ 1\ 3\ 7 \\
\end{array}
$$

$513 \times 4 = 2052$이므로 ㉢$=2$입니다.

4㉡17$+20520=25137$이므로 ㉡$=6$입니다.

$3 \times$㉠의 일의 자리 수가 7이므로 ㉠$=9$입니다.

18 어떤 수를 □라고 하면 □$+30=567$,
□$=567-30=537$입니다.

따라서 바르게 계산하면 $537 \times 30 = 16110$입니다.

19 어떤 수를 □라고 하면 □$-23=354$,
□$=354+23=377$입니다.

따라서 바르게 계산하면 $377 \times 23 = 8671$입니다.

20 어떤 수를 □라고 하면 $416+$□$=504$,
□$=504-416=88$입니다.

따라서 바르게 계산하면 $416 \times 88 = 36608$입니다.

교과서 개념 다지기 69~70쪽

개념 3

01 (1) 6 (2) 8

02 (1) 6, 360, 0 (2) 9, 450, 17

03 7, 210 / 210, 24, 234

개념 4

04 6, 204

05 (1) 5, 75, 0 (2) 3, 156, 0

06 (1) 3, 75 / 확인 3, 75 / 75
    (2) 7, 301, 9 / 확인 7, 301 / 301, 9

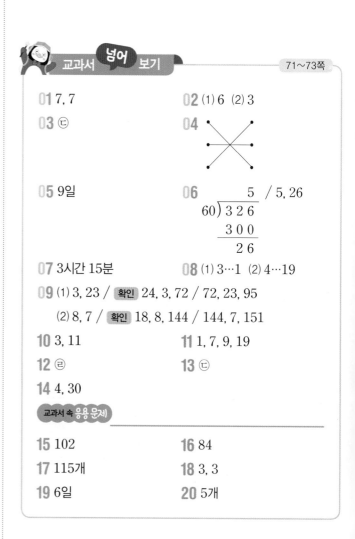

교과서 넘어 보기 71~73쪽

01 7, 7   **02** (1) 6 (2) 3

03 ㉢   **04**

05 9일   **06**
$$
\begin{array}{r}
5 \quad / 5, 26 \\
60\ \overline{)\ 3\ 2\ 6} \\
3\ 0\ 0 \\
\hline
2\ 6 \\
\end{array}
$$

07 3시간 15분   **08** (1) 3…1 (2) 4…19

09 (1) 3, 23 / 확인 24, 3, 72 / 72, 23, 95
    (2) 8, 7 / 확인 18, 8, 144 / 144, 7, 151

10 3, 11   **11** 1, 7, 9, 19

12 ㉣   **13** ㉢

14 4, 30

교과서 속 응용 문제

15 102   **16** 84

17 115개   **18** 3, 3

19 6일   **20** 5개

01
$$
\underbrace{560 \div 80 = 7}_{56 \div 8 = 7}
$$

02
(1)
$$70 \overline{)420} \quad \begin{array}{r} 6 \\ \hline 420 \\ \hline 0 \end{array}$$

(2)
$$90 \overline{)270} \quad \begin{array}{r} 3 \\ \hline 270 \\ \hline 0 \end{array}$$

03 $35 \div 7$과 $350 \div 70$의 몫은 같습니다.

04 $320 \div 80 = 4$, $400 \div 80 = 5$
$120 \div 20 = 6$, $360 \div 60 = 6$
$450 \div 90 = 5$, $280 \div 70 = 4$

05 (먹을 수 있는 날수)
= (전체 물약의 양) ÷ (하루에 먹는 물약의 양)
= $360 \div 40 = 9$(일)

06 나머지가 나누는 수보다 작아야 하는데 나머지가 나누는 수보다 크므로 몫을 1 크게 하여 계산합니다.

$$60 \overline{)326} \quad \begin{array}{r} 5 \leftarrow 몫 \\ \hline 300 \\ \hline 26 \leftarrow 나머지 \end{array}$$

따라서 바르게 계산했을 때의 몫은 5, 나머지는 26입니다.

07 1시간은 60분입니다.
$195 \div 60 = 3 \cdots 15$이므로 195분은 3시간 15분입니다.
따라서 수호가 공원을 걷는 데 걸린 시간은 3시간 15분입니다.

08
(1)
$$32 \overline{)97} \quad \begin{array}{r} 3 \\ \hline 96 \\ \hline 1 \end{array}$$

(2)
$$84 \overline{)355} \quad \begin{array}{r} 4 \\ \hline 336 \\ \hline 19 \end{array}$$

09
(1)
$$24 \overline{)95} \quad \begin{array}{r} 3 \\ \hline 72 \\ \hline 23 \end{array}$$
➡ $95 \div 24 = 3 \cdots 23$
확인 $24 \times 3 = 72$, $72 + 23 = 95$

(2)
$$18 \overline{)151} \quad \begin{array}{r} 8 \\ \hline 144 \\ \hline 7 \end{array}$$
➡ $151 \div 18 = 8 \cdots 7$
확인 $18 \times 8 = 144$, $144 + 7 = 151$

10 주어진 수 중 가장 큰 수는 89이고, 가장 작은 수는 26입니다. $89 \div 26 = 3 \cdots 11$이므로 89를 26으로 나누면 몫은 3이고 나머지는 11입니다.

11 나머지는 나누는 수보다 작아야 하므로 나누는 수보다 작은 1, 7, 9, 19가 나머지가 될 수 있는 수입니다.

12 ㉠ $471 \div 92 = 5 \cdots 11$ ㉡ $95 \div 12 = 7 \cdots 11$
㉢ $85 \div 37 = 2 \cdots 11$ ㉣ $575 \div 82 = 7 \cdots 1$
따라서 나머지가 다른 하나는 ㉣입니다.

13 ㉠ $120 \div 32 = 3 \cdots 24$ ㉡ $157 \div 69 = 2 \cdots 19$
㉢ $394 \div 81 = 4 \cdots 70$
따라서 몫이 가장 큰 것은 ㉢입니다.

14 $25 \times 9 = 225$, $225 + 13 = 238$이므로 어떤 수는 238입니다.
따라서 바르게 계산하면 $238 \div 52 = 4 \cdots 30$입니다.

15 $\square \div 20 = 5 \cdots 2$에서 $\square$는 나누는 수와 몫을 곱한 후 나머지를 더하여 구할 수 있습니다.
따라서 $20 \times 5 = 100$, $100 + 2 = 102$이므로 $\square = 102$입니다.

16 $\square \div 36 = 2 \cdots 12$에서 $\square$는 나누는 수와 몫을 곱한 후 나머지를 더하여 구할 수 있습니다.
따라서 $36 \times 2 = 72$, $72 + 12 = 84$이므로 $\square = 84$입니다.

17 한 봉지에 12개씩 9봉지를 포장했으므로 $12 \times 9 = 108$(개)의 막대과자가 포장되었습니다.
여기에 남은 7개를 더하면 막대과자는 모두 $108 + 7 = 115$(개)입니다.

18 $99 \div 32 = 3 \cdots 3$이므로 상자를 3개 포장할 수 있고, 남는 포장끈은 3 cm입니다.

19 $92 \div 16 = 5 \cdots 12$이므로 16쪽씩 5일 동안 읽으면 12쪽이 남으므로 모두 읽으려면 적어도 6일이 걸립니다.

20 $143 \div 34 = 4 \cdots 7$이므로 탁구공을 34개씩 바구니 4개에 담으면 7개가 남으므로 모두 담으려면 바구니는 적어도 5개가 필요합니다.

개념 5

01 17, 19, 133, 133, 0

02 (1) 21, 48, 24, 24, 0   (2) 34, 39, 52, 52, 0

개념 6

03 (1) 17, 37, 271, 259, 12

     (2) 18, 46, 379, 368, 11

04 11, 51, 63, 51, 12 /

     $51 \times 11 = 561, 561 + 12 = 573$

개념 7

05 (1) 예 100, 30, 100, 30, 3000

     (2) 예 700, 50, 700, 50, 14

교과서 넘어 보기   77~80쪽

01 640, 960, 1280 / 20, 30

02 10에 ○표

03 (1) 14   (2) 21

04

05 12일

06 16, 커야에 ○표

07 ㉡, ㉢, ㉠

08 (1) 14…6   (2) 21…17

09 ㉢

10
$$
\begin{array}{r}
5\,6 \\
17\,)\overline{9\,6\,5} \\
8\,5 \\
\hline
1\,1\,5 \\
1\,0\,2 \\
\hline
1\,3
\end{array}
$$

11 (1) 12, 5   (2) 63, 3

12 26

13 27개

14 42

15 예 90, 3600

16 ㉠

17 현수

18 예 690, 23

19 ②

20 예슬

21 (1) ×   (2) ○

---

22 521   **23** 545

24 4   **25** 11, 27

26 3420   **27** 22834

01 $32 \times 20 = 640, 32 \times 30 = 960, 32 \times 40 = 1280$
따라서 $768 \div 32$의 몫은 20보다 크고 30보다 작습니다.

02 132를 100으로 어림하고 12를 10으로 어림하여 계산하면 $100 \div 10 = 10$이므로 몫은 10 정도 될 것입니다.

03 (1)
$$
\begin{array}{r}
1\,4 \\
27\,)\overline{3\,7\,8} \\
2\,7 \\
\hline
1\,0\,8 \\
1\,0\,8 \\
\hline
0
\end{array}
$$
(2)
$$
\begin{array}{r}
2\,1 \\
41\,)\overline{8\,6\,1} \\
8\,2 \\
\hline
4\,1 \\
4\,1 \\
\hline
0
\end{array}
$$

04 $804 \div 67 = 12, 476 \div 17 = 28,$
$924 \div 33 = 28, 540 \div 45 = 12,$
$805 \div 35 = 23, 598 \div 26 = 23$

05 (책을 읽는 데 걸리는 날수)
    =(전체 쪽수)÷(하루에 읽는 쪽수)
    $= 288 \div 24 = 12$(일)

06 나머지는 나누는 수보다 작아야 합니다.

07 • 51은 실제로 17×30의 곱입니다. ➡ ㉡
    • 69는 $579 - 510$의 차입니다. ➡ ㉢
    • 68은 17×4의 곱입니다. ➡ ㉠

08 (1)
$$
\begin{array}{r}
1\,4 \\
42\,)\overline{5\,9\,4} \\
4\,2 \\
\hline
1\,7\,4 \\
1\,6\,8 \\
\hline
6
\end{array}
$$
(2)
$$
\begin{array}{r}
2\,1 \\
29\,)\overline{6\,2\,6} \\
5\,8 \\
\hline
4\,6 \\
2\,9 \\
\hline
1\,7
\end{array}
$$

09 ㉠ $333 \div 25 = 13…8$
    ㉡ $789 \div 64 = 12…21$
    ㉢ $508 \div 49 = 10…18$

10 < 12 < 13이므로 몫이 가장 작은 나눗셈은 ⓒ입니다.

10 나머지가 나누는 수보다 크므로 몫이 55보다 커야 합니다.

11 (1) $45 \times 12 = 540$, $540 + 5 = 545$
    (나누는 수) (몫)   (나머지) (나누어지는 수)
  ➡ $545 \div 45 = 12 \cdots 5$
(2) $63 \times 15 = 945$, $945 + 3 = 948$
    (나누는 수) (몫)   (나머지) (나누어지는 수)
  ➡ $948 \div 63 = 15 \cdots 3$

12 $910 \div 39 = 23 \cdots 13$이므로 ㉠ = 23입니다.
$868 \div 63 = 13 \cdots 49$이므로 ㉡ = 49입니다.
➡ ㉡ − ㉠ = 49 − 23 = 26

13 $472 \div 18 = 26 \cdots 4$이므로 472개의 사과를 18개씩 담으면 26개의 상자를 채우고 4개가 남습니다.
남은 4개의 사과도 포장해야 하므로 사과 472개를 모두 포장하려면 상자는 적어도 27개 필요합니다.

14 (어떤 수) $\div 19 = 32 \cdots 9$
➡ $19 \times 32 = 608$, $608 + 9 = \underline{617}$
                        어떤 수
617을 26으로 나누면 $617 \div 26 = 23 \cdots 19$이므로 몫은 23, 나머지는 19입니다.
➡ (몫과 나머지의 합) = 23 + 19 = 42

15 한 상자에 들어 있는 귤의 개수를 90개로 어림하여 계산하면 약 $90 \times 40 = 3600$(개) 정도 팔았습니다.

16 학생 수를 400명으로, 풍선 가격을 30원으로 어림하여 계산하면 약 $400 \times 30 = 12000$(원)을 내야 합니다.

17 지우: 연필 한 타는 12자루이므로 4타는 48자루입니다. 연필 가격을 300원으로, 연필 수를 50자루로 어림하여 계산하면 약 $300 \times 50 = 15000$(원)을 내야 합니다.
현수: 지우개 가격을 600원으로, 지우개 수를 30개로 어림하여 계산하면 약 $600 \times 30 = 18000$(원)을 내야 합니다.
따라서 현수가 더 많은 돈을 내야 합니다.

18 692개를 약 690개라고 어림하여 계산하면 상자는 약 $690 \div 30 = 23$(개)가 필요합니다.

19 전체 책의 수를 600권으로, 책장의 수를 20개로 어림하여 계산하면 $600 \div 20 = 30$이므로 한 책장에 약 30권의 책을 꽂을 수 있습니다.
따라서 가장 알맞은 것은 ② 30권에서 35권 사이입니다.

20 승우: 전체 문제 수를 300개로, 하루에 푸는 문제 수를 20개로 어림하여 계산하면 $300 \div 20 = 15$이므로 약 15일 정도 걸립니다.
예슬: 전체 문제 수를 460개로, 하루에 푸는 문제 수를 40개로 어림하여 계산하면 $460 \div 40 = 11 \cdots 20$이므로 약 12일 정도 걸립니다.
따라서 예슬이가 더 빨리 문제집을 끝냅니다.

21 (1) 820원을 800원으로, 57개를 60개로 어림하여 계산하면 약 $800 \times 60 = 48000$(원)이므로 50000원보다 적습니다.
(2) 514쪽을 500쪽으로, 31쪽을 30쪽으로 어림하여 계산하면 $500 \div 30 = 16 \cdots 20$이므로 약 16일 정도 걸립니다.

22 □가 가장 크려면 나머지가 나누는 수보다 1만큼 더 작을 때이므로 ★ = 18 − 1 = 17입니다.
따라서 □ $\div 18 = 28 \cdots 17$이므로
$18 \times 28 = 504$, $504 + 17 = 521$에서
□ = 521입니다.

23 □가 가장 작으려면 나머지가 가장 작아야 하므로 ♥ = 1입니다.
따라서 □ $\div 32 = 17 \cdots 1$이므로
$32 \times 17 = 544$, $544 + 1 = 545$에서 □ = 545입니다.

24 $36 \times 15 = 540$, $36 \times 16 = 576$이므로
$540 < 5\square4 < 576$입니다.
따라서 □ 안에 들어갈 수 있는 수는 4, 5, 6, 7입니다.
$544 \div 36 = 15 \cdots 4$이므로 □ 안에 공통으로 들어갈 수 있는 수는 4입니다.

BOOK 1 본책

25 어떤 수를 □라 하면 □÷23=16…11입니다.
23×16=368, 368+11=379이므로
□=379입니다.
따라서 바르게 계산하면 379÷32=11…27입니다.

26 어떤 수를 □라 하면 285÷□=23…9입니다.
□×23의 곱에 9를 더하면 285이므로
285-9=276에서 □×23=276입니다.
□=276÷23=12이므로 바르게 계산하면
285×12=3420입니다.

27 어떤 수를 □라 하면 466÷□=9…25입니다.
□×9의 곱에 25를 더하면 466이므로
466-25=441에서 □×9=441입니다.
□=441÷9=49이므로 바르게 계산하면
466×49=22834입니다.

응용력 높이기

81~85쪽

대표 응용 **1**	24 / 24, 3216

1-1 9, 6, 4 / 54948   **1-2** 23030

대표 응용 **2**	20, 20, 20, 21, 10, 21

2-1 6, 4, 3 / 14, 41   **2-2** 58

대표 응용 **3**	12, 26 / 12 / 13

3-1 8   **3-2** 26, 27, 28

대표 응용 **4**	15, 22, 330 / 330, 10, 10, 10, 10 / 10, 22

4-1 2개   **4-2** 24개, 48개

대표 응용 **5**	20, 39 / 39

5-1 65개   **5-2** 49개

1-1 곱이 가장 크려면 가장 큰 세 자리 수를 곱해야 합니다.
9>6>4>3>2이므로 가장 큰 세 자리 수는 964
입니다.
따라서 곱이 가장 큰 곱셈식은 964×57=54948입
니다.

1-2 2<3<5<6<7<8<9이므로 가장 작은 세 자리
수는 235이고, 가장 큰 두 자리 수는 98입니다.
따라서 만든 두 수의 곱은 235×98=23030입니다.

2-1 □□□÷43에서 몫과 나머지가 가장 크려면 가장 큰
세 자리 수를 43으로 나누어야 합니다.
6>4>3>2>0이므로 가장 큰 세 자리 수는 643입
니다.
따라서 몫과 나머지가 가장 큰 나눗셈식은
643÷43=14…41입니다.

2-2 □□□÷□□에서 몫이 가장 크려면 나누어지는 수
를 가장 크게, 나누는 수를 가장 작게 만들어야 합니다.
9>8>6>3>0이므로 가장 큰 세 자리 수는 986이
고, 가장 작은 두 자리 수는 30입니다.
몫이 가장 큰 나눗셈식은 986÷30=32…26이므로
몫과 나머지의 합은 32+26=58입니다.

3-1 48×□<402에서 402를 48로 나누어 보면
402÷48=8…18입니다. 48×□<402이므로 □
안에 들어갈 수 있는 가장 큰 자연수는 8입니다.

3-2 800<32×□<900에서 800과 900을 각각 32로
나누어 보면 800÷32=25, 900÷32=28…4입니다.
25<□<28이고 32×28=896이므로 □ 안에 들
어갈 수 있는 자연수는 26, 27, 28입니다.

4-1 (과일 가게에 있는 귤의 수)=40×22=880(개)
880개의 귤을 18개씩 봉투에 담아 포장하면
880÷18=48…16이므로 귤은 48개의 봉투에 담고,
16개가 남습니다.
남는 16개의 귤을 포장하려면 귤이 적어도
18-16=2(개) 더 필요합니다.

4-2 풀을 상자에 나누어 담으면 200÷56=3…32이므로
3개씩 56개의 상자에 담고 32개가 남습니다.
지우개를 상자에 나누어 담으면 120÷56=2…8이므로
2개씩 56개의 상자에 담고 8개가 남습니다.
56개의 상자에 남은 풀과 지우개를 1개씩 더 담는다고
생각하고, 더 필요한 풀과 지우개의 수를 각각 구합니다.

(더 필요한 풀의 수)=56−32=24(개)

(더 필요한 지우개의 수)=56−8=48(개)

5-1 (간격 수)=(도로의 길이)÷(가로등 사이의 간격)

=960÷15=64(군데)

(필요한 가로등의 수)=(간격 수)+1

=64+1=65(개)

5-2 • 산책로에 필요한 의자의 수

(간격 수)=(산책로의 길이)÷(의자 사이의 간격)

=840÷35=24(군데)

(필요한 의자의 수)=(간격 수)+1

=24+1=25(개)

• 호수 주변에 필요한 의자의 수

(간격 수)=(호수의 둘레)÷(의자 사이의 간격)

=840÷35=24(군데)

(필요한 의자의 개수)=(간격 수)=24개

➡ (필요한 전체 의자의 수)=25+24=49(개)

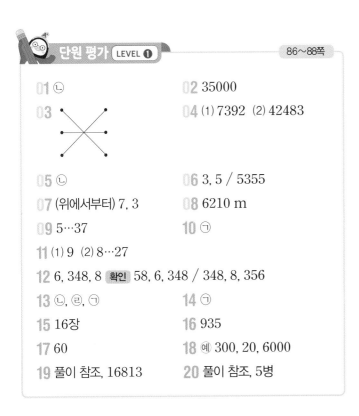

단원 평가 LEVEL ❶　　　　86~88쪽

01 ㉡	02 35000
03	04 (1) 7392 (2) 42483
05 ㉡	06 3, 5 / 5355
07 (위에서부터) 7, 3	08 6210 m
09 5…37	10 ㉠
11 (1) 9 (2) 8…27	
12 6, 348, 8 확인 58, 6, 348 / 348, 8, 356	
13 ㉡, ㉣, ㉠	14 ㉠
15 16장	16 935
17 60	18 예 300, 20, 6000
19 풀이 참조, 16813	20 풀이 참조, 5병

01 478×4=1912이므로 478×40=19120입니다.

따라서 숫자 9는 ㉡의 자리에 써야 합니다.

02 700×50=35000

03 310×70=21700, 288×71=20448,

700×30=21000

04 (1)
```
    3 5 2
  ×   2 1
  -------
    3 5 2
  7 0 4
  -------
  7 3 9 2
```
(2)
```
    8 6 7
  ×   4 9
  -------
  7 8 0 3
  3 4 6 8
  -------
  4 2 4 8 3
```

05 ㉠ 489×50=24450

㉡ 275×98=26950

㉢ 621×37=22977

따라서 곱이 가장 큰 것은 ㉡입니다.

06 곱이 가장 작으려면 □□에 만들 수 있는 가장 작은 수가 들어가야 합니다. 수 카드 3, 5, 6으로 만들 수 있는 가장 작은 수는 35입니다.

따라서 계산 결과가 가장 작은 곱셈식은

153×35=5355입니다.

07
```
      7 ㉠ 4
    ×   5 3
  ---------
    2 3 2 2
  ㉡8 7 0
  ---------
  4 1 0 2 2
```

2322+㉡8700=41022이므로 ㉡=3입니다.

7㉠4×3=2322이므로 774×3=2322, ㉠=7입니다.

08 (윤아가 자전거로 45분 동안 갈 수 있는 거리)

=138×45=6210 (m)

09
```
        5
  40)2 3 7
    2 0 0
    -----
      3 7
```

10 72÷9=8　　　　㉠ 640÷80=8

㉡ 330÷80=4…10　　㉢ 410÷60=6…50

따라서 72÷9와 몫이 같은 것은 ㉠입니다.

11 (1)
$$\begin{array}{r} 9 \\ 22\overline{)198} \\ \underline{198} \\ 0 \end{array}$$
(2)
$$\begin{array}{r} 8 \\ 31\overline{)275} \\ \underline{248} \\ 27 \end{array}$$

12 $356 \div 58 = 6 \cdots 8$
확인 $58 \times 6 = 348,\ 348 + 8 = 356$

13
$$\begin{array}{r} 44 \\ 19\overline{)839} \\ \underline{76} \quad \cdots 19 \times 40\ (\text{ⓒ}) \\ 79 \quad \cdots 839 - 760\ (\text{ⓔ}) \\ \underline{76} \quad \cdots 19 \times 4\ (\text{ⓐ}) \\ 3 \end{array}$$

14 ⓐ $733 \div 49 = 14 \cdots 47$ ⓑ $563 \div 17 = 33 \cdots 2$
ⓒ $390 \div 61 = 6 \cdots 24$
나머지를 비교해 보면 $47 > 24 > 2$이므로 나머지가 가장 큰 나눗셈은 ⓐ $733 \div 49$입니다.

15 (반 학생 수)$= 4 \times 6 = 24$(명)
(한 명이 받을 수 있는 색종이 수)$= 384 \div 24 = 16$(장)

16 나누는 수가 52이므로
나머지가 $52 - 1 = 51$일 때 ■가 가장 큽니다.
■$\div 52 = 17 \cdots 51$에서 $52 \times 17 = 884$,
$884 + 51 = 935$이므로 ■$= 935$입니다.

17 몫이 가장 크려면 나누어지는 수는 가장 크고, 나누는 수는 가장 작아야 합니다. 수 카드로 만들 수 있는 가장 큰 세 자리 수는 863이고, 가장 작은 두 자리 수는 12입니다. ➡ $863 \div 12 = 71 \cdots 11$
따라서 몫과 나머지의 차는 $71 - 11 = 60$입니다.

18 일주일 동안 판 음료수 상자의 수를 300상자로, 한 상자에 들어 있는 음료수의 개수를 20개로 어림하여 계산하면 약 $300 \times 20 = 6000$(개) 정도 팔았습니다.

19 예 어떤 수를 □라고 하면 □$- 43 = 348$,
□$= 348 + 43 = 391$입니다. … 60 %
따라서 바르게 계산하면 $391 \times 43 = 16813$입니다.
… 40 %

20 예 주스 317병을 한 상자에 24병씩 담는 나눗셈식은 $317 \div 24$입니다. … 40 %
$317 \div 24 = 13 \cdots 5$이므로 24병씩 13상자에 담고 남는 주스는 5병입니다. … 60 %

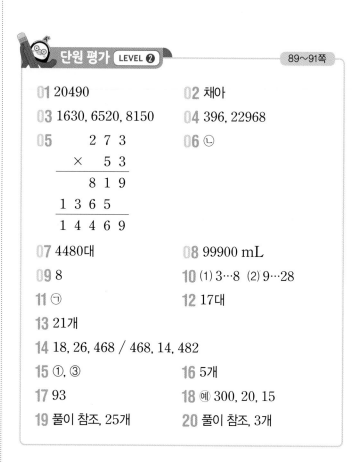

단원 평가 LEVEL ❷   89~91쪽

01 20490
02 채아
03 1630, 6520, 8150
04 396, 22968
05
$$\begin{array}{r} 273 \\ \times \quad 53 \\ \hline 819 \\ 1365 \quad \\ \hline 14469 \end{array}$$
06 ⓒ
07 4480대
08 99900 mL
09 8
10 (1) $3 \cdots 8$ (2) $9 \cdots 28$
11 ⓐ
12 17대
13 21개
14 18, 26, 468 / 468, 14, 482
15 ①, ③
16 5개
17 93
18 예 300, 20, 15
19 풀이 참조, 25개
20 풀이 참조, 3개

01 $683 \times 3 = 2049$이므로 683×30은 683×3의 10배인 20490입니다.

02 (서준이가 모은 용돈)$= 300 \times 80 = 24000$(원)
(채아가 모은 용돈)$= 600 \times 50 = 30000$(원)
따라서 $30000 > 24000$이므로 용돈을 더 많이 모은 친구는 채아입니다.

03 25는 20과 5의 합이므로 326×25는 326×20과 326×5의 합으로 계산합니다.

04 $33 \times 12 = 396,\ 396 \times 58 = 22968$

05 273×5의 곱에서 5는 십의 자리 숫자이므로 곱을 십의 자리에 맞추어 써야 합니다.

06 ㉠ $975 \times 35 = 34125$ ㉡ $811 \times 58 = 47038$
㉢ $629 \times 74 = 46546$
$47038 > 46546 > 34125$이므로 곱이 가장 큰 것은 ㉡입니다.

07 (128일 동안 만들 수 있는 자전거의 수)
$= 128 \times 35 = 4480$(대)

08 (월요일에 판매한 참기름의 양)
$= 450 \times 56 = 25200$(mL)
(화요일에 판매한 참기름의 양)
$= 450 \times 87 = 39150$(mL)
(수요일에 판매한 참기름의 양)
$= 450 \times 79 = 35550$(mL)
➡ (3일 동안 판매한 참기름의 양)
$= 25200 + 39150 + 35550 = 99900$(mL)

09 $70 \times 8 = 560$이므로 $560 \div 70 = 8$입니다.

10 (1)
```
        3
  27)8 9
     8 1
        8
```
(2)
```
          9
  90)8 3 8
     8 1 0
        2 8
```

11 ㉠ $392 \div 32 = 12 \cdots \underline{8}$
㉡ $496 \div 42 = 11 \cdots \underline{34}$
㉢ $684 \div 15 = 45 \cdots \underline{9}$
$8 < 9 < 34$이므로 나머지가 가장 작은 나눗셈은 ㉠입니다.

12 $730 \div 45 = 16 \cdots 10$이므로
45명씩 16대에 탈 수 있고, 10명이 남습니다.
남는 10명도 타려면 1대의 버스가 더 필요합니다.
따라서 버스는 적어도 $16 + 1 = 17$(대) 필요합니다.

13 $378 \div 57 = 6 \cdots 36$이므로 한 학생에게 6개씩 나누어 주면 36개의 초콜릿이 남습니다. 초콜릿을 남김없이 똑같이 나누어 주려면 적어도 $57 - 36 = 21$(개) 더 필요합니다.

14 (나누어지는 수)÷(나누는 수)=(몫) ⋯ (나머지)

➡ 계산 결과가 맞는지 확인하기: 나누는 수와 몫의 곱에 나머지를 더하면 나누어지는 수가 됩니다.

15 나누어지는 수의 왼쪽 두 자리 수와 나누는 수의 크기를 비교하여 나누는 수가 더 작으면 몫이 두 자리 수입니다. 따라서 몫이 두 자리 수인 것은 ①, ③입니다.

16 만든 세 자리 수를 □라 하고 30으로 나눌 때 나머지를 △라고 하면 □÷30=25…△입니다.
□는 $30 \times 25 = 750$보다 크고 $30 \times 26 = 780$보다 작아야 합니다. 따라서 주어진 수 카드로 만들 수 있는 750보다 크고 780보다 작은 세 자리 수는 752, 756, 760, 762, 765로 모두 5개입니다.

17 • $548 \div 17 = 32 \cdots 4$이므로 □ 안에는 33보다 작은 자연수가 들어갈 수 있습니다.
• $446 \div 15 = 29 \cdots 11$이므로 □ 안에는 29보다 큰 자연수가 들어갈 수 있습니다.
따라서 □ 안에 공통으로 들어갈 수 있는 자연수는 29보다 크고 33보다 작은 자연수이므로 30, 31, 32이고 합은 $30 + 31 + 32 = 93$입니다.

19 예 (간격 수)=(도로의 길이)÷(가로등 사이의 간격)
$= 792 \div 33 = 24$(개) ⋯ 50 %
(필요한 가로등의 수)=(간격 수)+1
$= 24 + 1 = 25$(개) ⋯ 50 %

20 예 $232 \times 33 = 7656 < 7800$,
$232 \times 34 = 7888 > 7800$이므로 □ 안에는 3과 같거나 3보다 작은 수가 들어갈 수 있습니다. ⋯ 60 %
따라서 □ 안에 들어갈 수 있는 수는 1, 2, 3으로 모두 3개입니다. ⋯ 40 %

개념 1

01 (1) (2)

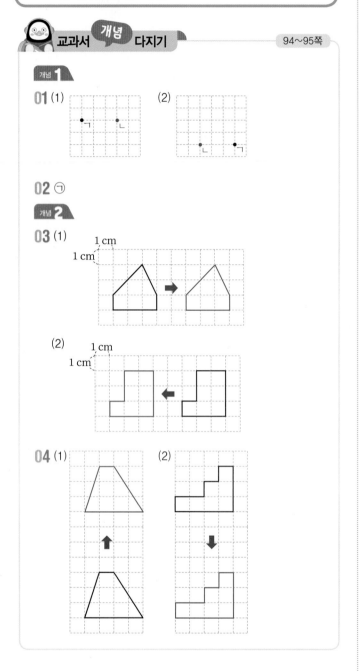

02 ㉠

개념 2

03 (1)

(2)

04 (1) (2)

04   **05** 나연

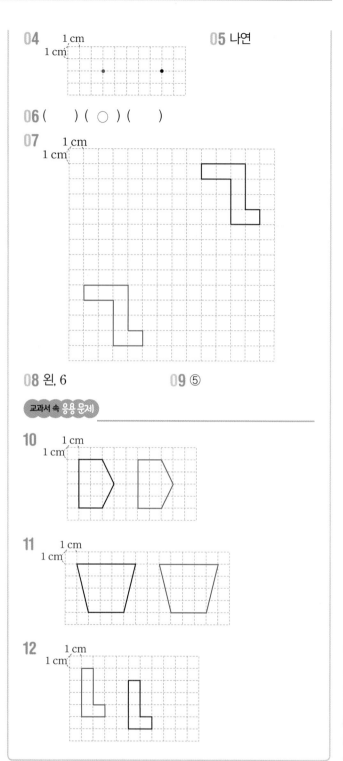

06 ( )(○)( )

07

08 왼, 6   **09** ⑤

교과서 속 **응용 문제**

10

11

12

01 아래쪽, 3   **02**

03 ㄷ

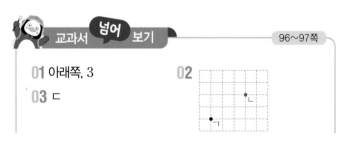

02 점 ㄱ을 오른쪽으로 3칸, 위쪽으로 2칸 이동하면 점 ㄴ의 위치로 이동합니다.

03 점 ㅇ을 왼쪽으로 3 cm, 아래쪽으로 2 cm 이동하면 점 ㄷ의 위치로 이동합니다.

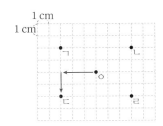

04 점을 오른쪽으로 5 cm 이동했을 때의 위치이므로 점을 왼쪽으로 5 cm 이동하여 표시합니다.

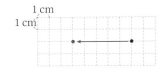

05 점 ㄴ은 점 ㄱ을 오른쪽으로 4 cm, 아래쪽으로 3 cm 이동한 위치입니다.

06 도형을 밀면 모양이 변하지 않습니다.

07 왼쪽으로 8칸 밀고 아래쪽으로 8칸 밀어서 이동합니다.

08 ㉮ 도형은 ㉯ 도형을 왼쪽으로 6칸 이동한 도형입니다.

09 도형을 밀면 위치만 바뀌고 모양은 변하지 않습니다. 따라서 오른쪽으로 밀었을 때 모양이 바뀌는 도형은 없습니다.

10 밀기 전의 도형은 도형을 오른쪽으로 5 cm 밀어서 그린 도형입니다.

11 도형을 왼쪽으로 8 cm 밀고, 오른쪽으로 1 cm 밀면 왼쪽으로 7 cm 이동한 것과 같습니다.

12 도형을 오른쪽으로 7 cm 밀고, 왼쪽으로 3 cm 밀면 오른쪽으로 4 cm 이동한 것과 같습니다. 위쪽으로 3 cm, 아래쪽으로 4 cm 밀면 아래쪽으로 1 cm 이동한 것과 같습니다.

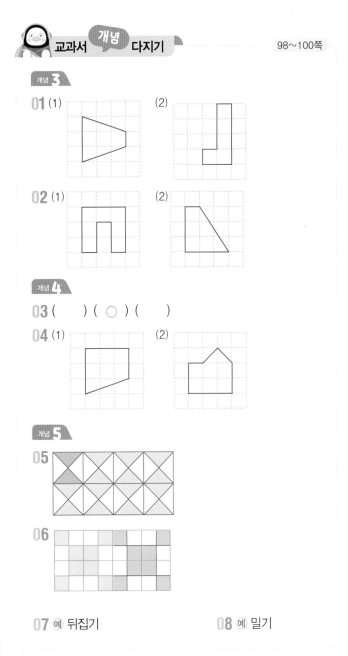

교과서 **개념** 다지기

개념 3

01 (1)   (2)

02 (1)   (2)

개념 4

03 (   ) (○) (   )

04 (1)   (2)

개념 5

05

06

07 예 뒤집기   **08** 예 밀기

교과서 **넘어** 보기

01 ㉠   **02** (○)(   )

03

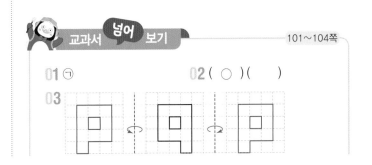

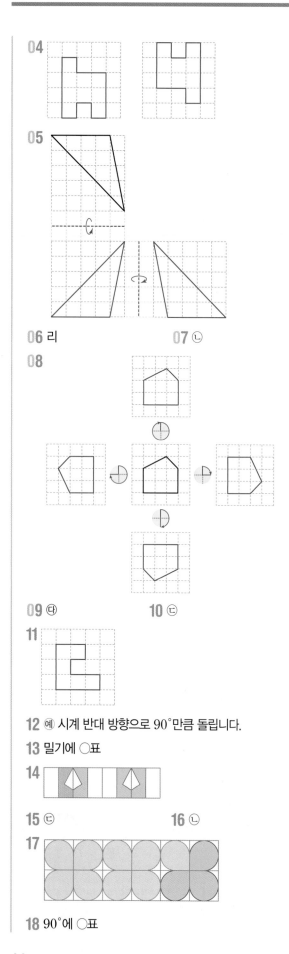

04

05

06 ㄹ   **07** ㉢

08

09 ㉰   **10** ㉢

11

12 예 시계 반대 방향으로 90°만큼 돌립니다.

13 밀기에 ○표

14

15 ㉢   **16** ㉡

17

18 90°에 ○표

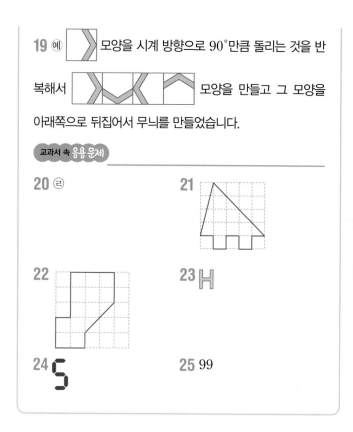

19 예 〉모양을 시계 방향으로 90°만큼 돌리는 것을 반복해서 모양을 만들고 그 모양을 아래쪽으로 뒤집어서 무늬를 만들었습니다.

교과서 속 응용 문제

20 ㉣   **21**

22   **23** H

24 S   **25** 99

01 ㉠은 ⩗ 모양을 시계 방향으로 90° 돌려서 만든 모양입니다.

03 도형을 왼쪽으로 뒤집었을 때의 도형과 오른쪽으로 뒤집었을 때의 도형은 같습니다.

04 도형을 왼쪽으로 뒤집으면 도형의 왼쪽과 오른쪽이 서로 바뀝니다.
도형을 위쪽으로 뒤집으면 도형의 위쪽과 아래쪽이 서로 바뀝니다.

05 도형을 아래쪽으로 뒤집었을 때의 도형을 아래쪽에 그리고, 그 도형을 다시 오른쪽으로 뒤집었을 때의 도형을 오른쪽에 그립니다.

06 글자의 가운데를 지나는 세로줄을 중심으로 접었을 때 완전히 겹쳐지면 오른쪽으로 뒤집어도 처음 모양과 같습니다. 따라서 처음과 같은 글자는 소, 무, 음이고 처음과 다른 글자는 리입니다.

소 리 무 음

07 도형을 같은 방향으로 짝수 번 뒤집은 모양은 뒤집기 전 모양과 같습니다.

08 도형을 시계 방향으로 90°씩 돌린 모양을 차례로 그립니다.

09 ㉮ 도형을 시계 방향으로 90°만큼 돌리면 위쪽이 오른쪽으로 바뀌므로 ㉯ 도형이 됩니다.

10 시계 방향으로 180°만큼 돌렸을 때 처음과 같은 모양은 ㉢입니다.

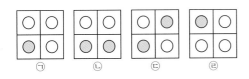

11 도형을 시계 방향으로 90°만큼 2번 돌리는 것은 시계 방향으로 180°만큼 돌리는 것과 같습니다.

12 모양의 위쪽 부분이 왼쪽으로 이동했으므로 시계 반대 방향으로 90°만큼 돌린 것입니다.

13 모양이 바뀌지 않았으므로 밀기를 이용하여 만든 모양입니다.

14 모양을 오른쪽으로 뒤집으면 왼쪽과 오른쪽이 바뀝니다.

15 ㉢ 돌리기를 이용하여 무늬를 만들었습니다.

16 ㉠ 밀기 ㉡ 돌리기 ㉢ 뒤집기

17 ◠ 모양을 시계 방향으로 90°만큼 돌려서 붙여 만든 모양을 밀기하여 만들었습니다.

18 ◺ 모양을 시계 반대 방향으로 90°만큼 돌려서 붙여 만든 모양을 밀기하여 만들었습니다.

20 시계 반대 방향으로 90°만큼 돌려 움직인 도형이 되었다면 처음 도형은 움직인 도형을 시계 방향으로 90°만큼 돌리면 됩니다.

21 위쪽으로 뒤집어 움직인 도형이 되었다면 처음 도형은 움직인 도형을 아래쪽으로 뒤집으면 됩니다.

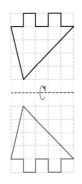

22 시계 방향으로 90°만큼 돌려 움직인 도형이 되었다면 처음 도형은 움직인 도형을 시계 반대 방향으로 90°만큼 돌리면 됩니다.

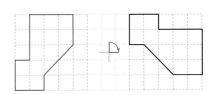

23 문자를 시계 방향으로 180°만큼 돌리면

∀ ᴄ Ǝ H 모양이 됩니다.

따라서 모양이 처음과 같은 문자는 H입니다.

24 숫자를 시계 반대 방향으로 180°만큼 돌리면

E S L 6 모양이 됩니다.

따라서 모양이 처음과 같은 숫자는 5입니다.

25 주어진 수를 시계 방향으로 180°만큼 돌리면

182 모양이 되므로 182입니다.

처음 수 281과 182의 차는 281-182=99입니다.

응용력 높이기 105~109쪽

대표 응용 1 시계 반대, 오른쪽 / ㉡

1-1 ㉢

1-2

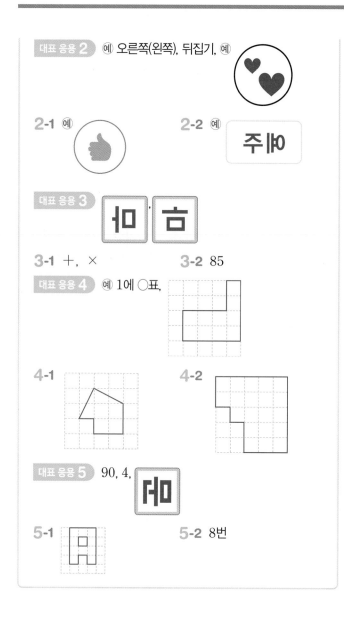

대표 응용 2 예 오른쪽(왼쪽), 뒤집기, 예

2-1 예  2-2 예 주ꐌ

대표 응용 3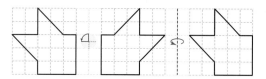

3-1 ＋, × 3-2 85

대표 응용 4 예 1에 ○표,

4-1 4-2

대표 응용 5 90, 4,

5-1 5-2 8번

1-1 왼쪽 도형을 시계 방향으로 270°만큼 돌리고 왼쪽으로
뒤집은 모양을 찾습니다.

1-2 오른쪽 도형을 왼쪽으로 뒤집고 시계 반대 방향으로
90°만큼 돌린 모양을 그리면 됩니다.

2-1 종이에 찍은 모양은 오른쪽(왼쪽) 또는 위쪽(아래쪽)으
로 뒤집은 모양입니다.

2-2 도장에 새긴 모양은 오른쪽(왼쪽) 또는 위쪽(아래쪽)으
로 뒤집은 모양입니다.

3-1 기호를 시계 반대 방향으로 270°만큼 돌린 모양은 다
음과 같습니다.

이것을 오른쪽으로 뒤집었을 때의 모양은 다음과 같습
니다.

따라서 처음 모양과 같은 것은 ＋, × 입니다.

3-2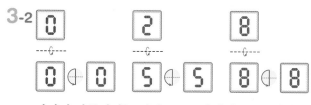

따라서 만들어지는 가장 큰 두 자리 수는 85입니다.

4-1 도형을 왼쪽으로 5번 뒤집은 모양은 1번 뒤집은 모양
과 같습니다.

이 모양을 다시 오른쪽으로 2번 뒤집었을 때의 모양은
변화가 없으므로 다음과 같습니다.

4-2 도형을 아래쪽으로 7번 뒤집은 모양은 아래쪽으로 1번
뒤집은 모양과 같습니다.

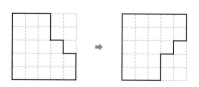

위 모양을 다시 왼쪽으로 5번 뒤집은 모양은 왼쪽으로 1번 뒤집은 모양과 같습니다.

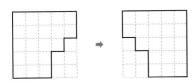

5-1 시계 반대 방향으로 90°만큼씩 돌리는 규칙이므로 도형이 4개씩 반복됩니다. 따라서 11째에 알맞은 도형은 셋째 도형과 같습니다.

5-2 카드를 오른쪽(왼쪽)으로 뒤집는 규칙입니다. 카드의

모양이 2개씩 반복되고 15째는 **K** 모양입니다.

따라서 첫째 모양과 같은 모양은 8번 나옵니다.

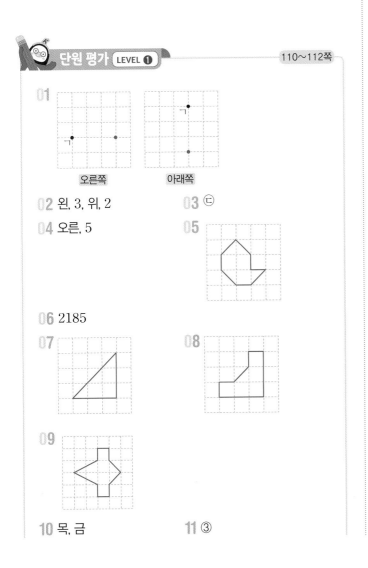

단원 평가 LEVEL ❶
110~112쪽

01 오른쪽 / 아래쪽

02 왼, 3, 위, 2   03 ㉢

04 오른, 5   05

06 2185

07

08

09

10 목, 금   11 ③

12   13 아라

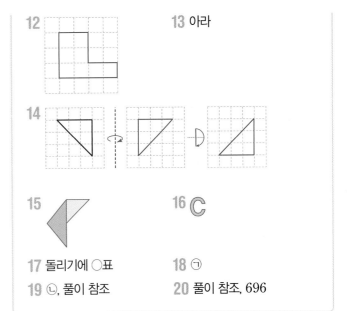

14

15   16 C

17 돌리기에 ○표   18 ㉠
19 ㉡, 풀이 참조   20 풀이 참조, 696

02 점 ㄱ을 왼쪽으로 3칸, 위쪽으로 2칸 이동합니다.

03 도형을 밀면 모양이 변하지 않습니다.

04 ㉮ 도형은 ㉠ 도형을 오른쪽으로 5칸 밀어서 이동한 도형입니다.

05 왼쪽으로 뒤집은 도형을 그립니다.

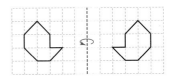

06 호숫가에 비친 모양은 위쪽(또는 아래쪽)으로 뒤집은 모양입니다. 원래 번호판의 숫자는

2185 입니다.

07 도형을 왼쪽에서 거울로 비추었을 때 생기는 도형은 왼쪽으로 뒤집은 도형과 같습니다.

08 도형을 왼쪽으로 2번 뒤집었을 때의 도형은 처음 도형과 같습니다.

09 시계 방향으로 90°만큼 돌렸을 때의 모양입니다.

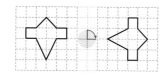

10 시계 방향으로 180°만큼 돌린 모양입니다.

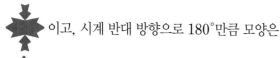

이 중에서 글자는 믄, 눔이므로 글자가 되는 것은 목, 금입니다.

11 화살표 끝이 가리키는 위치가 같은 방향으로 도형을 돌리면 모양이 같습니다.

12 움직인 도형을 시계 방향으로 90°만큼 돌리면 처음 도형이 됩니다.

13 모양을 시계 방향으로 90°만큼 돌린 모양은

이고, 시계 반대 방향으로 180°만큼 모양은

입니다. 바르게 설명한 사람은 아라입니다.

14 도형을 오른쪽으로 뒤집었을 때의 도형을 가운데에 그리고, 가운데 도형을 시계 방향으로 180°만큼 돌렸을 때의 도형을 오른쪽에 그립니다.

15 모양을 시계 반대 방향으로 270°만큼 돌려 가며

시계 방향으로 90°만큼 돌린 모양과 같으므로

모양이 됩니다.

16 A ⇔ A ↻ A A ↔ A
J ⇔ ↴ ↻ J ⌐ ↔ ⌐
N ⇔ N ↻ N ↔ N
C ⇔ C ↻ Ɔ C ↔ Ɔ

17 왼쪽 모양을 시계 방향으로 90°만큼씩 돌려 가며 무늬를 만들 수 있습니다.

18 ㉠은 시계 반대 방향으로 270°만큼 돌린 모양입니다.
㉡은 시계 반대 방향으로 180°만큼 돌린 모양입니다.
㉢은 시계 반대 방향으로 90°만큼 돌린 모양입니다.

㉣은 왼쪽이나 오른쪽으로 뒤집어서 나온 모양입니다.

19 ⑩ ㉡ 조각을 아래쪽으로 뒤집은 뒤 밀어서 넣습니다.
··· 100 %

20 ⑩ 세 자리 수가 적힌 카드를 180°만큼 돌렸을 때 만들어진 수는 952입니다. ··· 50 %
따라서 두 수의 차는 952−256=696입니다.
··· 50 %

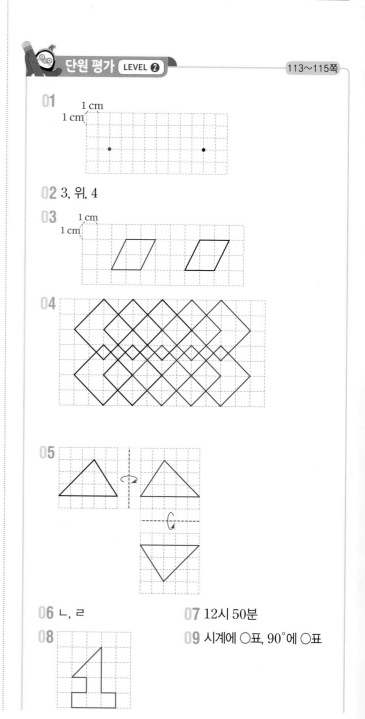

단원 평가 LEVEL ❷

113~115쪽

01

02 3, 위, 4

03

04

05

06 ㄴ, ㄹ

07 12시 50분

08

09 시계에 ○표, 90°에 ○표

10 ㉢　　　　**11** 1번

12 인호　　　　**13** ㉡

14
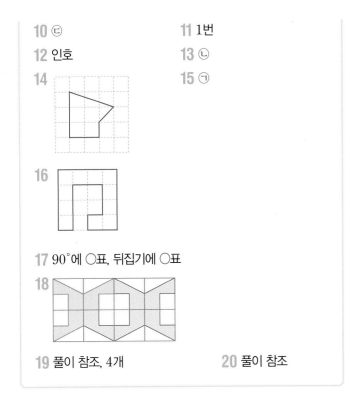

15 ㉠

16

17 90°에 ○표, 뒤집기에 ○표

18

19 풀이 참조, 4개　　　　**20** 풀이 참조

---

01 이동하기 전의 점의 위치는 왼쪽으로 4 cm씩 두 번 이동한 점의 위치입니다.

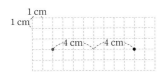

02 점 ㄱ을 오른쪽으로 3 cm, 위쪽으로 4 cm 이동합니다.

03 왼쪽으로 5 cm 밀어서 그립니다.

04 오른쪽으로 2칸만큼씩 밀어서 무늬를 만들었습니다.

05 도형을 오른쪽으로 뒤집었을 때의 도형을 오른쪽에 그리고, 그 도형을 아래쪽으로 뒤집었을 때의 도형을 아래쪽에 그립니다.

06 위쪽으로 뒤집었을 때 모양이 처음과 같은 글자는 ㄴ, ㄹ입니다.

07 거울로 비추면 왼쪽은 오른쪽으로, 오른쪽으로 왼쪽으로 뒤집어진 것으로 보이므로 현재 시각은 12시 50분입니다.

08 도형을 왼쪽으로 6번 뒤집은 도형은 처음 도형과 같고, 오른쪽으로 5번 뒤집은 도형은 오른쪽으로 1번 뒤집은 도형과 같습니다.

09 ㉮ 도형에서 위쪽 부분이 오른쪽으로 이동하면 ㉯ 도형이 됩니다.

10 ㉠ 시계 반대 방향으로 90°의 2배는 180°와 같습니다.
㉡ 시계 방향으로 180°의 2배는 360°이므로 5배는 180°와 같습니다. 따라서 돌린 후의 모양이 다른 하나는 ㉢입니다.

11 ㄱ은 처음 도형을 시계 반대 방향으로 180°만큼 돌린 모양입니다. ㄴ은 ㄱ을 시계 방향으로 90°만큼 적어도 1번 돌리면 만들어지는 도형입니다.

12 지수: **86** 카드를 오른쪽으로 뒤집으면

38 이 되어 수가 만들어지지 않습니다.

인호: **12** 카드를 시계 방향으로 ⟳만큼 돌리기 하면 **21** (21)이 됩니다.

13 ㉠ 왼쪽으로 5번 뒤집으면 왼쪽으로 1번 뒤집은 것과 같고 아래쪽으로 2번 뒤집으면 모양이 변하지 않으므로 왼쪽으로 1번 뒤집은 모양입니다.

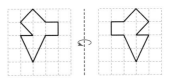

14 거울에 비친 모양은 오른쪽 도형을 시계 반대 방향으로 90°만큼 돌린 모양입니다. 거울에 비친 모양을 오른쪽 또는 왼쪽으로 뒤집으면 처음 모양이 됩니다.

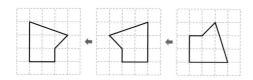

15 시계 방향으로 90°씩 돌리는 규칙으로 모양이 4개씩 반복됩니다. 따라서 12째에 알맞은 모양이 넷째 모양과 같으므로 13째에 알맞은 모양은 첫째 모양인 ㉠입니다.

16 시계 반대 방향으로 90°씩 4번 돌린 모양은 처음 도형과 같은 모양입니다. 따라서 시계 반대 방향으로 90°씩 9번 돌린 모양은 시계 반대 방향으로 90°씩 1번 돌린 모양과 같습니다.

17 ㉠ 도형을 시계 방향으로 90°만큼 돌린 후 이 도형을 오른쪽으로 뒤집기 하여 채웁니다.

18 모양을 뒤집기를 반복해서 무늬를 만듭니다.

19 ⑩ 주어진 디지털 숫자를 각각 시계 반대 방향으로 180°만큼 돌려 보면 **l2EhS9L86** 입니다. … 50 %

따라서 시계 반대 방향으로 180°만큼 돌려도 처음 숫자와 같은 것은 1, 2, 5, 8로 4개입니다. … 50 %

20 ⑩ 모양을 시계 방향으로 90°만큼 돌리는 것을 반복해서 을 만들고, 그 모양을 오른쪽과 아래쪽으로 밀어서 무늬를 만들었습니다. … 100 %

5단원 막대그래프

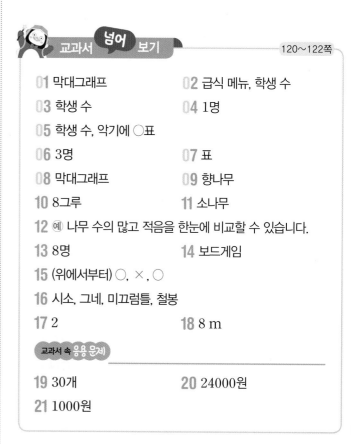

01 조사한 자료를 막대 모양으로 나타낸 그래프를 막대그래프라고 합니다.

02 막대그래프에서 가로는 급식 메뉴를 나타내고, 세로는 학생 수를 나타냅니다.

03 막대의 길이는 좋아하는 급식 메뉴별 학생 수를 나타냅니다.

04 막대그래프에서 세로 눈금 5칸이 5명을 나타내므로 세로 눈금 한 칸은 5÷5=1(명)을 나타냅니다.

05 막대그래프에서 가로는 학생 수를 나타내고, 세로는 악기를 나타냅니다.

06 표를 보면 기타를 배우고 싶어 하는 학생은 3명입니다.

07 표의 합계를 보면 조사한 학생이 모두 몇 명인지 알아보기에 편리합니다.

08 막대그래프는 항목별 수량의 많고 적음을 쉽게 비교할 수 있습니다.

09 막대의 길이가 가장 긴 나무는 향나무입니다.
따라서 가장 많이 있는 나무는 향나무입니다.

10 가장 많이 있는 나무는 향나무로 11그루이고, 가장 적게 있는 나무는 은행나무로 3그루입니다.
따라서 두 나무 수의 차는 11−3=8(그루)입니다.

11 은행나무는 3그루이고, 3의 2배는 6입니다. 6그루인 나무는 소나무입니다.

12 막대그래프는 표보다 항목별 수량의 많고 적음을 한눈에 쉽게 비교할 수 있습니다.

13 세로 눈금 한 칸의 크기는 5÷5=1(명)입니다.
음악 감상의 막대는 8칸이므로 좋아하는 여가 활동이 음악 감상인 학생은 8명입니다.

14 막대의 길이가 길수록 학생 수가 많고, 막대의 길이가 짧을수록 학생 수가 적으므로 가장 적은 학생이 좋아하는 여가 활동은 보드게임입니다.

15 • 보드게임을 좋아하는 학생 수는 4명입니다.
• 음악 감상을 좋아하는 학생은 8명, 독서를 좋아하는 학생은 5명이므로 음악 감상을 좋아하는 학생은 독서를 좋아하는 학생보다 8−5=3(명) 더 많습니다.
• 보드게임을 좋아하는 학생은 4명, 음악 감상을 좋아하는 학생은 8명이므로 4명보다 많고 8명보다 적은 여가 활동은 5명인 독서입니다.

16 막대의 길이가 긴 기구부터 순서대로 쓰면 시소, 그네, 미끄럼틀, 철봉입니다.

17 세로 눈금 한 칸은 10÷5=2(m)를 나타냅니다.

18 정문에서 그네까지의 거리는 24 m이고, 정문에서 철봉까지의 거리는 16 m입니다. 그네에서 철봉까지의 거리는 24−16=8(m)입니다.

19 가로 눈금 한 칸은 1개를 나타내므로 삼각김밥별 판매량을 알아보면
불고기 5개, 참치마요 8개, 돈가스 10개, 볶음김치 7개입니다.
(어제 판매한 삼각김밥의 수)
=5+8+10+7=30(개)

20 (어제 삼각김밥을 판매한 금액)
=(삼각김밥 한 개의 가격)×(어제 판매한 삼감김밥의 수)
=800×30=24000(원)

21 세로 눈금 5칸이 10자루를 나타내므로
세로 눈금 한 칸은 10÷5=2(자루)를 나타냅니다.
검은색 8자루, 파란색 4자루, 빨간색 6자루, 초록색 10자루이므로
(구입한 볼펜 수)=8+4+6+10=28(자루)입니다.
(전체 볼펜값)=500×28=14000(원)이므로
(거스름돈)=15000−14000=1000(원)입니다.

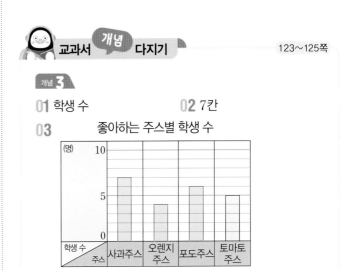

교과서 **개념** 다지기   123~125쪽

개념 3

01 학생 수   **02** 7칸

03 좋아하는 주스별 학생 수

04 8, 5, 8, 4, 25   **05** 간식

06
좋아하는 간식별 학생 수

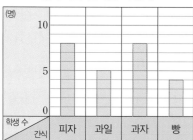

07 23명   **08** 고무줄놀이

09 딱지치기, 9, 연날리기

교과서 **넘어** 보기

126~128쪽

01 7표   **02** 이름

03
학생별 득표 수

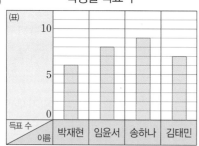

04 6칸

05
가고 싶은 나라별 학생 수

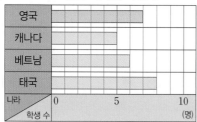

06 10칸   **07** 28개

08
종류별 동전 수

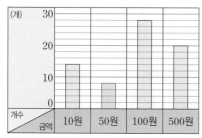

09 400, 2800, 13340

10 예 100원

11
요일별 사용한 용돈

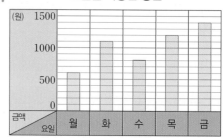

12
요일별 사용한 용돈

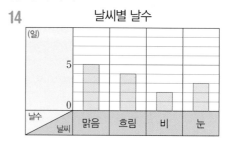

13 5, 4, 2, 3, 14

14
날씨별 날수

15 민서

교과서 속 응용 문제

16 80회   **17** 60회

18 예 줄넘기 기록이 4주보다 더 늘어날 것입니다.

01 (김태민 학생의 득표 수)=30−6−8−9=7(표)

02 막대그래프에서 가로는 이름을 나타내고, 세로는 득표 수를 나타냅니다.

03 세로 눈금 5칸이 5표를 나타내므로
세로 눈금 한 칸의 크기는 5÷5=1(표)를 나타냅니다.

04 표에서 베트남에 가고 싶어 하는 학생이 6명이므로 6칸으로 나타내야 합니다.

05 (가로 눈금 한 칸의 크기)=1명

06 표에서 가장 많은 학생이 좋아하는 계절은 여름으로 10명입니다. 따라서 눈금은 적어도 10칸이 필요합니다.

07 (세로 눈금 한 칸의 크기)=10÷5=2(개)
100원짜리 동전은 세로 눈금 14칸이므로 28개입니다.

08 모은 동전은 70개이고, 10원짜리가 14개, 100원짜리가 28개, 500원짜리가 20개이므로
(50원짜리 동전의 수)=70−14−28−20=8(개)이고, 8÷2=4(칸)으로 나타냅니다.

09 10원짜리: 10×14=140(원)
50원짜리: 50×8=400(원)
100원짜리: 100×28=2800(원)
500원짜리: 500×20=10000(원)
따라서 저금통에 모은 돈은 모두
140+400+2800+10000=13340(원)입니다.

10 요일별 사용한 용돈이 몇백 원이므로 세로 눈금 한 칸의 크기는 100원으로 나타냅니다.

11 세로 눈금 1칸이 100원을 나타내므로 월요일은 6칸, 화요일은 11칸, 수요일은 8칸, 목요일은 12칸, 금요일은 14칸으로 나타냅니다.

12 용돈을 많이 사용한 요일부터 순서대로 쓰면 금요일, 목요일, 화요일, 수요일, 월요일입니다.

13 맑음, 흐림, 비, 눈이 온 날을 세어 표에 정리합니다.

14 (세로 눈금 한 칸의 크기)=1일

15 흐린 날은 4일, 눈이 온 날은 3일이므로 흐린 날보다 눈이 온 날이 더 적었습니다.

16 (세로 눈금 한 칸의 크기)=100÷5=20(회)
1주의 줄넘기 기록이 60회이고 2주는 1주보다 20회 더 많으므로
(2주의 줄넘기 기록)=60+20=80(회)입니다.

17 3주의 줄넘기 기록은 120회이고, 4주의 줄넘기 기록은 180회입니다. 따라서 4주의 줄넘기 기록은 3주의 기록보다 180−120=60(회) 더 많습니다.

18 줄넘기 기록은 1주 60회, 2주 80회, 3주 120회, 4주 180회로 점점 늘어나고 있습니다. 따라서 5주의 줄넘기 기록은 4주보다 더 늘어날 것입니다.

응용력 높이기 129~133쪽

대표 응용 1 작은에 ○표 / 2
1-1 토끼   **1-2** 공룡
대표 응용 2 1, 10, 5, 8, 4, 4, 2 /

동물별 수

2-1 민석이네 가족의 몸무게

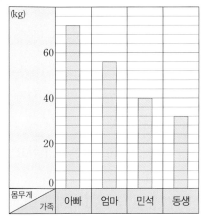

2-2 8칸
대표 응용 3 4, 13, 8 / 4, 13, 8, 5
3-1 9점
대표 응용 4 8, 8, 4, 2, 9
4-1 3명, 5명
4-2 태어난 계절별 학생 수

대표 응용 5 6 / 84, 84, 87

5-1 24일   **5-2** 4월

1-1 빨간 젤리와 노란 젤리 수의 차가 가장 큰 모양은 빨간 젤리와 노란 젤리를 나타내는 막대의 길이의 차가 가장 큰 토끼 모양입니다.

1-2 빨간 젤리와 노란 젤리의 수가 같은 모양은 빨간 젤리와 노란 젤리를 나타내는 막대의 길이가 같은 공룡 모양입니다.

2-1 왼쪽 막대그래프의 세로 눈금 한 칸의 크기가 2 kg이므로 아빠는 72 kg, 엄마는 56 kg, 민석이는 40 kg, 동생은 32 kg입니다.
세로 눈금 한 칸의 크기를 4 kg으로 하면
아빠: $72 \div 4 = 18$(칸), 엄마: $56 \div 4 = 14$(칸),
민석: $40 \div 4 = 10$(칸), 동생: $32 \div 4 = 8$(칸)입니다.

2-2 세로 눈금 한 칸의 크기를 5 kg으로 하면 민석이의 몸무게는 $40 \div 5 = 8$(칸)으로 그리면 됩니다.

3-1 모두 30점이고 1회 5점, 2회 6점, 4회 10점이므로
(3회 점수)$= 30 - 5 - 6 - 10 = 9$(점)입니다.

4-1 겨울에 태어난 학생은 9명이므로
(여름에 태어난 학생 수)$= 9 \div 3 = 3$(명)이고,
봄에 태어난 학생은 6명이므로
(가을에 태어난 학생 수)$= 6 - 1 = 5$(명)입니다.

4-2 겨울에 태어난 여학생은 3명이므로
(여름에 태어난 여학생 수)$= 3 - 2 = 1$(명)이고,
여름에 태어난 학생은 3명이므로
(여름에 태어난 남학생 수)$= 3 - 1 = 2$(명)입니다.
봄에 태어난 남학생은 3명이므로
(가을에 태어난 남학생 수)$= 3$명이고,
가을에 태어난 학생은 5명이므로
(가을에 태어난 여학생 수)$= 5 - 3 = 2$(명)입니다.

5-1 6월은 30일까지 있고 책을 읽은 날이 6일이므로
(6월에 책을 읽지 않은 날)$= 30 - 6 = 24$(일)입니다.

5-2 • 3월에 책을 읽은 날은 14일이므로
3월에 책을 읽지 않은 날은 $31 - 14 = 17$(일)입니다.
• 4월에 책을 읽은 날은 20일이므로 4월에 책을 읽지 않은 날은 $30 - 20 = 10$(일)입니다.
• 5월에 책을 읽은 날은 24일이므로 5월에 책을 읽지 않은 날은 $31 - 24 = 7$(일)입니다.
• 6월에 책을 읽지 않은 날은 24일입니다.
• 7월에 책을 읽은 날은 18일이므로 7월에 책을 읽지 않은 날은 $31 - 18 = 13$(일)입니다.
따라서 책을 읽은 날이 책을 읽지 않은 날의 2배인 달은 4월입니다.

단원 평가 LEVEL ❶   134~136쪽

01 8, 7, 5, 5, 25

02
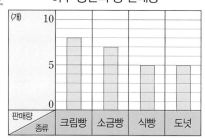
하루 동안의 빵 판매량

03 종류, 판매량   **04** 1개

05 28명   **06** 4명

07
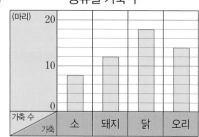
종류별 가축 수

08 닭, 오리, 돼지, 소

09 ④   **10** (1) ○, (2) ✕

11 3배   **12** 7900원

13 59kg   **14** (○)( )

15 예 1인당 쌀 소비량이 점점 줄어들 것입니다.

16 6명

17

4학년 1반 학생들이 좋아하는 영화별 학생 수

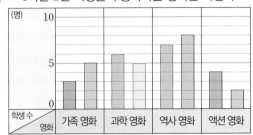

18 3명　　　　　　**19** 풀이 참조, 3회

20 풀이 참조,

학생별 훌라후프 기록

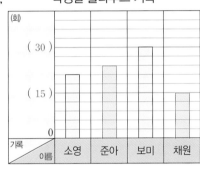

01 종류별로 빵의 개수를 세어 표에 정리합니다.

02 세로 눈금 한 칸의 크기가 1개이므로 크림빵은 8칸, 소금빵은 7칸, 식빵은 5칸, 도넛은 5칸 막대를 그리면 됩니다.

03 막대그래프에서 가로는 빵을 나타내고, 세로는 판매 개수를 나타냅니다.

04 막대그래프에서 세로 눈금 5칸이 5개를 나타내므로
(세로 눈금 한 칸의 크기)$=5÷5=1$(개)를 나타냅니다.

05 의사가 되고 싶은 학생 8명, 공무원이 되고 싶은 학생 6명, 방송인이 되고 싶은 학생 9명, 운동선수가 되고 싶은 학생 5명이므로 $8+6+9+5=28$(명)입니다.

06 희망하는 학생이 가장 많은 직업은 방송인이고, 가장 적은 직업은 운동선수입니다. 따라서 두 직업을 희망하는 학생 수의 차는 $9-5=4$(명)입니다.

07 세로 눈금 한 칸은 2마리를 나타냅니다.

08 막대의 길이가 긴 가축부터 순서대로 쓰면 닭, 오리, 돼지, 소입니다.

09 ④ 세로 눈금 5칸이 10마리를 나타내므로
(세로 눈금 한 칸의 크기)$=10÷5=2$(마리)를 나타냅니다.

10 (2) 음식물 쓰레기의 양이 두 번째로 많은 월은 3월입니다.

11 4월에 버린 음식물 쓰레기의 양은 9 kg, 1월에 버린 음식물 쓰레기의 양은 3 kg이므로 $9÷3=3$(배)입니다.

12 500원짜리 동전이 12개이므로
$500×12=6000$(원),
100원짜리 동전이 14개이므로
$100×14=1400$(원),
50원짜리 동전이 10개이므로
$50×10=500$(원)입니다.
➡ (현아네 반 학생들이 모은 돈)
$=6000+1400+500=7900$(원)

13 막대그래프의 2019년 막대를 보면 59 kg입니다.

14 막대그래프에서 남자와 여자의 1인당 쌀 소비량은 알 수 없습니다.

15 연도별 1인당 쌀 소비량이 점점 줄어들고 있으므로 2019년 이후로도 계속 줄어들 것이라고 예측할 수 있습니다.

16 세로 눈금 한 칸의 크기가 1명이므로 4학년 1반에서 액션을 좋아하는 남학생은 4명이고, 여학생은 2명입니다. 따라서 $4+2=6$(명)입니다.

17 한 반에 학생이 40명씩이고 두 반 모두 남학생과 여학생 수가 같으므로 각 반의 남학생 수는 20명, 여학생 수도 20명입니다.
(4학년 1반의 과학 영화를 좋아하는 여학생 수)
$=20-5-8-2=5$(명)
(4학년 1반의 과학 영화를 좋아하는 남학생 수)
$=5+1=6$(명)

(4학년 1반의 역사 영화를 좋아하는 남학생 수)
$= 20-3-6-4=7$(명)

18 가족 영화를 좋아하는 2반의 여학생 수는 과학 영화를 좋아하는 1반의 남학생 수와 같으므로 6명입니다.
(4학년 2반의 과학 영화를 좋아하는 여학생 수)
$= 20-6-6-5=3$(명)

19 ⑩ 소영이의 훌라후프 기록은 세로 눈금 7칸입니다.
··· 30 %
따라서 (세로 눈금 한 칸의 크기)$=21÷7=3$(회)를 나타냅니다. ··· 70 %

20 ⑩ 세로 눈금 한 칸의 크기가 3회이므로 소영이의 기록은 $7×3=21$(회),
보미의 기록은 $10×3=30$(회)입니다. ··· 20 %
보미는 채원이의 2배를 했으므로
(채원이의 기록)$=30÷2=15$(회)이고 막대를 $15÷3=5$(칸)으로 그립니다. ··· 40 %
전체 기록은 90회이므로
(준아의 기록)$=90-21-30-15=24$(회)이고 막대를 $24÷3=8$(칸)으로 그립니다. ··· 40 %

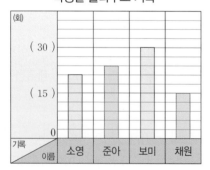
학생별 훌라후프 기록

01 12명   02 52명
03 막대그래프   04 20칸

---

05 3, 6 /
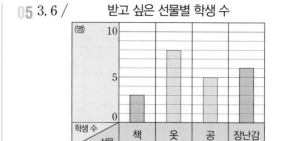
받고 싶은 선물별 학생 수

06 2배   **07** 옷, 장난감, 공, 책

08
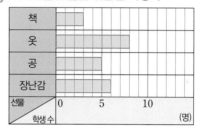
받고 싶은 선물별 학생 수

09 5, 3, 4, 4, 2, 18   **10** 모
11 33개   **12** 6명
13 28℃   **14** 3일
15 ⑩ 기온이 점점 높아질 것입니다.
16 25송이   **17** 5송이
18 24명   **19** 풀이 참조, 25000원
20 풀이 참조 / 남준, 민아

---

01 세로 눈금 한 칸의 크기가 $10÷5=2$(명)이고 발명 동아리 학생 수는 6칸이므로 $2×6=12$(명)입니다.

02 독서 동아리 14명, 줄넘기 동아리 20명, 미술 동아리 6명이므로 $14+12+20+6=52$(명)입니다.

03 막대의 길이를 비교하여 항목별 많고 적음을 한눈에 알 수 있습니다.

04 막대그래프에서 세로 눈금 한 칸의 크기가 1명이므로 줄넘기 동아리의 학생 수는 $20÷1=20$(칸)으로 나타내야 합니다.

05 막대그래프에서 세로 눈금 한 칸의 크기는 1명입니다.

06 장난감을 받고 싶은 학생은 6명이고 책을 받고 싶은 학생은 3명이므로 $6÷3=2$(배)입니다.

07 막대의 길이가 긴 선물부터 순서대로 쓰면 옷, 장난감, 공, 책입니다.

08 가로 눈금 한 칸의 크기는 1명입니다.

09 도는 5번, 개는 3번, 걸은 4번, 윷은 4번, 모는 2번으로 모두 $5+3+4+4+2=18$(번) 던졌습니다.

10 **09**의 표에서 횟수가 가장 적은 것은 모입니다.

11 (세로 눈금 한 칸의 크기)$=6\div2=3$(개)
(호철이가 가진 구슬의 수)$=3\times3=9$(개),
(영하가 가진 구슬의 수)$=8\times3=24$(개)이므로
$9+24=33$(개)입니다.

12 세로 눈금 한 칸의 크기는 $10\div5=2$(명)을 나타내므로 야구를 하고 있는 학생은 18명, 농구를 하고 있는 학생은 10명, 축구를 하고 있는 학생은 16명입니다.
(피구를 하고 있는 학생 수)
$=50-18-10-16=6$(명)

13 (세로 눈금 한 칸의 크기)$=10\div5=2$(℃)이고 4일의 최고 기온은 14칸이므로 $14\times2=28$(℃)입니다.

14 최고 기온에서 최저 기온을 빼서 일교차를 구한다면
1일 일교차: $22-18=4$(℃)
2일 일교차: $24-18=6$(℃)
3일 일교차: $28-20=8$(℃)
4일 일교차: $28-24=4$(℃)
따라서 일교차가 가장 큰 날은 3일입니다.

15 최고 기온과 최저 기온이 점점 높아지고 있으므로 앞으로도 계속 기온이 높아질 것이라고 예측할 수 있습니다.

16 (튤립을 제외한 나머지 세 꽃의 수의 합)
$=17+13+20=50$(송이)
튤립은 그것의 절반이므로 $50\div2=25$(송이)입니다.

17 꽃이 모두 $17+13+25+20=75$(송이)이고 꽃다발 1개를 만들기 위해서는 꽃 10송이가 필요합니다.
$75\div10=7\cdots5$이므로 꽃다발은 7개를 만들 수 있고

꽃 5송이가 남습니다.

18 생수를 좋아하는 학생이 4명이므로
(사이다를 좋아하는 학생 수)$=4\times2=8$(명)입니다.
콜라를 좋아하는 학생이 5명이므로
(주스를 좋아하는 학생 수)$=5+2=7$(명)입니다.
➡ (나운이네 반 학생 수)
$=5+8+7+4=24$(명)

19 예 구입한 종류별 아이스크림 수를 알아보면 딸기 맛은 7개, 초콜릿 맛은 5개, 바닐라 맛은 7개, 우유 맛은 6개이므로 구입한 아이스크림은 모두
$7+5+7+6=25$(개)입니다. ⋯ 50 %
아이스크림 가격이 1000원이므로
$25\times1000=25000$(원)을 내야 합니다. ⋯ 50 %

20 예 가로 눈금 한 칸의 크기가 $50\div5=10$ (cm)이므로 영수의 키는 130 cm, 남준이의 키는 100 cm입니다. ⋯ 30 %
(정희와 민아의 키)$=490-130-100=260$ (cm)이고 정희가 민아보다 20 cm 더 크므로 정희는 140 cm, 민아는 120 cm입니다. ⋯ 40 %
키가 작은 순서대로 쓰면 남준, 민아, 영수, 정희이므로 앞자리에 앉을 2명은 남준, 민아입니다. ⋯ 30 %

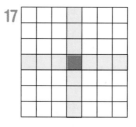

개념 1

01 2개   **02** 예 4+3=5+2

03 5, 3   **04** 3×3=9

개념 2

05 예 36+6=42, 48−6=42

06 8 / 32, 2   **07** 100, 10

08 535

개념 3

09 1   **10** 25개

11 1   **12** (   )(○)(   )

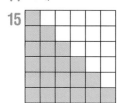

01 1개   **02** 예 5+1=6

03 7, 4, 16   **04** 4×4=16

05 2에 ○표   **06**

07 D4   **08** C7

09 (1) 655 (2) 189   **10** ㉣

11

12 예 7002부터 ↘ 방향으로 900씩 작아집니다.

13 1+2+3+4

14 15개

15

16 예 사각형의 수가 1개에서 시작하여 2개씩 늘어납니다.

17

교과서 속 **응용 문제**

18 6개, 4개   **19** 15개, 21개

01 왼쪽에 큐브가 5개 놓여 있으므로 오른쪽 6개와 같아
지려면 왼쪽에 큐브가 1개 더 필요합니다.

02 등호를 사용하여 나타내면 5+1=6입니다.

03 1+3+5+7=16이므로 ㉠=7이고,
1+2+3+4+3+2+1=16이므로 ㉡=4,
㉢=16입니다.

04 곱셈식으로 나타내면 4×4=16입니다.

05 18+36=54, 54=108÷2이므로 □ 안에 알맞은
수 카드는 2입니다.

06 15+18=33이므로 11×3=33과 같습니다.
12×5=60이므로 120÷2와 같습니다.
53−18=35이므로 19+16과 같습니다.

07 A4부터 아래쪽으로 알파벳 순서대로 바뀌고 수 4는
그대로이므로 ㉠은 D4입니다.

08 가로는 C3부터 시작하여 알파벳은 그대로이고 수가 1
씩 커지므로 ㉡은 C7입니다.

09 (1) 652부터 시작하여 1씩 더한 수가 오른쪽에 있습니다.
(2) 567부터 시작하여 3씩 나눈 수가 오른쪽에 있습니다.

10 ㉣ 세로는 7102부터 아래쪽으로 1000씩 작아집니다.

11 ★=6302, 6202+100=6302
■=4202, 5202−1000=4202
◆=3402, 3302+100=3402

12 7002부터 ↘ 방향으로 900씩 작아집니다.

13 넷째에 올 덧셈식은 $1+2+3+4$입니다.

14 다섯째에 놓일 구슬은 다음과 같은 모양이고, 모두 $1+2+3+4+5=15$(개)입니다.

15 색칠한 사각형의 수가 1개에서 시작하여 2개, 3개, 4개, ...씩 더 늘어납니다. 따라서 다섯째에는 넷째보다 사각형이 5개 더 늘어나고, 여섯째에는 다섯째보다 사각형이 6개 더 늘어납니다.

16 사각형의 수가 몇 개씩 늘어나는지 알아봅니다.

17 사각형이 위쪽과 오른쪽, 왼쪽과 아래쪽에 번갈아 가며 늘어납니다.

18 다섯째

19 여섯째

01 10, 10

02 $400+180=580$

03 ㉡

04 $3500-3000=500$

05 $1100+800-500=1400$

06 $1400+1100-800=1700$

07 11, 5500, 예 곱해지는 수가 100씩 커지고 곱하는 수가 11로 일정하면 계산 결과는 1100씩 커집니다.

08 (1)에 ○표

09 $37×12=444$

10 예 $125÷5÷5÷5=1$ / 예 $625÷5÷5÷5÷5=1$

11 $60000006÷6=10000001$

12 일곱째

13 100, 100, 200, 200

14 예 연속하는 세 수의 합은 가운데 있는 수의 3배와 같습니다.

15 21

16 예 $7+9=8×2$

17 예 $1+8=2+7$

18 11

교과서 속 응용 문제

19 예 400, 200, 200 / 600, 300, 300 / 800, 400, 400

20 예 1208, 302, 4 / 12008, 3002, 4 / 120008, 30002, 4

21 예 $14+15+30+31=90$ 또는 $16+17+28+29=90$

22 270, 450

01 더해지는 수가 400으로 일정하고, 더하는 수가 10씩 커지면 계산 결과도 10씩 커집니다.

02 400에 180을 더하면 580이 됩니다.

03 빼지는 수가 100씩 커지고 빼는 수가 10씩 작아지며 계산 결과는 110씩 커지는 뺄셈식을 찾아봅니다.

04 빼지는 수가 1000씩 커지고 빼는 수도 1000씩 커지면 계산 결과는 같습니다.

05 더하는 두 수와 빼는 수가 각각 100씩 커지고, 계산 결과도 100씩 커집니다.

개념 4

01 1, 20 / $56+71=127$

02 101, 101 / $999-494=505$

개념 5

03 111, 11100 / $666×100=66600$

04 100, 1 / $200÷100=2$

개념 6

05 7, 16

06 17, 24

07 2, 6 / 5, 15 / 8, 24

08 9

06 계산 결과가 1000부터 시작하여 100씩 커지므로 여덟째 계산식입니다.
따라서 여덟째에 알맞은 계산식을 구합니다.

07 곱해지는 수, 곱하는 수, 계산 결과가 어떻게 변하는지 알아봅니다.

09 곱해지는 수가 일정하고 곱하는 수가 3씩 커지면 계산 결과가 111씩 커집니다. 따라서 넷째에 알맞은 곱셈식의 곱하는 수는 12이고, 계산 결과는 444입니다.

10 보기 는 2로 1번, 2번, 3번, 4번, … 나누었을 때 몫이 1로 나누어떨어지는 나눗셈을 쓴 것입니다.
따라서 5로 3번, 4번, … 나누었을 때 몫이 1로 나누어떨어지는 나눗셈식을 쓰면 됩니다.

11 606, 6006, 60006과 같이 나누어지는 수의 0의 개수가 한 개씩 늘어날 때, 계산 결과도 101, 1001, 10001과 같이 0의 개수가 한 개씩 늘어납니다. 따라서 여섯째에 올 계산식은
$60000006 \div 6 = 10000001$입니다.

12 100000001의 0의 개수가 7개이므로 일곱째 나눗셈식의 계산 결과가 됩니다.

13 위의 수에 100을 더하면 한 줄 아래의 수가 됩니다. 위의 수에 200을 더하면 두 줄 아래의 수가 됩니다.

14 일정하게 커지는 연속하는 세 수의 합은 가운데 있는 수의 3배입니다.

15 $14 + 20 + 21 + 22 + 28 = \square \times 5$이므로 $\square = 21$입니다. 따라서 21은 가운데 있는 수입니다.

16 연속하는 세 수에서 가장 작은 수와 가장 큰 수의 합은 가운데 수의 2배와 같습니다.

17 이웃한 4개의 수를 ↗ 방향, ↘ 방향으로 더한 결과는 같습니다.

18 $16 + 11 + 6 = 33$, $33 \div 3 = 11$이고,
$4 + 11 + 18 = 33$, $33 \div 3 = 11$입니다.
따라서 조건을 만족하는 수는 11입니다.

19 덧셈식의 합이 빼지는 수인 뺄셈식을 써 봅니다.

20 몫이 4인 나눗셈식을 써 봅니다.

21 □ 안에서 서로 마주 보는 네 수의 합이 90입니다.

22 서로 마주 보는 수 4개의 합이 같음을 이용합니다.

응용력 높이기

대표 응용 1 2 / 353, 355, 357, 359, 359

1-1 78733, 68734　　　　**1-2** 1145700

대표 응용 2 2 / 2, 8

2-1 15개　　　　　　　　**2-2** 24개

대표 응용 3 4 / 3 / 3, 3, 3, 3, 16

3-1 15개　　　　　　　　**3-2** 12개

대표 응용 4 3 / 303, 3 / 303, 303

4-1 3, 15, 5, 28　　　　**4-2** 58, 65, 68, 77

대표 응용 5 2, 3, 4 / 1 / 5, 15

5-1 예 $16 + 9 = 25$

5-2 예 $35 + 16 = 51$ 또는 $22 + 13 + 16 = 51$

1-1 오른쪽으로 1씩 커지므로 ▲에 알맞은 수는 78732보다 1만큼 더 큰 수인 78733입니다.
아래쪽으로 10000씩 작아지므로 ♥에 알맞은 수는 98734 - 88734 - 78734 - 68734에서 68734입니다.

1-2 342700부터 가로(→ 방향)로 1000씩 커지고, 세로(↓ 방향)로 200000씩 커지는 규칙입니다. 744700에서 오른쪽으로 한 칸 가면 745700이 되고, 745700에서 세로로 두 칸 아래로 가면 400000만큼 더 큰 수인 1145700이 됩니다.

2-1 바둑돌의 수가 3개, 6개, 9개, 12개, …로 3개씩 늘어나고 있습니다. 따라서 다섯째에 놓일 바둑돌의 개수는 $12 + 3 = 15$(개)입니다.

2-2 바둑돌의 수가 4개, 8개, 12개, 16개, ...로 4개씩 늘어나고 있습니다. 따라서 다섯째에 놓일 바둑돌의 개수는 $16+4=20$(개)이고, 여섯째에 놓일 바둑돌의 개수는 $20+4=24$(개)입니다.

3-1 정삼각형 1개를 만드는 데 필요한 성냥개비는 3개입니다. 정삼각형 1개를 더 만들 때마다 성냥개비는 2개씩 더 필요합니다.
따라서 정삼각형 7개를 만드는 데 필요한 성냥개비는 $3+2+2+2+2+2+2=15$(개)입니다.

3-2 $3+2+2+2+2+2+2+2+2+2+2=25$이므로 성냥개비 25개로 만들 수 있는 삼각형은 12개입니다.

4-1 연속하는 세 수의 합은 가운데 있는 수의 3배와 같고, 나란히 있는 연속하는 다섯 수의 합은 가운데 있는 수의 5배와 같습니다.

4-2 제시된 수들을 찾아봅니다. 제시된 수들의 가로, 세로, ↘ 방향, ↗ 방향으로 가운데에 있는 수가 무엇인지 생각해 봅니다.

5-1
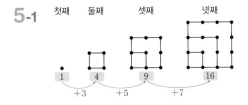
점의 개수가 3, 5, 7, ...로 2씩 커지면서 늘어납니다. 다섯째 모양의 점의 개수를 구하는 덧셈식은 $16+9=25$(개)입니다.

5-2
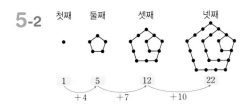
점의 개수가 4, 7, 10, ...으로 3씩 커지면서 늘어나므로 다섯째 모양의 점의 개수는 $22+13=35$(개)이고, 여섯째 모양의 점의 개수는 $35+16=51$(개)입니다.

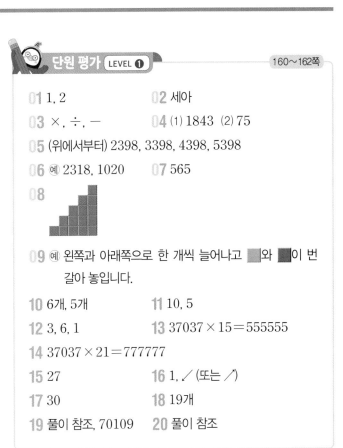

단원 평가 LEVEL ❶

160~162쪽

01 1, 2
02 세아
03 ×, ÷, −
04 ⑴ 1843 ⑵ 75
05 (위에서부터) 2398, 3398, 4398, 5398
06 예 2318, 1020
07 565
08
09 예 왼쪽과 아래쪽으로 한 개씩 늘어나고 ▨와 ▧이 번갈아 놓입니다.
10 6개, 5개
11 10, 5
12 3, 6, 1
13 $37037 \times 15 = 555555$
14 $37037 \times 21 = 777777$
15 27
16 1, ╱ (또는 ╱)
17 30
18 19개
19 풀이 참조, 70109
20 풀이 참조

BOOK 1 본책

01 $7-1=3 \times 2$

02 둘째에 알맞은 덧셈식은 $1+3$ 또는 $1+2+1$이고, 셋째에 알맞은 곱셈식은 3×3입니다.

03 어떤 기호를 넣었을 때 식이 성립하는지 알아봅니다.

04 ⑴ 1035부터 시작하여 202씩 커지는 수가 오른쪽에 있습니다.
⑵ 9375부터 시작하여 5씩 나눈 몫이 오른쪽에 있습니다.

05 2318부터 오른쪽으로 20씩 커지므로 첫 번째 줄의 빈칸은 2398입니다. 아래쪽으로 1000씩 커지므로 위에서부터 2398, 3398, 4398, 5398입니다.

06 2318부터 ↘ 방향으로 얼마씩 변하는지 알아봅니다.

07 첫째 줄부터 아래쪽으로 100, 200, 300씩 작아지므로 ◆에 알맞은 수는 765보다 200만큼 더 작은 수인 565입니다.

08 가로와 세로에 하나씩 늘어나는 규칙입니다.

정답과 풀이 **61**

09 ■와 ■이 어떠한 규칙으로 늘어나는지 알아봅니다.

10 왼쪽과 아래쪽으로 한 개씩 늘어나고 ■와 ■이 번갈아 놓이는 규칙으로 다섯째와 여섯째에 올 도형은 다음과 같습니다.

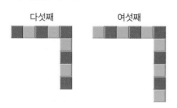

11 덧셈식의 가운데 있는 수가 2씩 커지는 식을 계산한 값은 가운데 있는 수를 2배, 3배, 4배, ...한 값과 같습니다.

➡ $2+4+6+8+10+8+6+4+2=10×5$

12 곱해지는 수와 곱하는 수, 곱한 결과의 변화에서 규칙을 알아봅니다.

13 다섯째 계산식의 곱해지는 수는 37037, 곱하는 수는 3의 5배인 15입니다.

14 계산 결과가 777777인 곱셈식은 일곱째 계산식입니다. 일곱째 계산식의 곱해지는 수는 37037, 곱하는 수는 3의 7배인 21입니다.

15 규칙에 따라 다음에 올 계산식을 알아보면 다음과 같습니다.

$555÷37=15$, $666÷37=18$, $777÷37=21$, $888÷37=24$, $999÷37=27$

16 규칙1 5, 6, 7, 8, 9이므로 5부터 오른쪽으로 1씩 커집니다.

규칙2 $16+12=17+11$이므로 ↘ 방향의 두 수의 합은 ↗ 방향의 두 수의 합과 같습니다.

17 아래의 수에서 6을 빼면 위의 수가 되므로 아래 다섯 수의 합은 위 다섯 수의 합보다 $5×6=30$만큼 더 큽니다.

18 정사각형 1개를 만드는 데 필요한 성냥개비는 4개, 정사각형 2개를 만드는 데 필요한 성냥개비는 $4+3=7$(개),

정사각형 3개를 만드는 데 필요한 성냥개비는 $4+3+3=10$(개)입니다.

따라서 정사각형 6개를 만드는 데 필요한 성냥개비는 $4+3+3+3+3+3=19$(개)입니다.

19 예 10109부터 시작하여 아래쪽으로 갈수록 20000씩 커집니다. ··· 50 %

★에 알맞은 수는 70109입니다. ··· 50 %

20 예 연속된 세 수의 합은 가운데 수의 3배입니다.
··· 100 %

단원 평가 LEVEL ❷

163~165쪽

01 예 $9+7=16$, $1+2+3+4+3+2+1=16$

02 $6×6=36$ **03** (2)에 ○표

04 4024, 7027

05 (1) ↓, 1에 ○표 (2) →에 ○표

06 1000에 ○표, 커집니다에 ○표

07 63834

08 시계 반대 방향에 ○표

09

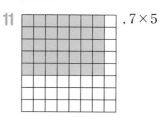

10 2, 3, 4

11 [표], 7×5

12 $540+660=1200$ **13** $840+960=1800$

14 6666667   **15** 15, 15 225

16 $6666666602÷123456789=54$

17 $4+12=20-4$

18 14

19 [표], 풀이 참조

20 풀이 참조, 17개

1~2 구슬의 개수를 덧셈식과 곱셈식으로 나타내면 다음과 같습니다.

	둘째	셋째	넷째
덧셈식 1	$1+3=4$	$4+5=9$	$9+7=16$
덧셈식 2	$1+2+1=4$	$1+2+3+2+1=9$	$1+2+3+4+3+2+1=16$
덧셈식 3	$1+3=4$	$1+3+5=9$	$1+3+5+7=16$
곱셈식	$2\times2=4$	$3\times3=9$	$4\times4=16$

03 (1) $12+12+12+12+12=60$, $6\times8=48$이므로 같지 않습니다.

(2) $24\times2=48$, $3\times16=48$이므로 같습니다.

(3) $12\times4=48$, $5\times9=45$이므로 같지 않습니다.

04 2022부터 시작하여 1001씩 더한 수가 오른쪽에 있습니다.

05 알파벳과 수가 어떻게 변하는지 알아봅니다.

06 $60823-61823-62823-63823$으로 1000씩 커집니다.

07 오른쪽으로 11씩 커지는 규칙이 있습니다.

◆에 알맞은 수는 63823보다 11만큼 더 큰 63834입니다.

08 ★이 어느 방향으로 몇 개씩 늘어나는지 알아봅니다.

09 5개의 도형이 반복되므로 아홉째 도형은 넷째 도형과 같습니다.

10 가로와 세로가 각각 1개씩 더 늘어나서 이루어진 직사각형 모양입니다.

12 더해지는 수와 더하는 수가 각각 100씩 커지고, 계산 결과는 200씩 커지는 규칙입니다.

13 여섯째: $740+860=1600$

일곱째: $840+960=1800$

14 다음에 올 계산식을 순서대로 알아보면 다음과 같습니다.

$1000001-333334=666667$,

$10000001-3333334=6666667$

따라서 $10000001-3333334=6666667$입니다.

15 $1+2+3+\cdots+14+15+14+\cdots+3+2+1$
$=15\times15=225$

16 이어서 올 계산식은 다음과 같습니다.

넷째	$4444444404\div123456789=36$
다섯째	$5555555505\div123456789=45$
여섯째	$6666666606\div123456789=54$

17 첫째 줄부터 앞의 두 수의 합은 나머지 수에서 7, 6, 5, …씩 뺀 값과 같습니다.

18 $15+6+14+22+13=70$,

$70\div5=14$이므로 가운데 수인 14입니다.

19 예

$\cdots$ 50 %

사각형은 시계 방향으로 1개씩 늘어나고 있습니다.

$\cdots$ 50 %

20 예 색칠된 사각형은 빨간색 사각형 1개부터 시작하여 2개, 3개, 4개, 5개, …로 1개씩 늘어나고 있습니다.

$\cdots$ 30 %

따라서 여덟째에 색칠된 사각형은 8개입니다.

$\cdots$ 30 %

사각형이 모두 25개이므로 여덟째에 색칠되지 않은 사각형은 $25-8=17$(개)입니다. $\cdots$ 40 %

1단원 큰 수

1단원 기본 문제 복습   2~3쪽

01 100, 10, 1　　　　**02** 43098, 사만 삼천구십팔

03 (위에서부터) 40000, 6, 700, 8, 2

04 10만, 100만, 1000만　　**05** 9000000, 700000

06 8

07 (1) 100000000 또는 1억

　　(2) 1000000000000 또는 1조

08 710, 5892, 칠백십억 오천팔백구십이만

09 38조 5124억 7381만

　　삼십팔조 오천백이십사억 칠천삼백팔십일만

10 ㉠　　　　　　　　**11** 4조 8800억, 5조 800억

12 ⑤　　　　　　　　**13** 다

---

01 10000은 9900보다 100만큼 더 큰 수입니다.

10000은 9990보다 10만큼 더 큰 수입니다.

10000은 9999보다 1만큼 더 큰 수입니다.

02 10000이 4개, 1000이 3개, 10이 9개, 1이 8개인 수는 43098이라 쓰고, 사만 삼천구십팔이라고 읽습니다.

03

	숫자	나타내는 값
만의 자리	4	40000
천의 자리	6	6000
백의 자리	7	700
십의 자리	8	80
일의 자리	2	2

04 1만이 10개이면 10만, 10만이 10개이면 100만, 100만이 10개이면 1000만입니다.

05 89730000＝80000000＋9000000＋700000

　　　　　　＋30000

06 39287592의 천만의 자리 숫자는 3이고, 백의 자리 숫자는 5입니다. 따라서 천만의 자리 숫자와 백의 자리 숫자의 합은 3＋5＝8입니다.

07 (1) 9000만보다 1000만만큼 더 큰 수는 1억(100000000)입니다.

　　(2) 9000억보다 1000억만큼 더 큰 수는 1조(1000000000000)입니다.

08 71058920000

➡ 710억 5892만

➡ 칠백십억 오천팔백구십이만

09 38512473810000

➡ 38조 5124억 7381만

➡ 삼십팔조 오천백이십사억 칠천삼백팔십일만

10 ㉠ 2000000000000 ㉡ 200000000,

㉢ 2000000, ㉣ 2000

따라서 나타내는 값이 가장 큰 것은 ㉠입니다.

11 1000억씩 뛰어 세면 천억의 자리 숫자가 1씩 커집니다.

12 ⑤ 3150000＜3200000

13 세 수의 자리 수가 모두 같으므로 높은 자리부터 순서대로 비교합니다.

745000＞718000＞687000

따라서 가장 비싼 세탁기는 다입니다.

1단원 응용 문제 복습   4~5쪽

01 48장　　　　　　　　**02** 35장

03 89장, 9장　　　　　　**04** 73264708

05 99990000 또는 9999만

06 53300　　　　　　　**07** 1000000(100만)씩

08 10조 5000억씩
09 700
10 98635
11 102476
12 9867301, 1063798

01 480만은 10만이 48개인 수이므로 10만 원짜리 수표는 모두 48장이 됩니다.

02 3500만은 100만이 35개인 수이므로 100만 원짜리 수표는 모두 35장이 됩니다.

03 팔억 구천구백만을 수로 나타내면 8억 9900만
➡ 899000000입니다.
899000000＝890000000＋9000000이므로 팔억 구천구백만 원은 천만 원짜리 수표 89장, 백만 원짜리 수표 9장으로 바꿀 수 있습니다.

04 각 수의 백만의 자리 숫자를 알아보면
62506341 ➡ 2, 40635940 ➡ 0
73264708 ➡ 3, 81304675 ➡ 1
따라서 백만의 자리 숫자가 3인 수는 73264708입니다.

05 125417803에서 숫자 1이 각각 나타내는 수는 100000000과 10000입니다. 따라서 두 수의 차는 100000000－10000＝99990000입니다.

06 숫자 5가 50000을 나타내므로 만의 자리 숫자는 5, 천의 자리와 백의 자리 숫자는 3, 십의 자리와 일의 자리 숫자는 0이므로 53300입니다.

07 백만의 자리 수가 1씩 커지므로 1000000(100만)씩 뛰어 세었습니다.

08 40조 500억에서 50조 5500억으로 10조 5000억이 커졌습니다. 따라서 10조 5000억씩 뛰어 센 것입니다.

09 어떤 수를 100배 하면 수의 오른쪽 끝에 0이 2개씩 늘어납니다. 따라서 오른쪽 수의 끝자리 0을 2개 빼면 왼쪽 수가 됩니다.
(7만)　　(700만)　　(7억)
700－70000－7000000－700000000
따라서 ㉠은 700입니다.

10 만들 수 있는 가장 큰 다섯 자리 수는 98653이고, 두 번째로 큰 다섯 자리 수는 일의 자리 숫자 3과 십의 자리 숫자 5를 서로 바꾼 98635입니다.

11 만들 수 있는 가장 작은 여섯 자리 수는 102467이고, 두 번째로 작은 여섯 자리 수는 일의 자리 숫자 7과 십의 자리 숫자 6을 서로 바꾼 102476입니다.

12 만의 자리 숫자가 6인 일곱 자리 수는
□□6□□□□입니다. 가장 큰 수는 높은 자리에 큰 수부터 순서대로 놓은 9867310이고, 두 번째로 큰 수는 일의 자리 숫자 0과 십의 자리 숫자 1을 서로 바꾼 9867301입니다. 그리고 가장 작은 수는 높은 자리에 작은 수부터 순서대로 놓은 1063789이고, 두 번째로 작은 수는 일의 자리 숫자 9와 십의 자리 숫자 8을 서로 바꾼 1063798입니다.

1단원 서술형 **수행 평가**
6~7쪽

01 풀이 참조, 11상자　　**02** 풀이 참조, 156380원
03 풀이 참조, 52134　　**04** 풀이 참조, 7번
05 풀이 참조, 8　　**06** 풀이 참조, 5770300
07 풀이 참조, 1570000000000000(1570조)마리
08 풀이 참조, 79억 2000만 **09** 풀이 참조, 6
10 풀이 참조, 958710, 105978

01 예 100이 100개인 수는 10000입니다.… 30 %
8900자루의 연필을 담았다면 1100자루의 연필을 더 담아야 하므로 11상자를 더 담아야 합니다.
… 70 %

02 예 10000원짜리 지폐 13장은 130000원,
1000원짜리 지폐 22장은 22000원,
100원짜리 동전 43개는 4300원,

10원짜리 동전 8개는 80원입니다. ··· 60 %

따라서 주혁이가 1년 동안 모은 돈은 모두

$130000+22000+4300+80=156380$(원)입니다. ··· 40 %

03 예 52000보다 크고 52300보다 작은 수이므로 521□□입니다. ··· 60 %

이 중 일의 자리 숫자가 4인 수를 만들면 52134입니다. ··· 40 %

04 예 억이 1020개, 만이 503개, 일이 70개인 수는 102005030070입니다. ··· 70 %

따라서 0을 모두 7번 써야 합니다. ··· 30 %

05 예 380억을 1000배 한 수는 38조 (38000000000000)입니다. ··· 70 %

따라서 조의 자리 숫자는 8입니다. ··· 30 %

06 예 십만의 자리 수가 1씩 커지므로 100000(10만)씩 뛰어 센 것입니다. ··· 60 %

따라서 빈칸에 알맞은 수는 5670300보다 100000만큼 더 큰 수인 5770300입니다. ··· 40 %

07 예 오전 10시부터 오후 1시까지는 3시간이므로 10000배씩 3번 뛰어 세면 다음과 같습니다.

$1570 \Rightarrow 15700000 \Rightarrow 157000000000$

$\Rightarrow 1570000000000000$ ··· 60 %

따라서 오후 1시에 바이러스는 1570000000000000(1570조)마리가 됩니다.

··· 40 %

08 예 눈금 5칸이 1억을 나타내므로 눈금 한 칸은 2000만을 나타냅니다. ··· 40 %

따라서 ㉠이 나타내는 수는 78억 4000만에서 2000만씩 4번 뛰어 센 수이므로 79억 2000만입니다.

··· 60 %

09 예 높은 자리부터 순서대로 비교하면 □<7입니다.

··· 40 %

따라서 □ 안에 들어갈 수 있는 수 중에서 가장 큰 수는 6입니다. ··· 60 %

10 예 • 서원: 만의 자리 숫자가 5이므로 □5□□□□라 놓고 5를 제외한 큰 수부터 순서대로 쓰면 958710입니다. ··· 50 %

• 영우: 백의 자리 숫자가 9이므로 □□□9□□라 놓고 9를 제외한 작은 수부터 순서대로 씁니다. 이때 0은 맨 앞에 올 수 없으므로 두 번째로 작은 1을 십만의 자리에 쓰면 105978입니다. ··· 50 %

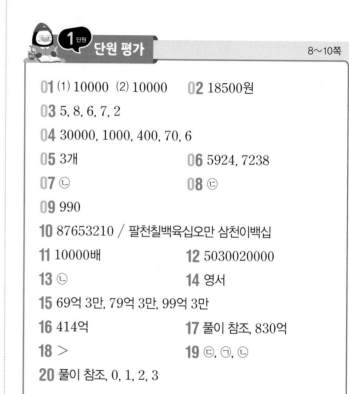

01 (1) 10000 (2) 10000   **02** 18500원

03 5, 8, 6, 7, 2

04 30000, 1000, 400, 70, 6

05 3개   **06** 5924, 7238

07 ㉡   **08** ㉢

09 990

10 87653210 / 팔천칠백육십오만 삼천이백십

11 10000배   **12** 5030020000

13 ㉡   **14** 영서

15 69억 3만, 79억 3만, 99억 3만

16 414억   **17** 풀이 참조, 830억

18 >   **19** ㉢, ㉠, ㉡

20 풀이 참조, 0, 1, 2, 3

01 (1) 500씩 커지는 규칙이므로 9500보다 500만큼 더 큰 수는 10000입니다.

(2) 50씩 커지는 규칙이므로 9950보다 50만큼 더 큰 수는 10000입니다.

02 $10000+8000+500=18500$(원)

03 58672는 10000이 5개, 1000이 8개, 100이 6개, 10이 7개, 1이 2개인 수입니다.

04 $31476=30000+1000+400+70+6$

05 육백팔만 천오백을 수로 나타내면 6081500이므로 0은 모두 3개입니다.

06 59247238은 5924만 7238이므로 만이 5924개, 일이 7238개인 수입니다.

07 ㉠ 980만은 1000만보다 20만만큼 더 작은 수입니다.
㉡ 1000만 100은 천만보다 100만큼 더 큰 수입니다.
㉢ 1023만은 천만보다 23만만큼 더 큰 수입니다.
따라서 천만에 가장 가까운 수는 ㉡입니다.

08 백만의 자리 숫자는 다음과 같습니다.
㉠ 14395680 ➡ 4
㉡ 4527800 ➡ 4
㉢ 47361829 ➡ 7

09 420만은 10000이 420개인 수이므로 ㉠=420이고, 5700만은 100000이 570개인 수이므로 ㉡=570입니다. 따라서 ㉠+㉡=420+570=990입니다.

10 주어진 수 카드를 사용하여 만들 수 있는 가장 큰 수는 높은 자리부터 큰 수를 순서대로 놓으면 87653210입니다.
87653210은 팔천칠백육십오만 삼천이백십이라고 읽습니다.

11 ㉠이 나타내는 값은 80000000이고, ㉡이 나타내는 값은 8000이므로 ㉠이 나타내는 값은 ㉡이 나타내는 값의 10000배입니다.

12 억이 50개인 수는 50억입니다.
50억보다 크고 60억보다 작은 수이므로 가장 높은 자리는 십억의 자리이고 숫자는 5입니다.
십억의 자리 숫자가 5, 천만의 자리 숫자가 3, 만의 자리 숫자가 2입니다.
각 자리의 숫자의 합이 10이므로 나머지 자리 숫자가 모두 0이 되어야 합니다.
따라서 조건을 모두 만족하는 수는 5030020000입니다.

13 각 수의 조의 자리 숫자를 알아보면
㉠ 4572052160051215 ➡ 2
㉡ 297051633461475 ➡ 7
㉢ 241746970218510 ➡ 1
따라서 조의 자리 숫자가 7인 수는 ㉡입니다.

14 영서: 십조의 자리 숫자는 1입니다.

15 59억 3만에서 3번 뛰어 센 수가 89억 3만이므로 10억씩 뛰어서 센 것입니다.

16 464억−364억=100억을 똑같이 10칸으로 나누었으므로 눈금 한 칸은 10억입니다.
364억에서 10억씩 5번 뛰어 세면 414억입니다.
따라서 ㉠에 알맞은 수는 414억입니다.

17 예 어떤 수를 구하려면 1230억에서 100억씩 거꾸로 4번 뛰어 셉니다. … 40 %
따라서 어떤 수는 1230억−1130억−1030억−930억−830억에서 830억입니다. … 60 %

18 103580000000000 ➡ 15자리 수
십삼조 이천팔억 ➡ 13200800000000 ➡ 14자리 수
따라서 103580000000000이 십삼조 이천팔억보다 큽니다.

19 ㉠ 41조 4842억, ㉡ 41조 8510억, ㉢ 1조 5379억이므로 ㉢<㉠<㉡입니다.

20 예 두 수 모두 일곱 자리 수입니다. 백만의 자리 숫자가 8로 같고 만의 자리 숫자를 비교해 보면 0<1이므로 십만의 자리 숫자 □는 3과 같거나 3보다 작아야 합니다. … 60 %
따라서 □ 안에 들어갈 수 있는 수는 0, 1, 2, 3입니다.
… 40 %

2단원 각도

01 ㉠

02 가

03 145°

04 가

05 140°

06 (   ) (○)

07 85°, 10°

08 예 80°, 85°

09 260°, 70°

10 125

11 30°

12 135

13 175°

01 두 각 중 더 많이 벌어진 것은 ㉠입니다.

02 각의 꼭짓점과 각도기의 중심을 맞춘 것은 가입니다.

03 각도기의 바깥쪽 눈금을 읽으면 145°입니다.

04 나는 각의 변이 각도기의 바깥쪽 눈금 0에 맞추어져 있으므로 바깥쪽 눈금을 읽습니다. 그러므로 각도는 150°입니다.

05 각도기의 중심과 각의 꼭짓점을 맞추고, 각도기의 밑금을 각의 한 변에 맞춘 후 각의 다른 변이 가리키는 눈금을 읽으면 140°입니다.

06 각도가 0°보다 크고 90°보다 작은 각을 예각이라고 합니다.

07 예각은 0°보다 크고 직각(90°)보다 작은 각입니다.
따라서 예각은 85°, 10°입니다.

08 직각보다 조금 작으므로 약 80°로 어림할 수 있습니다.

09 두 각도의 합은 165°+95°=260°이고,
차는 165°−95°=70°입니다.

10 삼각형의 세 각의 크기의 합은 180°이므로

25°+30°+□°=180°,
□°=180°−25°−30°=125입니다.

11 삼각형의 세 각의 크기의 합은 180°이므로
왼쪽 삼각형에서
㉠+50°+45°=180°, ㉠+95°=180°
㉠=180°−95°=85°
오른쪽 삼각형에서
65°+60°+㉡=180°, 125°+㉡=180°
㉡=180°−125°=55°
➡ (㉠과 ㉡의 각도의 차)
  =85°−55°=30°

12 사각형의 네 각의 크기의 합은 360°이므로
□°+70°+95°+60°=360°
➡ □°=360°−70°−95°−60°=135°

13 사각형의 네 각의 크기의 합은 360°이므로
㉠+㉡+90°+95°=360°
㉠+㉡+185°=360°
㉠+㉡=360°−185°=175°

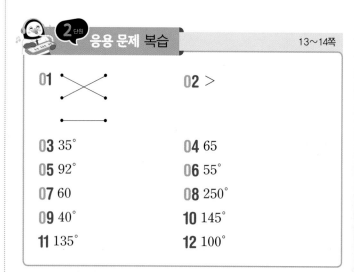

01

02 >

03 35°

04 65

05 92°

06 55°

07 60

08 250°

09 40°

10 145°

11 135°

12 100°

01 • 75°+25°=100°
  • 80°+15°=95°
  • 150°−65°=85°

02 65°+65°=130°이고 183°−55°=128°입니다.

따라서 $65°+65°>183°-55°$입니다.

03 $15°+㉠=70°-20°$, $15+㉠=50°$,
$㉠=50°-15°=35°$

04 직선이 이루는 각의 크기는 $180°$이므로
$90°+25°+□°=180°$입니다.
➡ $□°=180°-90°-25°=65°$

다른 풀이 $25°+□°=90°$이므로
$□°=90°-25°=65°$입니다.

05 삼각형의 세 각의 크기 합은 $180°$이므로
(각 ㄱㄷㄴ)=(각 ㅁㄷㄹ)=$180°-46°-90°=44°$
입니다.
직선을 이루는 각의 크기는 $180°$이므로
(각 ㄱㄷㅁ)=$180°-44°-44°=92°$입니다.

06 직선이 이루는 각의 크기는
$180°$이므로
$㉡+145°=180°$,
$㉡=180°-145°=35°$입니다.
$㉡+㉠+90°=180°$, $35°+㉠+90°=180°$
➡ $㉠=180°-35°-90°=55°$

07 (각 ㄱㄷㄴ)=$180°-30°-30°=120°$
➡ $□°=180°-120°=60°$

08 $㉢=180°-55°=125°$
$㉠+㉡+55°=180°$,
$㉠+㉡=180°-55°=125°$
따라서 $㉠+㉡+㉢=125°+125°=250°$입니다.

09 $㉠=180°-60°-90°=30°$
$㉡=180°-70°-40°=70°$
따라서 $㉡-㉠=70°-30°=40°$입니다.

10 사각형의 네 각의 크기의 합은 $360°$이므로 나머지 한
각의 크기는 $360°-45°-75°-95°=145°$입니다.

11 $㉠=360°-85°-80°-60°=135°$

12 $㉠=360°-90°-80°-90°=100°$

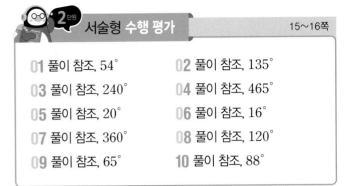

서술형 수행 평가 15~16쪽

01 풀이 참조, $54°$ **02** 풀이 참조, $135°$
03 풀이 참조, $240°$ **04** 풀이 참조, $465°$
05 풀이 참조, $20°$ **06** 풀이 참조, $16°$
07 풀이 참조, $360°$ **08** 풀이 참조, $120°$
09 풀이 참조, $65°$ **10** 풀이 참조, $88°$

01 ⑩ 5개로 나누어진 한 각의 크기는
$90°÷5=18°$입니다. ··· 50 %
따라서 (각 ㄷㅇㅂ)=$18°×3=54°$입니다.
··· 50 %

02 ⑩ 사각형의 네 각의 크기의 합은 $360°$입니다.
··· 40 %
따라서 $㉠=360°-45°-90°-90°=135°$입니다.
··· 60 %

03 ⑩ 사각형의 나머지 한 각의 크기는
$180°-150°=30°$입니다. ··· 50 %
따라서 $㉠+㉡=360°-90°-30°$
$=240°$입니다. ··· 50 %

04 ⑩

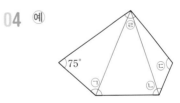

한 꼭짓점에서 이웃하지 않는 꼭짓점을 연결하면 3개
의 삼각형이 되므로 도형의 5개의 각의 크기의 합은
$180°×3=540°$입니다. ··· 50 %
따라서 $㉠+㉡+㉢+㉣=540°-75°=465°$입니
다. ··· 50 %

05 ⑩ 오른쪽 사각형에서 나머지 한 각의 크기는
$360°-110°-85°-90°=75°$입니다. ··· 50 %
따라서 $㉠=180°-85°-75°=20°$입니다.
··· 50 %

06 ⑩ (각 ㄷㅁㄱ)=$180°-60°=120°$ ··· 30 %

(각 ㄱㄷㅁ)=$90°-46°=44°$ … 30 %

삼각형 ㄱㄷㅁ에서

(각 ㄷㄱㅁ)=$180°-120°-44°=16°$ … 40 %

07 예 직선이 이루는 각의 크기는 $180°$이므로 직선 4개의 각의 크기의 합은 $180°×4=720°$입니다. … 50 %

4개의 직선의 각의 크기의 합은 사각형의 네 각의 크기의 합 ㉠, ㉡, ㉢, ㉣의 각도의 합과 같습니다.

따라서 ㉠+㉡+㉢+㉣=$720°-360°=360°$입니다. … 50 %

08 예 5시일 때 긴바늘과 짧은바늘이 이루는 작은 쪽의 각도는 $30°×5=150°$입니다. … 30 %

1시일 때 긴바늘과 짧은바늘이 이루는 작은 쪽의 각도는 $30°$입니다. … 30 %

따라서 두 시계의 바늘이 이루는 작은 쪽의 각도의 차는 $150°-30°=120°$입니다. … 40 %

09
예 종이를 접은 것이므로
①=②, ④=③=$90°$입니다.

①+②=$180°-130°=50°$,
①=②=$25°$입니다. … 40 %

종이를 접은 삼각형에서 삼각형의 세 각의 크기의 합은 $180°$이므로 $25°+90°+㉠=180°$,
$115°+㉠=180°$, ㉠=$180°-115°=65°$입니다. … 60 %

10 예 사각형 ㄱㄴㄷㄹ의 네 각의 크기의 합은 $360°$이므로
(각 ㄴㄷㄹ)=$360°-110°-88°-22°=140°$이고,
(각 ㄹㄷㅁ)=(각 ㄴㄷㅁ)이므로
(각 ㄹㄷㅁ)=$140°÷2=70°$입니다. … 60 %

삼각형의 세 각의 크기의 합은 $180°$이므로
㉠=$180°-70°-22°=88°$입니다. … 40 %

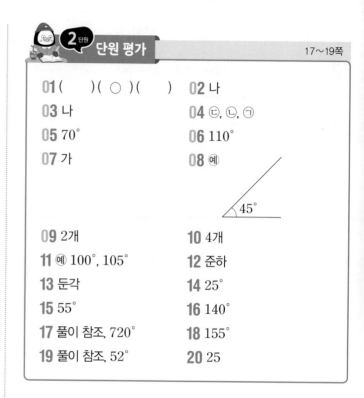

01 (　)(　○　)(　)　　**02** 나

03 나　　**04** ㉢, ㉡, ㉠

05 $70°$　　**06** $110°$

07 가　　**08** 예

09 2개　　**10** 4개

11 예 $100°$, $105°$　　**12** 준하

13 둔각　　**14** $25°$

15 $55°$　　**16** $140°$

17 풀이 참조, $720°$　　**18** $155°$

19 풀이 참조, $52°$　　**20** 25

01 두 변이 가장 많이 벌어진 가위를 찾습니다.

02 세 각 중 가장 크게 벌어진 것은 나입니다.

03 시계의 긴바늘과 짧은바늘이 이루는 작은 쪽의 각이 가장 작은 각은 나입니다.

04 ㉢ 각도기의 중심을 각의 꼭짓점에 맞춥니다. ㉡ 각도기의 밑금을 각의 한 변에 맞춥니다. ㉠ 나머지 각의 변이 닿은 눈금을 읽습니다.

05 각의 변이 각도기의 안쪽 눈금 0에 맞추어져 있으므로 안쪽 눈금을 읽습니다. 따라서 각도는 $70°$입니다.

06 각도를 재면 $110°$입니다.

07 예각은 각도가 $0°$보다 크고 $90°$보다 작은 각이므로 가입니다.

08 색종이를 한 번 접어서 만들어진 각은 직각을 둘로 똑같이 나눈 것이므로 $45°$입니다.
각도기와 자를 사용하여 각도가 $45°$인 각을 그립니다.

09 도형에서 찾을 수 있는 둔각은 4개, 예각은 2개입니다.
따라서 둔각과 예각의 개수의 차는 $4-2=2$(개)입니다.

10 둔각을 찾아 표시하면 다음과 같습니다.

따라서 둔각은 모두 4개입니다.

11 각도가 $90°$보다 조금 크므로 약 $100°$로 어림할 수 있습니다.

12 주어진 각도는 $125°$입니다. 어림한 각도와의 차가 더 작은 사람이 더 잘 어림한 것이므로 준하입니다.

13 $25° + ㉠ = 120°$에서 $㉠ = 120° - 25° = 95°$이므로 둔각입니다.

14 직선이 이루는 각의 크기는 $180°$이므로 $㉠ = 180° - 80° - 75° = 25°$입니다.

15 삼각형의 세 각의 크기의 합은 $180°$입니다.
따라서 가려진 각의 크기를 $\square°$라고 할 때,
$\square° = 180° - 45° - 80° = 55°$입니다.

16 삼각형 세 각의 크기의 합은 $180°$입니다.
따라서 $㉠ + ㉡ = 180° - 40° = 140°$입니다.

17 예

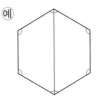

도형은 사각형 2개로 나눌 수 있습니다. … 30 %
따라서 (도형의 모든 각의 크기의 합)
　　　 = (사각형의 네 각의 크기의 합) × 2이므로
$360° × 2 = 720°$입니다. … 70 %

18 사각형의 네 각의 크기의 합은 $360°$이므로
$㉠ + 90° + ㉡ + 115° = 360°$입니다.

따라서 $㉠ + ㉡ = 360° - 90° - 115° = 155°$입니다.

19 예

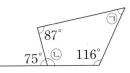

직선이 이루는 각의 크기는 $180°$이므로
$㉡ = 180° - 75° = 105°$입니다. … 50 %
사각형의 네 각의 크기의 합은 $360°$이므로
$㉠ + 87° + 105° + 116° = 360°$,
$㉠ = 360° - 87° - 105° - 116° = 52°$입니다.
　　　　　　　　　　　　　　　　… 50 %

20

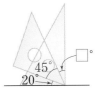

$90°$인 각과 $45°$인 각이 겹쳐져 있습니다.
$20° + 45° + \square° = 90°$이므로
$\square° = 90° - 20° - 45° = 25°$입니다.

3단원 곱셈과 나눗셈

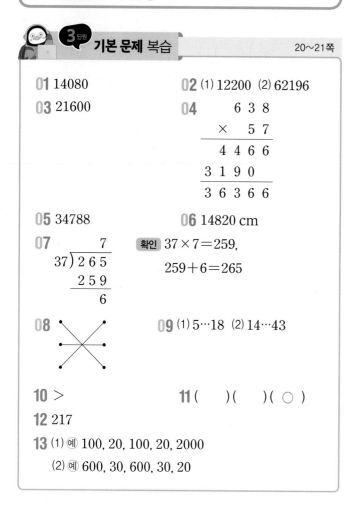

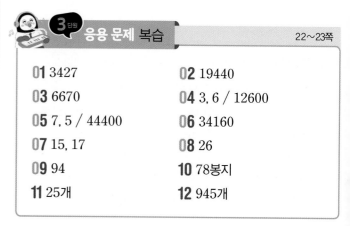

3단원 기본 문제 복습
20~21쪽

01 14080

02 (1) 12200 (2) 62196

03 21600

04
```
      6 3 8
  ×     5 7
  4 4 6 6
  3 1 9 0
  3 6 3 6 6
```

05 34788

06 14820 cm

07
```
          7
   37)2 6 5
      2 5 9
          6
```
확인 37×7=259,
259+6=265

08 ╳ (선 연결)

09 (1) 5…18 (2) 14…43

10 >

11 ( )( )(○)

12 217

13 (1) 예 100, 20, 100, 20, 2000
(2) 예 600, 30, 600, 30, 20

---

01 352×4=1408 ➡ 352×40=14080

02 (1)
```
      6 1 0
  ×     2 0
  1 2 2 0 0
```
(2)
```
      8 5 2
  ×     7 3
    2 5 5 6
  5 9 6 4
  6 2 1 9 6
```

03 ㉠은 432와 50의 곱을 나타내므로 ㉠이 실제로 나타내는 값은 432×50=21600입니다.

04 곱하는 수 57에서 5는 십의 자리 숫자이므로 638×5=3190은 31900을 나타냅니다.

05 가장 큰 수는 892, 가장 작은 수는 39입니다.
따라서 가장 큰 수와 작은 수의 곱은
892×39=34788입니다.

---

06 380×39=14820(cm)

07 37×7=259, 259+6=265

08
- 254÷60=4…14
- 400÷80=5
- 498÷70=7…8
- 350÷50=7
- 163÷30=5…13
- 280÷70=4

09 (1)
```
          5
   21)1 2 3
      1 0 5
        1 8
```
(2)
```
        1 4
   46)6 8 7
      4 6
      2 2 7
      1 8 4
        4 3
```

10 812÷32=<u>25</u>…12, 619÷29=<u>21</u>…10

11 385÷63=6…7
493÷35=14…3
948÷58=16…20
나머지의 크기를 비교하면 20>7>3 입니다.
따라서 나머지가 가장 큰 것은 948÷58입니다.

12 어떤 수를 □라고 하면 □÷30=7…7입니다.
따라서 30×7=210, 210+7=217이므로
□=217입니다.

13 (1) 125개를 100개로, 22일을 20일로 어림하여 계산하면 약 100×20=2000(개) 외웠습니다.
(2) 595를 600으로, 28을 30으로 어림하여 계산하면 600÷30=20이므로 약 20개의 상자가 필요합니다.

3단원 응용 문제 복습
22~23쪽

01 3427

02 19440

03 6670

04 3, 6 / 12600

05 7, 5 / 44400

06 34160

07 15, 17

08 26

09 94

10 78봉지

11 25개

12 945개

01 (어떤 수)÷23=6…11이므로

어떤 수는 23×6=138, 138+11=149입니다.

따라서 바르게 계산하면 149×23=3427입니다.

02 어떤 수를 □라고 하면

648+□=678, □=678-648=30입니다.

따라서 바르게 계산한 값은

648×□=648×30=19440입니다.

03 어떤 수를 □라고 하면

□-23=267, □=267+23=290입니다.

따라서 바르게 계산한 값은

□×23=290×23=6670입니다.

04 계산 결과가 가장 작으려면 □□에 가장 작은 두 자리 수를 넣어야 합니다. 주어진 수 카드로 만들 수 있는 가장 작은 두 자리 수는 36입니다.

따라서 곱셈식의 곱이 가장 작을 때의 곱은

350×36=12600입니다.

05 계산 결과가 가장 커지려면 □□에 가장 큰 두 자리 수를 넣어야 합니다. 주어진 수 카드로 만들 수 있는 가장 큰 두 자리 수는 75입니다.

따라서 곱셈식의 곱이 가장 클 때의 곱은

592×75=44400입니다.

06 수 카드로 만들 수 있는 가장 큰 세 자리 수는 976이고, 가장 작은 두 자리 수는 35입니다.

따라서 만든 두 수의 곱은 976×35=34160입니다.

07 나머지는 나누는 수보다 작아야 하므로 나누는 수와 같은 15와 나누는 수보다 큰 17은 나머지가 될 수 없습니다.

08 27로 나누었을 때 나올 수 있는 나머지는 27보다 작은 0, 1, 2, …, 25, 26입니다.

따라서 가장 큰 수는 26입니다.

09 몫이 4일 때: 17×4=68, 68+9=77,

몫이 5일 때: 17×5=85, 85+9=94,

몫이 6일 때: 17×6=102, 102+9=111이므로

17로 나누었을 때 나머지가 9가 되는 가장 큰 두 자리 수는 94입니다.

10 (전체 귤의 수)=30×65=1950(개)

귤 1950개를 한 봉지에 25개씩 포장하면

1950÷25=78(봉지)가 됩니다.

11 (4학년 전체 학생 수)=27×11=297(명)

학생 297명이 12명씩 앉을 수 있는 의자에 나누어 앉으면 297÷12=24…9이므로 의자 24개에 12명씩 앉고 9명이 남습니다. 남는 9명도 의자에 앉아야 하므로 의자는 적어도 25개 필요합니다.

12 693명을 33명씩 팀으로 나누면 693÷33=21(팀)이 됩니다.

(필요한 응원 도구의 수)=45×21=945(개)

3단원 서술형 **수행 평가** — 24~25쪽

01 풀이 참조, 3875번   **02** 풀이 참조, 37640원

03 풀이 참조, 12320 mL   **04** 풀이 참조, 3

05 풀이 참조, 836   **06** 풀이 참조, 16개

07 풀이 참조, 47432원   **08** 풀이 참조, 27300원

09 풀이 참조, 432, 472   **10** 풀이 참조, 19개

01 예 5월은 31일까지 있습니다. … 30 %

따라서 주은이가 5월에 넘은 줄넘기는 모두

125×31=3875(번)입니다. … 70 %

02 예 (볼펜 26자루의 값)

=780×26=20280(원) … 30 %

(지우개 31개의 값)

=560×31=17360(원) … 30 %

따라서 볼펜 26자루와 지우개 31개를 사려면 모두

20280+17360=37640(원)이 필요합니다.

… 40 %

03 예 1주일은 7일이므로 8주는 $7 \times 8 = 56$일입니다.
··· 40 %

따라서 진수가 8주 동안 마신 우유는 모두

$220 \times 56 = 12320$(mL)입니다. ··· 60 %

04 예 어떤 수를 □라고 하면 □÷36＝6…19입니다.

$36 \times 6 = 216$, $216 + 19 = 235$이므로 □＝235입니다. ··· 50 %

$235 \div 63 = 3 \cdots 46$

따라서 바르게 계산했을 때의 몫은 3입니다. ··· 50 %

05 예 나누어지는 수가 가장 큰 수가 되려면 나머지가 가장 큰 수여야 합니다. 나머지가 될 수 있는 수 중에서 가장 큰 수는 26이므로 ●＝26입니다. ··· 50 %

따라서 □÷27＝30…26에서

$27 \times 30 = 810$, $810 + 26 = 836$이므로

□＝836입니다. ··· 50 %

06 예 (깃발 사이의 간격의 수)＝$810 \div 54 = 15$(군데)
··· 40 %

산책로의 시작과 끝에 모두 깃발을 설치해야 하므로 깃발은 간격의 수보다 1개 더 많이 필요합니다.
··· 40 %

따라서 필요한 깃발은 모두 $15 + 1 = 16$(개)입니다.
··· 20 %

07 예 한 세대가 하루에 77원을 절약할 수 있으므로 일주일 동안 절약할 수 있는 전기 요금은 $77 \times 7 = 539$(원)입니다. ··· 40 %

따라서 88세대가 일주일 동안 절약할 수 있는 전기 요금은 모두 $539 \times 88 = 47432$(원)입니다. ··· 60 %

08 예 (당근, 감자, 고구마의 100 g당 가격의 합)
＝$280 + 260 + 370 = 910$(원) ··· 40 %

$3\ kg = 3000\ g$이고 $3000\ g$은 $100\ g$의 30배입니다.

따라서 당근, 감자, 고구마를 사는 데 필요한 돈은 모두 $910 \times 30 = 27300$(원)입니다. ··· 60 %

09 예 400보다 크고 500보다 작은 수 중에 40으로 나누어떨어지는 수는 $40 \times 10 = 400$, $40 \times 11 = 440$,

$40 \times 12 = 480$입니다. ··· 30 %

400, 440, 480에 각각 32를 더하면 40으로 나누었을 때 나머지가 32가 됩니다.

$400 + 32 = 432$, $440 + 32 = 472$,

$480 + 32 = 512$ ··· 40 %

이 중 400보다 크고 500보다 작은 수는 432와 472입니다. ··· 30 %

10 예 24개씩 들어가는 상자 18개에 포장한 복숭아는 $24 \times 18 = 432$(개)입니다. ··· 40 %

복숭아가 1000개 있으므로 24개씩 들어가는 상자에 포장하고 남는 복숭아는 $1000 - 432 = 568$(개)입니다. ··· 20 %

$568 \div 30 = 18 \cdots 28$이므로 30개씩 상자 18개에 담고 남는 복숭아 28개도 담아야 하므로 30개씩 들어가는 상자는 적어도 $18 + 1 = 19$(개) 필요합니다. ··· 40 %

3단원 단원 평가
26~28쪽

01 9860, 10

02 ②

03 15456

04 >

05 44046

06 (위에서부터) 6, 2, 5, 8

07 5425쪽

08 5700원

09 7

10 8, 536, 19

11 1, 3, 2

12 ㉡, ㉢, ㉠

13
$$\begin{array}{r} 12 \\ 47\overline{)597} \\ 47 \\ \hline 127 \\ 94 \\ \hline 33 \end{array}$$

확인 $47 \times 12 = 564$,

$564 + 33 = 597$

14 70

15 329

16 12

17 22개

18 예 700, 30, 23

19 풀이 참조, 16425분

20 풀이 참조, 19개

01 $493 \times 2 = 986$
$493 \times 20 = 9860$ ⟶ 10배

02 $700 \times 30 = 21000$

03 $368 \times 42 = 15456$

04 $582 \times 60 = 34920$,
$704 \times 49 = 34496$
따라서 $34920 > 34496$이므로
$582 \times 60 > 704 \times 49$입니다.

05 ㉠ 24354 ㉡ 23403 ㉢ 19692
➡ $24354 + 19692 = 44046$

06
$$\begin{array}{r} ㉠\,4\,㉡ \\ \times\ \ ㉢\,2 \\ \hline 1\,2\,㉣\,4 \\ 3\,2\,1\,0\ \ \\ \hline 3\,3\,3\,8\,4 \end{array}$$

• $㉣ + 0 = 8 ➡ ㉣ = 8$
• $2 \times 2 = 4$이므로 $㉡ \times 2 = 4$
 $➡ ㉡ = 2$
• $㉠ \times 2 = 12$이므로 $㉠ = 6$
• $642 \times ㉢ = 3210$이므로 $㉢ = 5$

07 7월은 31일이므로 주아가 7월 한 달 동안 읽은 책은 모두 $175 \times 31 = 5425$(쪽)입니다.

08 (공책 20권의 값)=(한 권의 값)×(공책의 수)
$\qquad\qquad = 550 \times 20 = 11000$(원)
(색연필 35자루의 값)=(한 자루의 값)×(색연필 수)
$\qquad\qquad = 380 \times 35 = 13300$(원)
(거스름돈)=30000−(공책의 값)−(색연필의 값)
$\qquad\qquad = 30000 - 11000 - 13300 = 5700$(원)

09 $560 \div 80 = 7$

10
$$\begin{array}{r} 8\ \ ←㉠ \\ 67\overline{)\,5\,5\,5} \\ 5\,3\,6\ \ ←㉡ \\ \hline 1\,9\ \ ←㉢ \end{array}$$

11 $395 \div 90 = 4\cdots\underline{35}$, $89 \div 23 = 3\cdots\underline{20}$,
$310 \div 48 = 6\cdots\underline{22}$

13 나누는 수와 몫의 곱에 나머지를 더한 값이 나누어지는 수와 같으면 바르게 계산한 것입니다.
$47 \times 12 = 564$, $564 + 33 = 597$

14 나눗셈의 나머지는 항상 나누는 수보다 작습니다. 따라서 □÷71의 나머지가 될 수 있는 수 중 가장 큰 수는 70입니다.

15 □$\div 44 = 7\cdots21$
➡ $44 \times 7 = 308$, $308 + 21 = $□, □$= 329$

16 $59 \times$□> 687이므로
$687 \div 59 = 11\cdots38$
□$= 12$일 때 $59 \times 12 = 708 > 687$입니다.
□$= 11$일 때 $59 \times 11 = 649 < 687$입니다.
따라서 □ 안에 들어갈 수 있는 가장 작은 자연수는 12입니다.

17 858 m를 39 m씩 나누면 $858 \div 39 = 22$(군데)의 간격이 생깁니다. 간격의 수만큼 의자가 필요하므로 필요한 의자는 모두 22개입니다.

18 전체 철사의 길이 713 cm를 700 cm로, 꽃 모양 장식에 필요한 철사의 길이 27 cm를 30 cm로 바꾸어 계산하면 $700 \div 30 = 23\cdots10$입니다. 따라서 꽃 모양 장식은 약 23개 만들 수 있습니다.

19 예 (1년 동안 걷기 운동을 한 시간)
$\quad = 365 \times 30 = 10950$(분) ⋯ 30 %
(1년 동안 달리기 운동을 한 시간)
$= 365 \times 15 = 5475$(분) ⋯ 30 %
(1년 동안 걷기 운동과 달리기 운동을 한 시간)
$= 10950 + 5475 = 16425$(분) ⋯ 40 %

20 예 $215 \div 26 = 8\cdots7$ ⋯ 40 %
초콜릿 215개를 26명에게 나누어 주면 한 명에게 8개씩 줄 수 있고 7개가 남습니다. ⋯ 20 %
남는 초콜릿이 없이 똑같이 나누어 주려면 적어도 $26 - 7 = 19$(개)의 초콜릿이 더 필요합니다.
⋯ 40 %

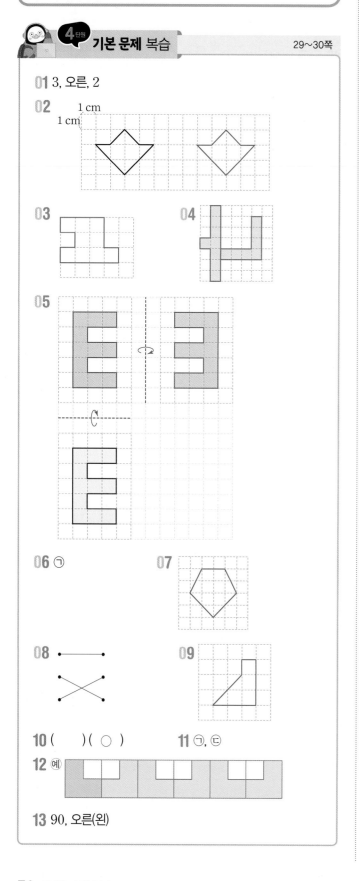

4단원

기본 문제 복습

29~30쪽

01 3, 오른, 2

02

03

04

05

06 ㉠

07

08

09

10 ( )(○)   11 ㉠, ㉢

12 ⑩

13 90, 오른(왼)

01 점 ㄴ은 점 ㄱ을 위쪽으로 3칸, 오른쪽으로 2칸 이동한 위치입니다.

02 오른쪽으로 7 cm 밀었을 때의 도형을 그립니다.

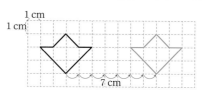

03 도형을 어느 방향으로 몇 번 밀어도 모양은 변하지 않습니다.

04 글자를 왼쪽으로 뒤집으면 글자의 왼쪽과 오른쪽이 서로 바뀝니다.

05 도형을 위쪽으로 뒤집은 도형을 그리고, 뒤집은 도형을 다시 오른쪽으로 뒤집었을 때의 도형을 그립니다.

06 위쪽으로 뒤집은 모양이 처음 도형과 같은 것은 ㉠입니다.

07 도형을 시계 반대 방향으로 180°만큼 돌리면 도형의 위쪽 부분이 아래쪽으로 이동합니다.

08 도형을 시계 방향으로 90°, 시계 방향으로 180°, 시계 반대 방향으로 90°만큼 돌린 도형을 각각 알아봅니다.

09 도형을 시계 반대 방향으로 90°만큼 돌리면 도형의 위쪽 부분이 왼쪽으로 이동합니다.

10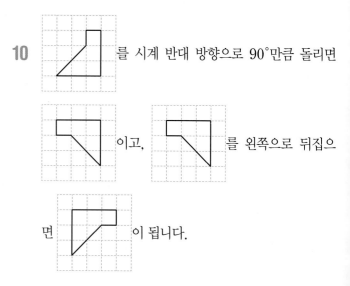

11 여러 방향으로 뒤집어도 모양이 바뀌지 않는 도형은 ㉠,

ⓒ입니다.

12 주어진 모양을 오른쪽으로 뒤집어 가며 무늬를 만들었습니다.

13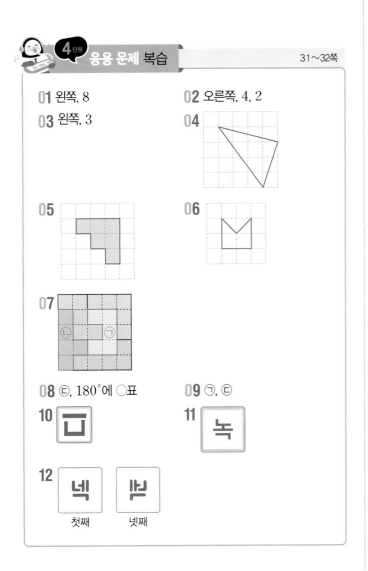

모양을 시계 방향으로 90°만큼 돌리는 것을 반복해서 모양을 만들고, 그 모양을 오른쪽이나 왼쪽으로 밀어서 무늬를 만들었습니다.

01 왼쪽, 8
02 오른쪽, 4, 2
03 왼쪽, 3
04
05
06
07
08 ⓒ, 180°에 ◯표
09 ㉠, ㉢
10
11
12 첫째   넷째

01 ㉮ 도형은 ㉯ 도형을 왼쪽으로 8칸 밀어서 이동한 도형

입니다.

02 ⓒ 도형은 ㉠ 도형을 오른쪽으로 4 cm 밀고 위쪽으로 2 cm으로 밀어서 이동한 도형입니다.

03 ㉠ 도형을 왼쪽으로 3 cm 밀어 가며 이동한 도형입니다.

04 움직인 도형을 시계 반대 방향으로 90°만큼 돌리면 처음 도형이 됩니다.

05 오른쪽 도형을 위쪽으로 뒤집고 오른쪽으로 뒤집으면 처음 도형이 됩니다.

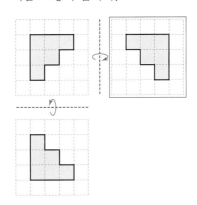

06 오른쪽 도형을 오른쪽으로 뒤집고 시계 반대 방향으로 90°만큼 돌리면 처음 도형이 됩니다.

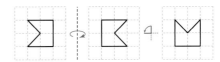

08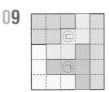

09

10 글자 카드를 시계 방향으로 90°만큼씩 돌리는 규칙입니다.

넷째 모양은 셋째 모양을 시계 방향으로 90°만큼 돌리면 ꁽ 입니다.

11 글자 카드를 시계 방향으로 90°만큼씩 돌리는 규칙입니다.

첫째　둘째　셋째　넷째　다섯째　여섯째

일곱째　여덟째　아홉째

12 글자 카드를 왼쪽 또는 오른쪽으로 뒤는 규칙입니다.

첫째　둘째　셋째　넷째

서술형 수행 평가　4단원　33~34쪽

01 풀이 참조	**02** 풀이 참조
03 풀이 참조	**04** 풀이 참조
05 풀이 참조	**06** 풀이 참조
07 풀이 참조, 296	**08** 풀이 참조, 883
09 풀이 참조	**10** 풀이 참조

01 예 점 ㄱ을 오른쪽으로 6칸, 위쪽으로 3칸 이동하면 점 ㄴ의 위치가 됩니다. … 100 %

02 예 오른쪽으로 5 cm 이동한 도형입니다. … 100 %

03 예 왼쪽 도형을 시계 반대 방향으로 90°만큼 돌렸습니다. … 100 %

04
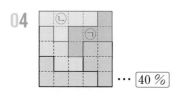
… 40 %

예 ㉠ 조각을 밀어서 움직입니다. … 30 %
　㉡ 조각을 아래쪽으로 뒤집습니다. … 30 %

05 예 왼쪽 도형을 오른쪽(왼쪽)으로 1번 뒤집고 아래쪽(위쪽)으로 1번 뒤집습니다. … 100 %

06 예 도형을 시계 방향으로 90°만큼 4번 돌리면 처음 도형이 되므로 90°만큼 10번 돌린 모양은 90°만큼 2번 돌린 모양과 같습니다. … 50 %
따라서 최소한의 횟수로 움직이려면 시계 방향으로 180°만큼 돌렸을 때의 도형을 그립니다. … 50 %

07 예 9>6>2>0이므로 만들 수 있는 가장 큰 세 자리 수는 962입니다. … 50 %
만든 세 자리 수를 한꺼번에 시계 방향으로 180°만큼 돌리면 296이 됩니다.

… 50 %

08 예 계산식을 오른쪽으로 뒤집으면 82+801이 됩니다. … 50 %
따라서 82+801=883입니다. … 50 %

09 예 오른쪽으로 뒤집기를 반복하여 무늬를 만들었습니다. … 100 %

10 예 ▊ 모양을 시계 방향으로 90°만큼 돌리기를 반복해서 모양을 만들고, 그 모양을 아래쪽으로 밀기를 하여 무늬를 만들었습니다. … 100 %

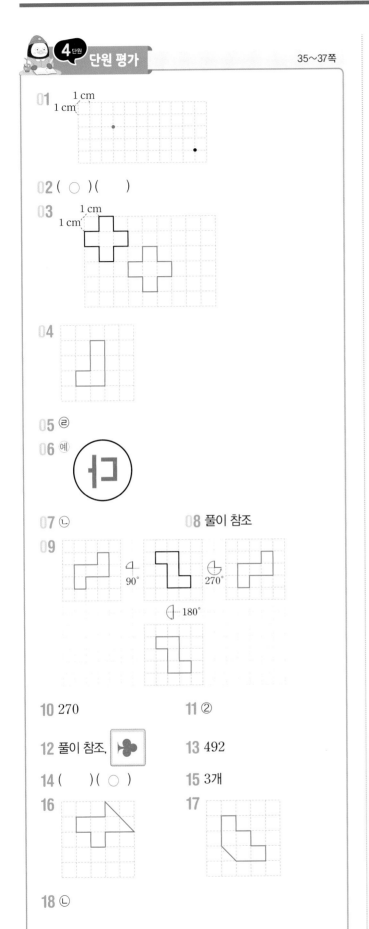

01
02 (○)( )
03
04
05 ㉣
06 예
07 ㉡   08 풀이 참조
09
10 270   11 ②
12 풀이 참조   13 492
14 ( )(○)   15 3개
16   17
18 ㉡

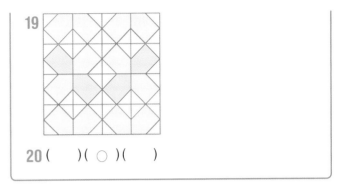

19
20 ( )(○)( )

01 점을 왼쪽으로 7 cm, 위쪽으로 2 cm 이동합니다.

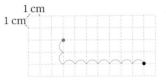

02 도형을 위쪽으로 밀어도 모양은 변하지 않습니다.

03 도형을 아래쪽으로 2 cm 밀고 오른쪽으로 3 cm 밀면 다음과 같습니다.

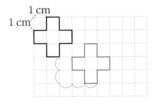

04 오른쪽 도형을 왼쪽으로 뒤집으면 왼쪽과 오른쪽이 서로 바뀝니다.

05 아래쪽으로 뒤집었을 때의 모양은 다음과 같습니다.

처음 모양과 같은 것은 ㉣입니다.

06 도장에 새긴 모양은 종이에 찍은 모양을 왼쪽 또는 오른쪽으로 뒤집은 모양입니다.

07
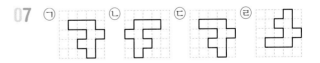

08 예 왼쪽 도형을 오른쪽으로 뒤집고 위쪽으로 뒤집었습니다. … 100 %

09 시계 반대 방향으로 90°, 180°, 270°만큼 돌렸을 때의 도형을 그립니다.

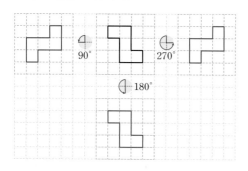

10 왼쪽 도형을 시계 방향으로 270°만큼 돌린 도형은 오른쪽과 같습니다.

11 ①, ③, ④, ⑤ **H**

② **I**

12 ⑩ 카드를 시계 방향으로 90°만큼씩 돌리는 규칙입니다. ⋯ 40 %

모양이 4개씩 반복됩니다. 따라서 열째에 알맞은 모양은 둘째 모양과 같은 ♣ 입니다. ⋯ 60 %

13 601을 시계 방향으로 180°만큼 돌리면 109가 만들어집니다. 따라서 돌렸을 때 만들어지는 수와 처음 수의 차는 601 − 109 = 492입니다.

14

15 A ⊕ Ɐ ⊕ Ɐ ⊕ A E ⊕ Ǝ ⊕ E

C ⊕ Ɔ ⊕ C F ⊕ Ⅎ ⊕ Ⅎ

D ⊕ ◖ ⊕ D

따라서 처음과 같은 것은 C, D, E입니다.

16 도형을 왼쪽으로 6번 뒤집으면 처음 도형과 같습니다. 도형을 아래쪽으로 5번 뒤집으면 아래쪽으로 1번 뒤집은 것과 같습니다.

따라서 아래쪽으로 1번 뒤집은 모양을 그립니다.

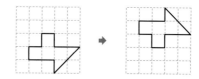

17 도형을 시계 방향으로 90°만큼씩 4번 돌리면 처음 도형과 같으므로 90°만큼씩 11번 돌리는 것은 90°만큼씩 3번 돌리는 것과 같습니다. 따라서 처음 도형은 오른쪽 도형을 시계 반대 방향으로 90°만큼씩 3번 돌리면 됩니다.

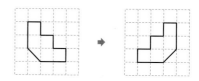

18 ㉠ 밀기, ㉡ 뒤집기, ㉢ 돌리기

19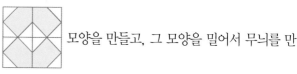

모양을 만들고, 그 모양을 밀어서 무늬를 만들었습니다.

20 ▢ 모양을 시계 방향으로 90°만큼씩 돌리는 것을 반복하여 모양을 만들고, 그 모양을 오른쪽으로 밀어서 무늬를 만들었습니다. 무늬를 만드는 데 뒤집기는 사용하지 않았습니다.

5단원 막대그래프

기본 문제 복습　　　　　　　　38～39쪽

01 ⓔ 혈액형별 학생 수　**02** ⓔ 학생 수

03 막대그래프　　　　　**04** 학생 수, 혈액형

05 5명

06

가고 싶은 나라별 학생 수

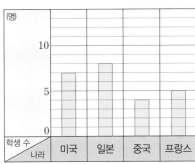

07 중국　　　　　　　　**08** 10 mm

09 2배　　　　　　　　**10** 120 mm

11 7, 5, 4, 9, 25

12

기르고 싶은 동물별 학생 수

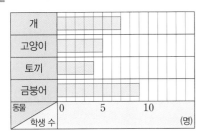

13 ③

---

01 표와 막대그래프의 제목은 혈액형별 학생 수입니다.

02 막대의 길이는 혈액형별 학생 수를 나타냅니다.

03 막대그래프는 항목별 수량의 많고 적음을 한눈에 쉽게 비교할 수 있습니다.

04 막대그래프를 가로로 나타내면 가로는 학생 수, 세로는 혈액형을 나타내야 합니다.

05 프랑스에 가고 싶은 학생 수는 $24-7-8-4=5$(명)입니다.

06 세로 눈금 한 칸은 1명을 나타내므로 미국은 7칸, 일본은 8칸, 중국은 4칸, 프랑스는 5칸인 막대를 그립니다.

07 막대의 길이가 가장 짧은 나라는 중국입니다.

08 세로 눈금 5칸이 50 mm이므로
(세로 눈금 한 칸의 크기)$=50\div5=10$(mm)입니다.

09 1주의 강수량은 120 mm, 2주의 강수량은 60 mm이므로 $120\div60=2$(배)입니다.

10 비가 가장 많이 내린 주는 3주로 180 mm이고,
비가 가장 적게 내린 주는 2주로 60 mm입니다.
따라서 $180-60=120$(mm)입니다.

11 개, 고양이, 토끼, 금붕어 수를 세어 표에 정리합니다.

12 가로 눈금 한 칸은 1명을 나타내므로 개는 7칸, 고양이는 5칸, 토끼는 4칸, 금붕어는 9칸인 막대를 그립니다.

13 ③ 막대의 길이가 두 번째로 긴 동물은 개입니다.

응용 문제 복습　　　　　　　　40～41쪽

01

요일별 수영장 이용자 수

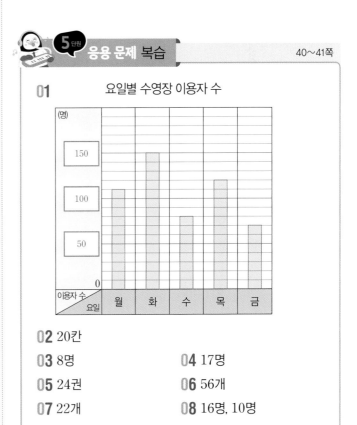

02 20칸

03 8명　　　　　　　　**04** 17명

05 24권　　　　　　　　**06** 56개

07 22개　　　　　　　　**08** 16명, 10명

01 눈금 한 칸이 10명이므로 눈금 5칸은 50명입니다. 따라서 세로축에 눈금 5칸 단위로 0, 50, 100, 150을 쓰고, 월요일은 11칸, 화요일은 15칸, 수요일은 8칸, 목요일은 12칸, 금요일은 7칸으로 나타내야 합니다.

02 눈금 한 칸의 크기가 4번이므로 가장 많이 줄넘기를 한 동혁이는 $80 \div 4 = 20$(칸)으로 나타내야 합니다. 따라서 눈금은 적어도 20칸이 필요합니다.

03 (독서 동아리의 학생 수) = (댄스 동아리의 학생 수) + 1
$$= 4 + 1 = 5(명)$$
전체 학생 수는 25명이므로
(사진 동아리 학생 수) $= 25 - 8 - 5 - 4 = 8$(명)입니다.

04 주스를 좋아하는 학생은 3명이므로
(탄산 음료를 좋아하는 학생 수) $= 3 \times 3 = 9$(명)입니다.
물을 좋아하는 학생은 4명이므로
(우유를 좋아하는 학생 수) $= 4 \times 2 = 8$(명)입니다.
따라서 탄산 음료와 우유를 좋아하는 학생 수의 합은 $9 + 8 = 17$(명)입니다.

05 세로 눈금 한 칸의 크기는 1권이므로 시집 6권, 역사책 7권, 과학책 8권, 동화책 3권입니다.
(교실에 있는 책의 수)
$$= 6 + 7 + 8 + 3 = 24(권)$$

06 가로 눈금 한 칸의 크기는 $20 \div 5 = 4$(개)입니다.
각각의 작품에 사용한 블록의 수는
자동차: $9 \times 4 = 36$(개),
기차: $15 \times 4 = 60$(개),
배: $12 \times 4 = 48$(개)이므로
(비행기에 사용된 블록의 수)
$$= 200 - 36 - 60 - 48 = 56(개)입니다.$$

07 (판매한 호박 수의 합) $= 18 + 14 + 20 = 52$(개)
(다 가게에서 판매한 당근 수)
$$= 52 - 16 - 14 = 22(개)$$

08 (3반 남학생 수) = (1반 여학생 수) $\times 2$

$$= 8 \times 2 = 16(명),$$
세 반의 학생 수가 모두 같고, 1반과 2반의 학생 수가 각각 26명이므로
(3반 여학생 수) $= 26 -$ (3반 남학생 수)
$$= 26 - 16 = 10(명)입니다.$$

42~43쪽

5단원 서술형 수행 평가

01 풀이 참조, 회전목마, 해적선, 범퍼카, 파도타기
02 풀이 참조
03 풀이 참조, 12개
04 풀이 참조, 11칸
05 풀이 참조, 5상자
06 풀이 참조, 33일
07 풀이 참조, 6개
08 풀이 참조, 14명

01 예 회전 목마를 타고 싶어 하는 학생 수는 $30 - 7 - 8 - 6 = 9$(명)입니다. … 50 %
막대의 길이가 긴 놀이기구부터 순서대로 쓰면 회전목마, 해적선, 범퍼카, 파도타기입니다. 따라서 회전목마, 해적선, 범퍼카, 파도타기 순으로 타면 됩니다.
… 50 %

02 예 ① 한 달 동안 책을 가장 많이 읽은 학생은 서준입니다. … 50 %
② 한 달 동안 책을 가장 적게 읽은 사람은 은진입니다.
… 50 %

참고 막대그래프를 보고 알맞은 내용을 썼으면 정답으로 합니다.

03 예 막대의 길이를 비교하면 가장 많은 공은 야구공, 가장 적은 공은 농구공입니다. … 50 %
세로 눈금 한 칸은 2개를 나타내고 $26 - 14 = 12$(개)이므로 야구공이 농구공보다 12개 더 많습니다.
… 50 %

04 예 표에서 가장 많은 학생이 좋아하는 체육 활동은 피구로 22명입니다. … 50 %

$22 \div 2 = 11$(칸)이므로 세로 눈금은 적어도 11칸이 있어야 합니다. … $\boxed{50\,\%}$

05 ㉾ 가로 눈금 한 칸의 크기는 $20 \div 5 = 4$(개)이므로 초코 맛 과자는 24개, 녹차 맛 과자는 16개, 치즈 맛 과자는 32개, 레몬 맛 과자는 28개입니다. … $\boxed{40\,\%}$
만든 과자는 모두 $24 + 16 + 32 + 28 = 100$(개)입니다. … $\boxed{30\,\%}$
한 상자에 과자 20개씩 포장하므로
$100 \div 20 = 5$(상자)가 나옵니다. … $\boxed{30\,\%}$

06 ㉾ 세로 눈금 한 칸의 크기는 1일이므로 7월에 우유를 마신 날은 17일, 8월에 우유를 마신 날은 12일입니다.
… $\boxed{40\,\%}$
7월과 8월은 31일까지이므로 7월에 우유를 마시지 않은 날은 $31 - 17 = 14$(일), 8월에 우유를 마시지 않은 날은 $31 - 12 = 19$(일)입니다. … $\boxed{40\,\%}$
따라서 7월과 8월에 우유를 마시지 않은 날은 모두 $14 + 19 = 33$(일)입니다. … $\boxed{20\,\%}$

07 ㉾ 세로 눈금 한 칸의 크기는 1개이므로 혜진이가 넣은 화살은 $4 + 7 + 5 = 16$(개)입니다. … $\boxed{30\,\%}$
수경이가 1회와 2회에 넣은 화살은 $5 + 6 = 11$(개)입니다. … $\boxed{30\,\%}$
따라서 수경이는 $16 - 11 = 5$(개)보다 많이 넣어야 이길 수 있으므로 3회에 적어도 6개를 넣어야 합니다.
… $\boxed{40\,\%}$

08 ㉾ 가로 눈금 한 칸의 크기는 $10 \div 5 = 2$(명)을 나타냅니다. … $\boxed{20\,\%}$
탁구를 배우고 싶은 학생은 10명이므로
양궁을 배우고 싶은 학생은 $10 \times 2 = 20$(명)입니다.
… $\boxed{40\,\%}$
전체 학생이 44명이므로 수영을 배우고 싶은 학생은
$44 - 10 - 20 = 14$(명)입니다. … $\boxed{40\,\%}$

5단원 단원 평가

44~46쪽

01 학생 수, 위인의 이름 **02** 안중근

03 1명 **04** 2대

05 16대

06
색깔별 자동차 수

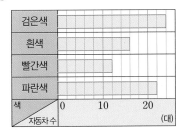

07 막대그래프 **08** 71일

09 3명

10 실로폰, 캐스터네츠, 리코더, 탬버린

11 140 cm **12** 2명

13 50 cm **14** 유진

15 풀이 참조, 27300원

16 20, 16, 8, 10, 54

17
마을 사람들이 좋아하는 운동

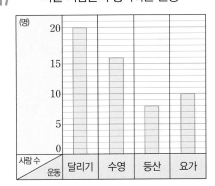

18 8칸 **19** A 은행, D 은행

20 풀이 참조, 25그릇

01 막대그래프에서 가로는 학생 수, 세로는 위인의 이름을 나타냅니다.

02 막대의 길이가 가장 긴 위인은 안중근입니다.

03 유관순 9명, 윤봉길 8명이므로 $9 - 8 = 1$(명) 더 많습니다.

04 세로 눈금 5칸이 10대이므로 눈금 한 칸의 크기는 $10 \div 5 = 2$(대)입니다.

05 흰색 자동차 수는 $74 - 24 - 12 - 22 = 16$(대)입니다.

06 가로 눈금 한 칸의 크기는 2대이므로 검은색 12칸, 흰색 8칸, 빨간색 6칸, 파란색 11칸으로 나타냅니다.

07 항목별 수량의 많고 적음의 크기를 한눈에 쉽게 비교할 수 있는 것은 막대그래프입니다.

08 3월은 31일, 4월은 30일, 5월은 31일까지 있으므로 (3월부터 5월까지의 날수)$= 31 + 30 + 31 = 92$(일)입니다.
비가 온 날은 3월은 7일, 4월은 9일, 5월은 5일이므로 (3개월 동안 비가 온 날수)$= 7 + 9 + 5 = 21$(일)입니다.
➡ (비가 오지 않은 날수)$= 92 - 21 = 71$(일)

09 전체 학생이 25명이므로 실로폰을 연주할 학생은 $25 - 8 - 10 - 4 = 3$(명)입니다.

10 캐스터네츠를 연주할 학생은 $4 + 3 = 7$(명)입니다.
따라서 연주할 학생이 가장 적은 악기는 실로폰, 가장 많은 악기는 탬버린입니다.

11 (세로 눈금 한 칸의 크기)$= 50 \div 5 = 10$ (cm),
세희의 키는 14칸이므로 140 cm입니다.

12 막대의 길이가 길수록 키가 크므로 보람이보다 키가 더 큰 친구는 민준, 세희로 2명입니다.

13 막대의 길이를 비교하면 키가 가장 큰 학생은 민준이로 160 cm, 가장 작은 학생은 유진이로 110 cm입니다.
두 학생의 키의 차는 $160 - 110 = 50$ (cm)입니다.

14 보람이의 키는 130 cm, 유진이의 키는 110 cm, 민준이의 키는 160 cm, 세희의 키는 140 cm입니다.
이 중 키가 120 cm보다 작은 사람은 유진입니다.

15 ⑩ 아이스크림 맛별 판매량은 사과 맛 10개, 배 맛 10개,

수박 맛 8개, 오렌지 맛 11개이므로
(아이스크림 판매량의 합)
$= 10 + 10 + 8 + 11 = 39$(개)입니다. ⋯ 50 %
아이스크림 한 개당 700원이므로
(판매 금액)$= 700 \times 39 = 27300$(원)입니다. ⋯ 50 %

16 달리기를 좋아하는 사람이 20명이므로 수영을 좋아하는 사람: $20 - 4 = 16$(명),
등산을 좋아하는 사람: $16 \div 2 = 8$(명),
요가를 좋아하는 사람: $8 + 2 = 10$(명)입니다.

17 세로 눈금 한 칸의 크기는 1명입니다.

18 세로 눈금 한 칸의 크기가 2명이므로 수영을 좋아하는 사람은 $16 \div 2 = 8$(칸)으로 나타내야 합니다.

19 은행 문을 닫는 데까지 남은 시간은 10분입니다. 눈금 한 칸의 크기가 1분이므로 집에서 은행까지 가는 데 걸리는 시간이 10분보다 적은 은행은 A 은행, D 은행입니다.

20 ⑩ 가 식당은 짜장면 14그릇, 짬뽕 22그릇을 팔아 총 $14 + 22 = 36$(그릇)을 팔았습니다. ⋯ 30 %
나 식당은 짜장면 20그릇, 짬뽕 18그릇을 팔아 모두 $20 + 18 = 38$(그릇)을 팔았습니다. ⋯ 30 %
다 식당은 짬뽕 14그릇을 팔았고, 짜장면과 짬뽕을 합하여 가장 많이 팔았으므로 짜장면을
$38 - 14 = 24$(그릇)보다 더 많이 팔았습니다.
따라서 다 식당은 적어도 짜장면을 25그릇 판매했습니다. ⋯ 40 %

6 _{단원} 규칙 찾기

 6_{단원} **기본 문제** 복습

47~48쪽

01 2개 **02** 8－2＝6

03 (위에서부터) 1274, 1374, 1474, 1574

04 예 ＼, 110

05 예 사각형의 수가 1개에서 시작하여 아래쪽으로 2개, 3
  개, 4개, ...씩 늘어납니다.

06 15개

07 2＋20＋200＋2000＋20000＋200000
  ＝222222

08 일정합니다에 ○표 **09** 101×55＝5555

10 2, 십 **11** 21

12 19, 19

---

03 가로는 오른쪽으로 10씩 커집니다.
세로는 아래쪽으로 100씩 커집니다.

05 사각형의 수가 몇 개씩 늘어나는지 알아봅니다.

06 넷째 도형에서 사각형이 10개이므로 다섯째에 알맞은
도형에서 사각형은 10＋5＝15(개)입니다.

07 2부터 시작하여 20, 200, 2000, ...으로 0이 한 개씩
더 늘어난 수가 더해지는 규칙입니다.

08 같은 자리 숫자가 똑같이 커지는 두 수의 차는 항상 일
정합니다.

09 101에 곱하는 수가 11씩 커지면 계산 결과는 1111씩
커집니다.

10 일의 자리 숫자가 십의 자리 숫자의 2배인 두 자리 수
를 12로 나누면 몫은 나누어지는 수의 십의 자리 숫자
와 같습니다.

11 20＋17＋21＋25＋22＝105
105÷5＝21 ➡ □＝21

참고 20＋17＋21＋25＋22＝□×5입니다.

□는 가운데 수인 21입니다.

12 가운데 수를 중심으로 ＼ 방향의 세 수의 합은 ／ 방향
의 세 수의 합과 같습니다.

6_{단원} **응용 문제** 복습

49~50쪽

01 5156, 5436 **02** 1449

03 9167, 4167 **04** 15개

05 10개 **06** 13개

07 (○)( ) **08** ㉡

09 ㉣ **10** 14

11 29 **12** 11

---

01 오른쪽으로 10씩 커지므로 ■에 알맞은 수는 5136보
다 20만큼 더 큰 수인 5156입니다.
아래쪽으로 100씩 커지므로 ★에 알맞은 수는 5336
보다 100만큼 더 큰 수인 5436입니다.

02 왼쪽으로 200씩 작아지므로 ★에 알맞은 수는 1649
보다 200 더 작은 수인 1449입니다.

03 오른쪽으로 1000씩 작아지고 아래쪽으로 100씩 작아
지는 규칙입니다.

04 ●의 수가 1개에서 시작하여 아래쪽으로 2개, 3개, 4
개, ...씩 더 늘어나는 규칙입니다.
따라서 다섯째에 알맞은 도형에서 ●은
10＋5＝15(개)입니다.

05 □의 수가 0개에서 시작하여 위쪽으로 1개, 2개, 3개,
...씩 더 늘어나는 규칙입니다.
따라서 다섯째에 알맞은 도형에서 □은
6＋4＝10(개)입니다.

06 1개, 3개, 5개, 7개로 사각형이 2개씩 늘어나므로 일
곱째 도형의 사각형 수는 7＋2＋2＋2＝13(개)입니다.

07 더해지는 수와 더하는 수, 계산 결과의 변화를 알아봅
니다.

BOOK **2** 복습책

08 100씩 작아지는 수에 100씩 커지는 수를 더한 계산식을 찾아봅니다.

09 뺄셈식인 ㉢과 ㉣의 다음에 올 계산식을 알아봅니다.

10 9개의 수 중 한가운데 수를 □라고 하여 식을 만들면
$(□-8)+(□-7)+(□-6)+(□-1)+□+(□+1)+(□+6)+(□+7)+(□+8)$
$=□×9=126, □=126÷9=14$
따라서 더해서 126이 되는 9개의 수 중 한가운데 수는 14입니다.

11 9개의 수 중 한가운데 수를 □라고 하여 식을 만들면
$(□-8)+(□-7)+(□-6)+(□-1)+□+(□+1)+(□+6)+(□+7)+(□+8)$
$=□×9=189, □=189÷9=21$
따라서 더해서 189가 되는 9개의 수 중 가장 큰 수는 $21+8=29$입니다.

12 9개의 수 중 한가운데 수를 □라고 하여 식을 만들면
$(□-8)+(□-7)+(□-6)+(□-1)+□+(□+1)+(□+6)+(□+7)+(□+8)$
$=□×9=171, □=171÷9=19$
따라서 더해서 171이 되는 9개의 수 중 가장 작은 수는 $19-8=11$입니다.

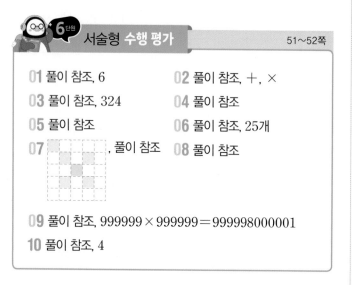

6단원 서술형 수행 평가 51~52쪽

01 풀이 참조, 6   **02** 풀이 참조, +, ×
03 풀이 참조, 324   **04** 풀이 참조
05 풀이 참조   **06** 풀이 참조, 25개
07 , 풀이 참조   **08** 풀이 참조
09 풀이 참조, 999999×999999＝999998000001
10 풀이 참조, 4

01 ⓔ 59에서 48을 뺀 수는 11입니다. … 50%

66을 어떤 수로 나눈 몫이 11이므로 어떤 수는 6과 같습니다. … 50%

02 ⓔ $31+25=56$이고, $7×8=56$이므로 등호로 연결할 수 있습니다. … 100%

03 ⓔ 왼쪽 수를 3으로 나누는 규칙입니다. … 100%

04 ⓔ 222부터 오른쪽으로 11씩 커집니다. … 100%

05 ⓔ 233부터 아래쪽으로 111씩 커집니다. … 100%

06 ⓔ 바둑돌의 개수가 가로와 세로에 각각 1개씩 늘어나서 이루어진 정사각형 모양입니다. … 40%
따라서 다섯째에 올 모양에는 바둑돌을 $5×5=25$(개) 놓아야 합니다. … 60%

07

… 50%
규칙 ⓔ 연두색 사각형을 중심으로 시계 반대 방향으로 노란색 사각형이 1개씩 늘어납니다. … 50%

08 ⓔ 사각형의 수가 2개, 4개, 6개, 8개,…로 2개씩 늘어나고 가로, 세로 모양을 반복합니다. … 50%
따라서 다섯째 도형은 사각형이 10개이고, 가로 모양입니다. … 50%

09 ⓔ 9부터 시작하여 9가 하나씩 늘어나는 수를 두 번 곱한 계산 결과는 81부터 시작하여 앞 자리 수에 9가 하나씩 늘어나고 8과 1 사이에 0이 하나씩 늘어납니다. … 50%

계산 결과에 9가 5개, 0이 5개이므로 여섯째 계산식입니다. … 50%

➡ $999999×999999=999998000001$입니다. … 50%

10 ⓔ 8을 1번, 2번, 3번, … 곱한 결과의 일의 자리 숫자는 8, 4, 2, 6으로 4개씩 반복됩니다. … 50%
따라서 8을 10번 곱했을 때 일의 자리 숫자는 2번 곱했을 때와 같은 4입니다. … 50%

6단원 단원 평가 53~55쪽

01 3, 1   **02** 3, 4
03 ㉡

04 예 $256 \div 2 = 128$, 또는 $64 \times 2 = 128$

05

3751	3752	3753	3754	3755
4751	4752	4753	4754	4755
5751	5752	5753	5754	5755
6751	6752	6753	6754	6755
7751	7752	7753	7754	7755

06 2756

07 ▨▨□▨□▨□▨▨

08 4, 5 / 4, 4, 9 / 4, 4, 4, 13

09 21개

10 아홉째

11 동윤

12 $505 + 494 = 999$

13 □　○

14 $37037 \times 12 = 444444$

15 55, 101, 3333

16 16개

17 $8 + 16 + 24 = 16 \times 3$, 풀이 참조

18 13 / 19, 13

19 예 $9 + 10 = 15 + 16 - 12$

20 예 $7 + 23 = 15 \times 2$, 풀이 참조

---

01 $9 + 3 = 13 - 1$

03 $12 \div 3 = 4$, $12 \div 4 = 3$으로 몫이 달라 등호를 사용할 수 없습니다.

04 왼쪽 수를 2로 나누는 규칙입니다.

05 7751부터 ↗ 방향으로 5개의 수를 모두 색칠합니다.

06 7751부터 ↗ 방향으로 999씩 작아지는 규칙이므로 3755보다 999 더 작은 수인 2756입니다.

07 □를 중심으로 왼쪽과 오른쪽에 ▨와 □이 번갈아 가며 각각 하나씩 늘어나고 있습니다.

08 색칠한 작은 정사각형의 개수가 1개에서 시작하여 4개씩 늘어납니다. 따라서 둘째에 색칠한 정사각형의 개수는 $1 + 4 = 5$(개), 셋째에 색칠한 정사각형의 개수는 $1 + 4 + 4 = 9$(개), 넷째에 색칠한 정사각형의 개수는 $1 + 4 + 4 + 4 = 13$(개)입니다.

09 바둑돌이 3개씩 많아지므로
다섯째는 $12 + 3 = 15$(개),
여섯째는 $15 + 3 = 18$(개),
일곱째는 $18 + 3 = 21$(개)입니다.

10 $3 \times 9 = 27$이므로 아홉째에 바둑돌을 27개 사용합니다.

11 더해지는 수와 더하는 수, 계산 결과의 변화를 알아봅니다.

12 더해지는 수는 101씩 커지고, 더하는 수는 101씩 줄어듭니다.

13 빼지는 수는 100씩 작아지고 빼는 수가 일정하면 계산 결과는 100씩 작아집니다.
따라서 다음에 올 계산식은 $665 - 132 = 533$입니다.

14 37037에 곱하는 수가 3씩 커지면 계산 결과는 111111씩 커집니다.

15 곱셈식과 나눗셈식이 서로 어떤 관계가 있는지 규칙을 찾아봅니다.

16 ◆의 개수가 1×1, 2×2, 3×3으로 늘어나므로 넷째에 올 모양에서는 $4 \times 4 = 16$(개)가 됩니다.

17 $8 + 16 + 24 = 16 \times 3$ ⋯ 50%

규칙 예 ↘ 방향인 세 수의 합은 가운데 수의 3배와 같습니다. ⋯ 50%

18 서로 이웃한 네 수에서 ↘ 방향인 두 수의 합은 ↗ 방향인 두 수의 합과 같습니다.

19 연속된 두 수의 합은 바로 윗줄에 있는 연속된 두 수의 합에서 12를 뺀 것과 같습니다.

20 예 $7 + 23 = 15 \times 2$ ⋯ 50%

규칙 예 ↘ 방향에서 세 수 중 양 끝에 있는 두 수의 합은 가운데 있는 수의 2배입니다. ⋯ 50%

BOOK **2** 복습책

memo

EBS

만점왕

수학 플러스

4-1

EBS와 함께하는 자기주도 학습 초등·중학 교재 로드맵

		예비 초등	1학년	2학년	3학년	4학년	5학년	6학년
전과목 기본서/평가			**만점왕** 국어/수학/사회/과학 교과서 중심 초등 기본서		**만점왕 통합본** 3~6학년 학기별(8책) HOT 바쁜 초등학생을 위한 국어·사회·과학 압축본			
					만점왕 단원평가 3~6학년 학기별(8책) 한 권으로 학교 단원평가 대비			
				기초학력 진단평가 초2~중2 HOT 초2부터 중2까지 기초학력 진단평가 대비				
국어	어휘		BEST **어휘가 독해다!** 초등 국어 어휘 1~4단계 독해로 완성하는 초등 필수 어휘 학습				**어휘가 독해다!** 초등 국어 어휘 실력 5, 6학년 교과서 필수 낱말 + 읽기 학습	
	독해		**4주 완성 독해력** 1~6단계 학년군별 교과 연계 단기 독해 학습					
	문학							
	문법		**헷갈리지 않는 만능 맞춤법+받아쓰기** 평생 만점 받는 능력, 맞춤법 실력 다지기					
	한자	**참 쉬운 급수 한자** 8급/7급 II/7급 한자능력검정시험 대비 급수별 학습		**어휘가 독해다!** 초등 한자 어휘 1~4단계 하루 1개 핵심 한자를 통해 어휘와 독해 동시 학습					
	문해력	BEST	**어휘/쓰기/ERI독해/배경지식/디지털독해가 문해력이다** 평생을 살아가는 힘, 문해력을 키우는 학기별·단계별 종합 학습				**문해력 등급 평가** 초1~중1 내 문해력 수준을 확인하는 등급 평가	
영어	독해				**EBS랑 홈스쿨 초등 영독해** LEVEL 1~3 다양한 부가 자료가 있는 단계별 영독해 학습			
							EBS 기초 영독해 중학 영어 내신 만점을 위한 첫 영독해	
	문법				**Step by Step 초등 영문법/영구문, 독해의 힘!** 영문법 LEVEL 1~4, 영구문 LEVEL 1~3 기초 문장 학습으로 문법/구문과 독해를 한 번에 학습			
					EBS랑 홈스쿨 초등 영문법 1~2 다양한 부가 자료가 있는 단계별 영문법 학습			
							EBS 기초 영문법 1~2 H 중학 영어 내신 만점을 위한 첫 영문법	
	어휘				**EBS랑 홈스쿨 초등 필수 영단어** LEVEL 1~2 다양한 부가 자료가 있는 단계별 영단어 테마 연상 종합 학습			
	쓰기							
	듣기				**초등 영어듣기평가 완벽대비** 3~6학년 학기별(8책) 듣기 + 받아쓰기 + 말하기 All in One 학습서			
수학	연산	**만점왕 연산** Pre 1~2단계, 1~12단계 과학적 연산 방법을 통한 계산력 훈련						
			실수하지 않는 만능 구구단 평생 만점 받는 능력, 구구단 실력 다지기					
	개념							
	응용		**만점왕 수학 플러스** 1~6학년 학기별(12책) 교과서 중심 기본 + 응용 문제					
	심화						**만점왕 수학 고난도** 5~6학년 상위권 학생을 위한 초등 고난도 문제집	
	· 특화	**초등 수해력** 영역별 P단계, 1~6단계(14책) 다음 학년 수학이 쉬워지는 영역별 초등 수학 특화 학습서						
사회	사회 역사				**초등학생을 위한 多담은 한국사 연표** 연표로 흐름을 잡는 한국사 학습			
					매일 쉬운 스토리 한국사 1~2 / **스토리 한국사** 1~2 하루 한 주제를 이야기로 배우는 한국사/ 고학년 사회 학습 입문서			
과학	과학							
기타	창체		**여름·겨울 방학생활** 1~4학년 학기별(8책) 재미와 공부를 동시에 잡는 완벽한 방학생활			**창의체험 탐구생활** 1~12권 창의력을 키우는 창의체험활동·탐구		
	AI		**쉽게 배우는 초등 AI** 1(1~2학년) 초등 교과와 융합한 초등 1~2학년 인공지능 입문서		**쉽게 배우는 초등 AI** 2(3~4학년) 초등 교과와 융합한 초등 3~4학년 인공지능 입문서		**쉽게 배우는 초등 AI** 3(5~6학년) 초등 교과와 융합한 초등 5~6학년 인공지능 입문서	

EBS ELT 시리즈 | 권장 학년 : 유아 ~ 중1

EBS Big Cat
Collins BIG CAT — 다양한 스토리를 통한 영어 리딩 실력 향상

EBS Big Cat
Shinoy and the Chaos Crew — 흥미롭고 몰입감 있는 스토리를 통한 풍부한 영어 독서

EBS easy learning
easy learning First letters — 저연령 학습자를 위한 기초 영어 프로그램